"一带一路"视角下
内蒙古马产业发展路径研究

王怀栋 等 编著

U0239139

中国农业出版社
北京

图书在版编目（CIP）数据

"一带一路"视角下内蒙古马产业发展路径研究 /
王怀栋等编著. -- 北京：中国农业出版社，2023.12
　　ISBN 978-7-109-30010-1

　　Ⅰ.①一… Ⅱ.①王… Ⅲ.①马—畜牧业经济—经济
发展—研究—内蒙古　Ⅳ.①F326.3

中国版本图书馆CIP数据核字(2022)第169017号

"一带一路"视角下内蒙古马产业发展路径研究
"YIDAIYILU" SHIJIAO XIA NEIMENGGU MA CHANYE
FAZHAN LUJING YANJIU

中国农业出版社出版
地址：北京市朝阳区麦子店街18号楼
邮编：100125
责任编辑：张艳晶
版式设计：杨　婧　责任校对：张雯婷
印刷：中农印务有限公司
版次：2023年12月第1版
印次：2023年12月北京第1次印刷
发行：新华书店北京发行所
开本：787mm×1092mm　1/16
印张：12
字数：262千字
定价：98.00元

前 言
PREFACE

　　"一带一路"是中国与沿线国家建立政治互信、经济融合、文化包容，推进协同发展，构建开放型经济新体制的重要举措。内蒙古自治区（简称"内蒙古"）作为"一带一路"视角下中蒙俄经济走廊建设的重要组成部分，是扩大向北开放、增强经济发展动力的"桥头堡"。习近平总书记曾指出，内蒙古地处"三北"，外接俄罗斯、蒙古国，在民俗文化等方面有许多相似和相同之处，具有发展沿边开放的独特优势。在国际背景下，马作为丝绸之路的使者、草原文化的灵魂，在与俄罗斯、蒙古国的民俗文化、马产业交流等方面，发挥着重要的载体作用。2014 年 5 月 12 日，国家主席习近平接受土库曼斯坦总统别尔德穆哈梅多夫代表土方赠予中方的一匹汗血马，这是中国第三次收到作为国礼的汗血马；2014 年 8 月 22 日，蒙古国总统额勒贝格道尔吉向习近平主席夫妇赠送两匹蒙古马。马对于很多国家而言，都是尊贵和友谊的象征，是各国人民世代友好的见证。

　　内蒙古天然草场辽阔而宽广，总面积位居全国五大草原之首，是我国重要的畜牧业生产基地，是世界上马品种资源丰富的地区之一，具有悠久的养马历史，同时也积淀了深厚的马文化资源。马，是人类忠诚的伙伴，是英雄的象征，是人类精神的寄托。内蒙古与马有着密不可分的关系，如果说草原是蒙古族的历史摇篮，那可以说马是蒙古族人创造历史文化的主要载体。草原上的牧民离不开马，就像大海航行离不开舵。蒙古族自古以游牧狩猎为生，在长期的生产和生活中积累了丰富的饲养和驯化经验，在生产劳动、行军作战、社会生活、祭祀习俗和文学艺术中，几乎都伴随着马的踪影，听得到马蹄的声音。内蒙古以其悠久的民族历史、深厚的民族文化，形成了独具特色的马产业。

2014年春节前夕，习近平总书记在视察内蒙古时讲到了蒙古马精神，希望大家要有蒙古马那样吃苦耐劳、勇往直前的精神，蒙古马精神已经成为新时代内蒙古人民的精神象征。随着时代的发展与变化，马在蒙古族生产生活中的地位不断下降，在传统马业的转变过程中，内蒙古极具地方特色和优势的马产业的生存和发展面临非常严峻的形势，产业资源有逐渐消失的危险。近年来，内蒙古自治区各级政府非常重视马产业的发展，2017年12月，内蒙古自治区人民政府发布《关于促进现代马产业发展的若干意见》，明确提到要将促进现代马产业的发展纳入当地经济社会发展规划中，制定和落实支持现代马产业发展的配套政策和相关措施，推动现代马产业又好又快发展。2018年11月，内蒙古自治区农牧业厅印发了《现代马产业发展重点项目实施方案》的通知，安排专项资金8 000万元支持现代马产业发展。这些政策和措施大力推动着马产业发展的步伐。

面对新的经济社会发展形势，我们必须充分发挥内蒙古的地区优势，在"一带一路"视角下，研究内蒙古马产业发展路径，对马产业进行多层面、多方位的开发，发展特色马业，推动中蒙俄经济走廊建设，促进"一带一路"沿线国家交流与合作，实现马产业国际化。

本书由内蒙古哲学社会科学规划重点项目"'一带一路'视角下内蒙古民族马业发展路径研究"和国家现代农业科技示范展示基地建设项目"基层农技推广体系改革与建设补助及重大农业技术协同推广资金"资助，是项目成员密切合作、辛勤劳作的结晶。各章具体的编著者为：第一章，王晓铄；第二章，王瑞星；第三章，王怀栋；第四章，艾云辉、侯超；第五章，刘美、段孟霄；

第六章，王勇；第七章，艾云辉；第八章，王勇；第九章，王瑞星；第十章，侯超；第十一章，范青；第十二章，刘莎；第十三章，刘畅、孙晶；第十四章，吴光宇；第十五章，王晓铄。王怀栋、艾云辉、王晓铄、刘畅承担了本书的统稿、修改、完善等工作。

本书的编写得到了我国马业界多位专家、教授的关心和大力支持，在此深表谢意！由于编著者的知识水平有限，书中不妥之处和疏漏在所难免，欢迎读者和有关专家学者予以指正，提出宝贵意见。

编著者

2023 年 6 月

目　录
CONTENTS

前言

上篇

内蒙古马产业战略布局

第一章

"一带一路"沿线国家对内蒙古马产业发展的影响

2013年至今，内蒙古自治区和"一带一路"沿线国家及地区的经济发展水平得到了前所未有的提升，加速了内蒙古和沿线国家及地区的交流合作，这种交流合作对促进沿线各国经济繁荣与区域经济合作，加强不同文明交流互鉴，促进世界和平发展，具有重大意义。另外，各国的交流合作还涉及政治、文化、教育等方面，对内蒙古马产业的发展起到了推进作用。马在中华文化中具有重要地位，中国的马文化源远流长。马是奋斗不止、自强不息的象征，马是吃苦耐劳、勇往直前的代表。但由于沿线国家马产业发展相关领域数据较少，不利于相互学习交流，因此，本著作详细地阐述了在"一带一路"背景下，中蒙俄经济走廊沿线国家对内蒙古马产业发展的影响作用并结合具体的情况提出了相应的发展和升级策略，旨在推动内蒙古马产业的全面发展。

一、"一带一路"下中国文化的历史渊源与共建思想

1. "一带一路"共建思想与中国历史文化　习近平总书记指出，"一带一路"建设既要确立国家总体目标，也要发挥地方积极性。我国要把"一带一路"建设成为和平之路、繁荣之路、开放之路、创新之路、文明之路。为此，我国要加强与沿线国家的沟通，促进沿线国家对共建"一带一路"的理解和认同，签署协议、对接战略，建成互利共赢的开放性经济新体制，进而实现战略构想，形成中国与沿线国家共同发展的共同体。"一带一路"承载着我们对于不同文明交流互鉴的期盼，承载着对于共同合作、共谋发展的追求，承载着对于加强全球治理和构建公平秩序的渴望，承载着对于和平安定美好生活的向往。

中国历史文化源远流长，博大精深，内容涵盖各个方面，许许多多优秀的传统文化在我国历史进程中不断形成和发展，被后人所沿用和学习。对于"一带一路"共建思想，主要传承和弘扬的是传统文化中的以和为贵、和而不同、万邦和谐等"和"文化和古丝绸之路的精神，站在中华文化的历史根基上，吸取传统文化的精髓部分，将这些文化内化于"一带一路"的构想和建设中，并用与各国贴合的语言，表达文化上的相似点，产生共鸣，更加有利于"一带一路"共建思想被沿线

国家所接受和认可。同时，也展现了中国独特的文化色彩和精神价值观，增加了中国的文化软实力，更有效地促进了中国优秀传统文化在新时代的继承和发展。作为儒家思想的"和"文化，重点突出的就是和而不同，和而不同思想内容丰富，对于国与国而言，和而不同体现的是要和平共处；对于人与人而言，和而不同的重点在于和睦友好；对于生态而言，和而不同则是强调了人类和自然界之间的和谐共生。

　　2. "丝绸之路"与中国马文化　据《汉书·张骞传》记载，"汉方欲事灭胡""欲通使""骞以郎应募"，张骞肩负使命出使西域，留居大宛（今费尔干纳盆地）、康居（阿姆河以北）等地14年，辗转回到长安。张骞开通了西域通道，"丝绸之路"贯通东西。自此，中国与中亚诸国建立了直接的官方联系。大唐与中亚诸国"互市交通，国家买突厥马、羊，突厥将国家彩帛，彼此丰足，皆有便宜"（《全唐文》卷40玄宗赐突厥玺书），并通过"丝马贸易""茶马贸易"引进了"竹批双耳峻，风入四蹄轻"的大宛马。在这里形成了"丝绸之路"著名的丝绸和马匹的交易活动。

　　"丝绸之路"的引入、输出，将中国与中亚各国人民的利益紧紧连接在一起。根据大量丰富的实证材料印证，"马文化"的萌芽可以追溯到远古时代，且反映在包括中国内蒙古在内的各种器物文化领域。有考古人员在内蒙古包头市转龙藏遗址（位于包头市东河区东门外刘宝窑子河出口处的右岸）及甘肃省永靖县都发现了新石器时代的马骨残骸。公元前33年"胡汉和亲"，王昭君出嫁匈奴呼韩邪单于，包头故地为王昭君出塞之路，从此中原丝绸源源不断输入匈奴。龙城、诺颜山匈奴墓中出土的丝绸物即为见证。在中亚文明发育最早的地区之一花剌子模出土的一些公元前4—3世纪的陶壶上除了绘有几何形和植物形图案装饰外，还刻画了头戴尖顶帽、跃马驰骋的勇士图。有文献记载，古代良马主要产于西北部地区，《山海经·海内北经》有记载："犬封国曰犬戎国，状如犬。有一女子，方跪进杯食。有文马，缟身朱鬣，目若黄金，名曰吉量，乘之寿千岁。"《艺文类聚》记载，《太公六韬》曰"太公与散宜生，以金十镒，求天下珍物，以免君之罪，于是得犬戎氏文马"（"犬戎"是当时游牧民族的一个分支，在今甘南陕北一带）。不同历史时期各种文明曾在中亚国家交相辉映、相互激荡、渗透通融，并向远方传播。游牧民族的社会生活中，各类器物作为"马文化"的载体随着广泛的使用、消费和流传，也渗透到今乌兹别克斯坦、塔吉克斯坦、吉尔吉斯斯坦和土库曼斯坦所在的地域。塔吉克斯坦的科萨－捷佩也出土了同时代的绘有骏马图案的器皿。在乌兹别克斯坦卡拉卡尔帕克自治共和国的科伊克雷尔干卡拉还出土了同时期的马头形里顿（角形盛酒器）。土库曼斯坦格奥克－捷佩出土的公元前6—5世纪的金耳环亦属此类，其耳坠为马形。

　　大量的具有"马"形象的文化艺术现象折射出，活动于历史上在辽阔地域的古代游牧民族凭借奔驰的骏马控制着连接欧亚草原丝绸之路的主要路段，扮演着联系东西方文明的主要角色，为我们今天内蒙古"马文化"的交流与合作奠定了基础。

3. 关于"一带一路"沿线国家对内蒙古"马文化"交流模式的思考 在国际交流与合作中，地缘政治、地缘经济和地缘文化总是相互依托、互为表里、相辅相成的。没有文化内涵的经济是畸形的，没有经济支撑的文化则是空中楼阁。"一带一路"建设为我国内蒙古与沿线周边国家进行更广泛深入的经济、文化交流与合作，乃至走向世界，提供了良好机遇。"一带一路"倡议提出之后，我国各省份都根据本地特色提出了跟进项目和规划。"马"资源成为我国内蒙古自治区优先发展和交流的支柱产业要素之一。"育马业""马文化"和"马术运动"相关的马产业是其中的重要着力点和助推器。

本项目团队经前期研究，结合产业调研和专家研讨两种形式，将内蒙古育马工作分为三大内容，分别是"马匹专门化品系育种平台的建立""马匹品种登记和保种场的建立标准""马匹人工授精技术的开发与利用"。由于内蒙古北接俄罗斯，拥有广袤的草场面积，应学习俄罗斯国家充分利用草场资源，加大在内蒙古地区发展产品养马业，如利用俄罗斯重挽马作为杂交肉、乳用马的父本，改良蒙古马。在统筹规划的基础上，学习沿线国家的经验，应加强保种和繁育，抓好部分马匹的产品转向工作。产品养马业的发展，必将带动马业的合作发展。还可以少量引进沿线国家适于群牧的专门肉乳品种，以提高内蒙古地区群牧马的肉、乳生产能力。

内蒙古马文化体系建设的市场需求主要是针对马文化体系产业链的地位进行分析，即"传统马文化保护、保存、展示""非物质文化遗产保护"和"蒙古马文化推广"。识别未来市场对产业和服务的需求，分析产业发展趋势和驱动力，明确产业发展定位。蒙古马文化主要来源于蒙古族的草原生活，例如，每年农历六月初四开始的为期五天的传统那达慕大会，是蒙古族人民的盛会。2009年，锡林郭勒盟传统那达慕大会在锡林浩特市南12km处的希日塔拉草原盛装开幕，来自内蒙古各盟市及日本、俄罗斯、蒙古国等国家的近千名运动员在大会的三天时间里参加搏克（蒙古语，意为摔跤）、赛马、射箭、喜塔尔（蒙古象棋）等多项民族传统体育竞赛。蒙古族人民的文化习俗是相通的，内蒙古的"那达慕"大会上保留了很多传统比赛项目，如赛马、套马、骑马射箭等都与马息息相关。这些项目的付诸实施不仅推动当地文化产业实现突破，也进一步推进了以"共商、共建、共享"为原则的"一带一路"建设。内蒙古辽阔壮美的草原风光，吸引了大批游客，每年游客数量呈现增长趋势。2018年，内蒙古接待游客13 011万人（次），比上年增加1 292.71万人（次），增长11.03%。2006年5月20日，"那达慕"经国务院批准列入第一批国家级非物质文化遗产名录。蒙古族的"马文化"在其中起到了不可替代的历史作用。

二、"一带一路"沿线国家马产业的发展概况

"一带一路"沿线国家的马业与马术发展各具特色，如俄罗斯作为马业强国，近现代对我国马业影响较大；土库曼斯坦马业和马术运动都围绕着独一无二的阿哈尔捷金马发

展；乌克兰在马的盛装舞步方面独具优势；吉尔吉斯斯坦利用有限资源发展马术运动；哈萨克斯坦利用自然条件发展产品马养殖；乌兹别克斯坦通过立法来规范马业与马术运动发展。这些国家的马产业发展都影响着内蒙古马产业与马文化的交融。下面以几个沿线国家为例介绍其马产业发展的概况。

1. 俄罗斯

（1）马产业发展情况　俄罗斯民族是一个热情奔放、个性张扬的民族，但是他们对自己国家和民族传统的珍视，对事业的热爱、严谨和执着令人钦佩。俄罗斯有着辉煌的马业历史、灿烂的马文化与艺术，成功培育出了 14 个优秀的马匹品种，领军过多个马业技术领域和马术项目，都证明他们对世界马业发展做出的卓越贡献。

俄罗斯经济体制由计划经济向市场经济转变的过程也是马产业结构调整的过程，在市场经济的大背景下，俄罗斯马业发展迎来了新的历史时期。2015 年 1 月，俄罗斯农业部发布的数据显示，俄罗斯境内 44 个品种的繁育马保有量为 5 万匹，繁育马场 68 家，扩繁马场 118 家，基因库保种企业 8 家。据俄罗斯统计局外贸数据显示，2016 年俄罗斯马匹出口金额 29.8 万美元，出口数量为 264 匹，目的地主要是中国（32.7%）、蒙古国（22.5%）、拉脱维亚（16.6%）和伊朗（12.5%）。俄罗斯西伯利亚区和远东区的养马业势头越来越好，马匹数量不断增加，原因是放牧用及肉乳用产品马养殖业得到了进一步的发展，这是由当地人民的生活方式和传统生产方式决定的。

俄罗斯的马匹利用方式比较多元化，按类型分主要有 4 种：工作马、产品马、运动马和繁育马。俄罗斯主要发展产品马业，肉用产品马由于采用放牧饲养方式及国家财政支持，养殖成本低，得到了快速健康发展。以巴什基尔马、库素木马等为代表的俄罗斯本土马种和俄罗斯民族特色结合，经过专业化、规模化生产马肉、酸马奶等产品推动马产业发展取得了巨大成功。这对内蒙古发展产品养马业具有较高的借鉴价值。

（2）对内蒙古马产业发展的影响　产品养马业，是指以获得商品马肉、马奶及生物提取制品等产品为目的的生产、加工、经营活动的总称。产品马分为肉用马、乳用马或兼用型马。俄罗斯肉用产品马主要分布于该国东南部草场资源丰富的各行政区，而乳用产品马并非全部集中在草场资源丰富的地区。通常在传统的产品马养殖区，利用地方和育成品种杂交提高马肉和马奶的商品率。2012 年 7 月 14 日，俄罗斯联邦政府出台了《2013—2015 年到 2020 年俄罗斯联邦中长期良种马匹繁育规划》，支持繁育本国品种和国外引进优良品种马匹的企业，补贴力度可达生产经营费用的 50%。

内蒙古可在群牧条件下学习俄罗斯先进的改进地方品种的主要方法。如对蒙古马、河曲马、俄罗斯马重型优秀类型的大量选育，可使群牧肉用马的产品率得到很大的提高。内蒙古和俄罗斯马匹血缘之间的交流由来已久，如俄罗斯的外贝加尔马是公元前 1 000 年前的草原游牧民族繁育的古老马匹品种，含有蒙古马的血液，具有较高的生物和经济价值。哈萨克马扎贝型是通过本品种选育而育成的。群牧肉用养马业中，杂交用母马一般为地方品种，公马则是经过适应性培育，从小半放牧半舍饲，进而群牧加补饲，体格偏重品种的公马，可选用俄罗斯顿河马的重型和我国一些偏重的培育品种公马。还可选用俄罗斯重挽马和苏维埃重挽马作为公马进行杂交。尤其是在舍饲条件下，一代杂交品种活重可增加 50～100kg，而且继承了地方品种母马对当地条件的适应性。

2. 蒙古国

（1）马产业发展情况　2019 年，蒙古国官方统计数据表明蒙古国马匹的数量超过 420 万匹（蒙古马占 90% 以上），且马匹总数占家畜总保有量的 5.9%，位居世界第四。蒙古国马匹繁育数据显示，种公马具有 6.3 万匹，种母马 70 万匹，幼驹 30 万匹。全国有 3 万～4 万名驯马师为全国那达慕节及地区性的比赛训练马匹，每年 7 月 11—12 日全国平均参赛儿童数量为 3.26 万名（国家那达慕节 2 万～3 万名，省级那达慕节 6 000～8 000 名），区级那达慕节 500～800 名）。全国平均参赛马匹数量为 11.2 万匹（国家那达慕节 8 万～10 万匹，省级那达慕节 1.9 万～2.1 万匹，区级那达慕节 2 500～3 000 匹。参与比赛的地方马品种有蒙古马、达尔汗马、加尔沙尔马、明阿特马、温都尔马和特斯马等。

（2）对内蒙古马产业的影响　2016 年 7 月 28 日，内蒙古发布的《内蒙古自治区质量技术监督事业发展"十三五"规划》（内质监政发 [2016] 236 号）明确提出"十三五"质监事业标准化工作主要指标。标准化目标涉及建立蒙古国标准化（内蒙古）研究中心和俄罗斯标准化研究中心；创建 25 个自治区级有机产品认证示范标准化单位，5 个国家级有机产品认证示范区等。例如，内蒙古锡林郭勒盟马产业示范区北与蒙古国接壤，边境线长 1 098km。南邻河北省张家口市、承德地区，西连乌兰察布市，东接赤峰市、兴安盟和通辽市，是东北、华北、西北交汇地带，具有对外贯通欧亚、区内连接东西、北开南联的重要作用。特别是锡林郭勒马作为内蒙古交流的重点培育品种广受好评，二连浩特口岸至今已有 4 批次共 23 匹锡林郭勒马顺利出口到蒙古国。呼伦贝尔市鄂温克族自治旗马业协会作为中国马业协会、中国马术协会和内蒙古马业协会团体会员，积极组织开展丰富多彩的各类马文化活动，承办国内外大型赛事，并与俄罗斯、蒙古国建立了科技合作伙伴关系，形成了以科技特派员、三河种马场老专家培养出来的一批专业大学生为主体的人才队伍，并制定各种优惠政策，通过召开国内外养马经验的交流等形式，推动传统马业与市场接轨，形成科学合理的可持续发展战略。近几年，从蒙古国进口的马匹（包括屠宰马）数量都以一定比例和规模在稳步提升。因此，可推断全国各省市对进口马的需求与日俱增，对于推动沿线国家马产业经济共同繁荣和持续发展发挥巨大作用。

3. 中亚国家　中亚地区共有五个国家，分别是哈萨克斯坦、吉尔吉斯斯坦、塔吉克斯坦、土库曼斯坦和乌兹别克斯坦。这些国家的马术运动都有着悠久的历史，特别是民族马术运动的比赛模式、规模和形式等都值得内蒙古地区借鉴。以下以土库曼斯坦和吉尔吉斯斯坦为例介绍。

（1）土库曼斯坦

1）马产业发展情况　根据联合国粮食及农业组织（FAO）数据，1995 年，土库曼斯坦马匹数量为 1.8 万匹，2000 年为 1.6 万匹，2012 年为 1.6 万匹，世界排名为 140 位。1991 年，土库曼斯坦成立了"国家马业联合会"。1997 年，土库曼斯坦加入国际马术联合会，该国重点关注马术障碍赛、耐力赛和速度赛，全部赛事都使用阿哈尔捷金马。2017 年，室内亚运会马术障碍赛也是如此。土库曼斯坦重视培养青少年马术运动员，定期举办儿童速度赛，赛程 1 000m，小骑手年龄在 10 ～ 14 岁，冠军可获得丰厚的奖励。

土库曼斯坦政府非常重视马业发展，1991 年，土库曼斯坦成立了"国家马业联合会"，联合会行政级别为正部级。2011 年 4 月，土库曼斯坦成立了总部在阿什哈巴德的"世界阿哈尔捷金马（汗血马）协会"，土库曼斯坦总统当选为该协会主席。截至 2017 年年初，协会成员数达到 45 个。上述联合会和协会的工作任务都是保护阿哈尔捷金马品种纯度、扩大种群数量、提高马匹品质、登记，汇总世界各地阿哈尔捷金马信息，支持本品种赛事和活动，保护核心种群，根据调查指导繁育，支持科技研发，拓展对外交流，传播马文化。

2）民族马术运动　民族马术和马术特技是土库曼斯坦的民族文化瑰宝。"复兴"马术特技队成立于 2011 年，2014 年该特技队带领 10 匹阿哈尔捷金马乘专机来到北京，在"2014 世界汗血马协会特别大会暨中国马文化节"上表演其独有的马背艺术，保留节目有杂技主题剧《阿哈尔捷金马传奇》和民族舞《马鞭舞》等。该特技队已成为土库曼斯坦一张亮丽的名片，还曾在珠海国际杂技节上获得金奖。

3）中土马业合作　穆哈梅多夫总统对中国有着美好的感情，根据总统的倡议，从 2016 年开始，土库曼斯坦在中小学阶段把汉语设为第二外语。中土马业合作始于 2011 年，即中国加入世界汗血马协会时。2014 年 5 月 12 日，中国马业协会承办"2014 世界汗血马协会特别大会暨中国马文化节"相关活动。中土两国元首见证两国马会签署了马业合作框架协议，约定在马业科研、教育、赛事和文化艺术等领域开展广泛合作。

（2）吉尔吉斯斯坦

1）马产业发展情况　吉尔吉斯斯坦养马历史悠久，马被比作吉尔吉斯斯坦的翅膀，在人民生产生活中的地位很重要。得益于该国大面积的草场资源，牧民既骑马放牧牛羊，也养殖马匹获得马肉和马奶，所以马业是该国传统畜牧产业之一。根据联合国粮食及农业组织数据，2012 年该国马匹数量为 38.8 万匹，在世界排名第 32 位。该国马匹数量在逐年增加，养殖的品种以新吉尔吉斯马占绝大多数，该马用途多样，可作奶用和肉用，也可用于民族马术运动。吉尔吉斯斯坦出产的马肉在意大利、法国和日本非常受欢迎，而马奶被广泛用于婴幼儿食品、糕点和医疗当中。

2）民族马术运动　吉尔吉斯斯坦民族马术运动非常多样，每逢节日、庆典、重要的事件必有马术比赛。例如，扎尔科走马比赛，赛程 15km，阿特－恰贝什是距离 4 ～ 50 km 不等的耐力赛，按规定马匹年龄在 3 岁以上，参赛选手为 13 岁以上，胜者可赢得贵重的物品或牲畜。还有如白狼（叼羊）、古料仕（马上角力）、柞木贝－阿特玛伊（骑马射箭）、吉兹－库玛依（姑娘追）等也非常受欢迎。2013 年 9 月，第一届亚洲叼羊比赛有

9 个国家的代表队参赛，吉尔吉斯斯坦是参赛代表队之一。这项民族马术运动在亚洲国家及伏尔加河流域非常流行，很大程度上加强了沿线国家之间的马文化交流。

3）中吉马业合作 吉尔吉斯斯坦总统阿坦巴耶夫于 2014 年 5 月对华进行国事访问期间，当面向习近平主席赠送了一匹纯种阿拉伯马。国礼公马名为达姆沙皇，2007 年 12 月 20 日出生，白色，外观俊朗，具备纯种阿拉伯马典型特征。以国礼马为契机，中吉双方签署了马属动物出入境检验检疫条款，两国马业协会签署了合作框架协议。2016 年夏季，应中国马业协会邀请，吉尔吉斯斯坦马术协会来华参加了北京国际马球公开赛。

（3）中亚国家对内蒙古马产业的影响 内蒙古要发展马术运动，首先应学习"一带一路"沿线国家，创新民族马术表现形式和赛事模式。蒙古马传统项目与现代运动马赛事相比，观赏性有待提高。各盟市应积极挖掘传统马术赛事项目，依据民族感情和游客需要创新项目的表现形式，提高观赏性、娱乐性及经济性，增强吸引力。其次，创新马产品的开发与利用，延长产业链，实现马匹的规模化、市场化和商业化。根据马奶、酸马奶、马血清等非常高的医用价值和保健价值，以及各盟市市场的情况，鼓励龙头企业参与马产品的规模化生产与销售，建设内蒙古马产品研发生产基地。

随着我国经济水平的提高、现代运动马产业的兴起和草原旅游事业的发展，人们对开展传统赛马、骑马运动、马上娱乐等活动的需求越来越迫切，应充分利用内蒙古地区的区位优势和悠久的养马历史积淀，大力发扬、推广民族赛马，重点发展适合内蒙古地区独特优势的马术项目，如马球运动等。2019 年 9 月 22 日，"一带一路"国际马球公开赛筹备研讨会在北京市延庆区康庄镇举行，来自新疆、内蒙古、宁夏、福建、青海、甘肃等多个省区的代表参加了此次会议。这次会议的举办既是中国马文化自信的体现，也是在向全世界传递"一带一路"的核心精神。"一带一路"国际马球公开赛也是丝绸之路大赛马的组成部分。内蒙古自治区应率先开发培育适合于我国的现代马术运动用马，科学规范运动用马的饲养管理及调教训练，建立健全马营养与饲喂体系，以保障马产业的发展需求。

三、"一带一路"沿线国家对内蒙古马产业发展的影响

2015 年 7 月，上海合作组织乌法会议期间，中俄元首商定面向整个欧亚大陆合作进程，将"一带一路"倡议与欧亚经济联盟建设对接。"一带一路"倡议与俄罗斯欧亚经济联盟战略有效对接，拓展了中国与白俄罗斯、哈萨克斯坦、吉尔吉斯斯坦、亚美尼亚等欧亚经济联盟国家的合作。2017 年，为哈萨克斯坦"中国旅游年"，2019 年哈萨克斯坦总统托卡耶夫访华期间，两国一致决定发展中哈永久全面战略伙伴关系。白俄罗斯是最早与中国签订共建"一带一路"合作协议的国家之一，白俄罗斯不仅致力于自身发展战略与"一带一路"的对接，而且支持"一带一路"与欧亚经济联盟对接。2016 年 12 月

15 日，白俄罗斯总统批准《2016—2020 年白俄罗斯社会经济发展纲要》，纲要指出，白俄罗斯特别的方向是发展丝绸之路经济带连接欧洲市场和欧亚市场的白俄罗斯段。内蒙古作为资源富集区、生态屏障区、特色文化区，特别是在"中蒙俄经济走廊"建设中优势较为明显，"一带一路"建设进一步推进我区与沿线国家在各个领域的交流与合作，实现互利互赢，共同发展繁荣。

目前，"丝绸之路经济带"与沿线一些国家的战略对接已进入推动落实阶段，需要不断探索对接机制与模式，加强顶层设计。然而，由于国情不同、利益诉求不同，各国经济发展水平、政策法规、技术标准等不同，无论是双边还是多边合作都存在一些有形或无形的壁垒，需要统一规范，统筹协调，建立各国政府和企业在合作领域交流的对话机制和协调机制。有的国家因经济基础薄弱，既缺资金、装备，又缺技术，经济运行隐患诸多，发展处于低迷状态。这些情况既为"丝绸之路经济带"建设提出了共建创新合作模式的难点、问题与挑战，也为沿线国家，特别是我国与中亚国家的产业合作、优势互补、互利共赢带来了机遇。基于这一现实提出以下思考。

1. 紧密结合实际，优选合作项目　我国内蒙古自治区具有历史久远、丰富多彩的"马文化"资源。"一带一路"建设为我国西陲"马文化"产业交流、合作与发展开辟了新的天地。"文化产业"是满足人民群众多样化、多层次、多方面精神文化需求的重要途径，也是推动经济结构调整、转变经济发展方式的重要着力点。内蒙古地区具有丰富的文化资源，但与国际化水平相比较，当地文化产业的发展水平亟待提高，文化资源的开发利用亟待提高，文化产业的市场化水平亟待提高；须深入走进沿线地区和国家的社会经济生活，根据不同地域的文化习俗和实际需求，选择相关项目，充分挖掘产品内涵，将创意驱动、生产要素驱动、投资驱动、消费驱动、政府驱动与市场驱动统筹安排，提高文化产业的国际化水平，以增强自身在国际舞台上的话语权和生存空间。

2. 以器物为载体传播"马文化"，促进沿线国家人文交流，助力民心相通　近年来，中国与中亚各国的战略伙伴关系达到新的高度，国家层面的政治、安全、经济、能源合作大幅度提升，但是人文的交流与合作相对比较薄弱，彼此民众在心理上的文化认同和对话没自达到相应的水平。中国文化与中亚民族文化存在多样性、差异性，不同国家和人民之间的沟通、理解、认同和交融，以及如何展现作为合作者的良好形象，还存在诸多问题，面临很多工作。文明互鉴、人文交流是"一带一路"沿线国家和人民心相通、利相融、共繁荣的重要途径。双边或多边都需要对相关项目进行深入调研，探索对接机制与模式，进而积极推进。

器物具有两项突出的功能。其一，器物具有广泛的使用、消费和传播性；其二，器物作为某种文化的载体，会产生很高的认知度。器物背后还蕴含着丰富的文化和历史。打造荷载"马文化"器物的多种传播路径，可以通过器物叙事的途径，即讲述中国与沿线各国、各民族赞美马、崇拜马的典故，利用各国、各族人民对"马文化"器物的认知和情感力量，建立器物文化交流机制，促进沿线人民文化的深度交融，助力民心相通。

3. 以政府和社会资本合作模式，开发旅游项目管理体制，创新投资融资机制 旅游产业是以旅游资源为凭借、以旅游设施为条件的无形贸易。旅游活动往往是把物质生活消费和文化生活消费有机地结合起来。旅游业以其产业关联度高、收入弹性大、就业范围广、带动能力强和市场前景广阔，且蓄势待发等独特优势，已成为当今世界备受重视而具有强大生命力的新兴产业。伴随着历史的进程，中国内蒙古与中亚地区形成诸多同源跨界（跨国）民族毗邻而居的地缘格局。草原文化、绿洲文化、游牧文化、农耕文化等多元文化在这里碰撞融合、交相辉映；许多共同的历史记忆和文化符号，为共建"丝绸之路文化游"奠定了基础。"丝绸之路经济带"的构建为双边和多边的旅游合作提供了新的历史机遇。新疆伊犁哈萨克自治州以创新思维，面向中亚开拓了诸多旅游项目。但是目前中国与中亚国家的旅游合作规模仍然不尽人意。合作伙伴能否利益共享、风险共担？项目规划与开发效果是否一致？旅游景区项目在建设－拥有－运营过程中投资规模大、回收周期长，如何解决投资风险、融资渠道等问题？可以考虑应用合作模式对症下药。中亚一些国家希望能与中国开展更大规模的"历史文化游""生态旅游""民俗风情游""健康保健游"。他们认为，这将为中亚国家带来可观的经济利益。

第二章

国内外马产业发展的研究综述

一、国外有关马产业的研究

1. 马产业对经济贡献研究 国外一些学者认为马产业是国民经济重要的增长点和支柱产业之一，发展马产业会提升经济产值，增加就业岗位。如 Rieder（2014）提出瑞士马产业是支柱产业并已成为全年候产业。英国的赛马产业 2015 年直接经济影响达到 70 亿英镑，直接和间接提供就业岗位达 20 万个。法国马产业对法国国民经济发展起到了非常重要的作用，特别是在创造农业就业，以及促进农村经济发展方面，共提供 18 万个就业岗位。Matheson 和 Alex 等（2012）研究估计，新西兰马产业对国家经济发展、促进就业等方面起到积极作用，每年的经济总量超过 GDP 的 0.5%，贡献了超过 10 亿澳元，直接维持相当于 12 000 个全职工作。研究表明，各国的马产业在税收、捐赠慈善事业、解决就业、带动周边产业发展等领域能够发挥重要作用。此外，Fahey（2012）分析了马业对爱尔兰经济的贡献，发现马业每年可创造约 7.08 亿欧元 GDP，提供 12 512 个全职工作岗位，其中有 11 417 个岗位是直接提供的。爱尔兰约有 12.4 万匹马，有关商品与服务支出在 2012 年已高达 4.54 亿欧元。Terance（2011）分析了马业是澳大利亚第三大产业，每年创造直接税收 34.7 亿美元，间接产值 150 亿美元。Deloitte（2004）分析了美国马里兰州马业每年可为当地带来约 16 亿美元的 GDP，在吸引就业方面，马业每年可以为马里兰州创造约 28 800 个就业岗位。

2. 国际马产业发展模式研究 国际马产业的发展模式分为五种。一是休闲骑乘马产业模式，如美国，马产业主要包括赛马、娱乐、竞技、传统工作及其他，占比最高的为娱乐产业。美国马匹存栏量增长较快，是世界马匹存栏量最多的国家。二是赛马产业模式，如日本，日本马产业以赛马产业为主。日本赛马运动已开展了 150 余年。平地赛马由日本中央赛马会和 15 个地方赛马会等赛马机构举办，每年在全国 27 个赛马场举行超过 2.1 万场赛事，其赛事场次仅次于居世界首位的美国，与澳大利亚并驾齐驱。日本的赛马分为中央和地方两种类型。日本中央赛马会利用各事业所的设施举办"亲马日""爱马日"等宣传活动，并在东京赛马场内开设日本中央赛马会赛马博物馆，使群众达到接近赛马、了解赛马的目的。三是马术产业模式，如德国，德国马术运动受到德国各类人士欢迎。德国马术运动的成功与马术用马的成功繁育密不可分，2004 年雅典奥运会上 203 匹参赛马中就有 65 匹出自德国，在盛装舞步中表现最好的 15 匹马中就有 10 匹来自德国，参加障碍赛决赛的 46 匹马中有 14 匹出自德国。德国的马业协会在德国体育联盟中排名第七，是德国马术运动的最高组织。四是产品养马产业模式，如俄罗斯，俄罗斯产品用马主要包括肉用马和乳用马，在养马产业中约占 30%，在马匹的各种利用中也占有很大比例。在农业发展规划中，俄罗斯发展肉用马养殖就是其中一项，养殖户还可获得联邦的财政补贴。俄罗斯是世界上首个使用酸马奶治疗肺结核病的国家，目前，产奶品种有哈萨克马、巴什基里亚马、新吉尔吉斯马及杂交马，可挤出 35%～75% 的奶量。五是马球产业模式。如阿根廷，其农牧业发达，适合马匹生长，阿根廷第一块奥运会奖牌来自马球比赛，所以阿根廷将马球视为国粹，推动马球运动逐渐产业化。阿根廷重视和普及马球马繁育、训练，是全球最大的马球马输出国，促进了阿根廷马球产业方向的就业，并向全球输出马球人才。

3. 马产业发展对策研究 一些学者从产业可持续发展方面研究存在的现状，并提出了马产业发展的策略。如 Castejon 等（2011）指出马娱乐和商业活动在马产业中发挥作用，人均收入与马术需求、全球支出与人们对马的兴趣均呈正相关。Anne（2017）认为澳大利亚马旅游业发展面临挑战需提上日程，需求和供应间差距是主要问题。Lori 等（2008）提出了马福利与马术比赛要尽可能平衡及可持续发展，提升马福利的方法，把马业从经济驱动的商业和管理模式推向以福利为导向的模式。Suggett（2001）提出马业对于推动乡村发展和英国经济繁荣的可行性，它是一个必不可少的产业，也可以根据有限的信息尽量确定马产业的规模。The Henley Centre（2004）提出了英国马业对经济发展的持续性贡献明显高过其他产业，为英国如何发展马业提供基本思路。

4. 马产业行业人才研究 国外马产业行业人才培养主要有三个特点，一是马业发达国家注重马术教育，将马术课程教育贯穿人才培养全过程。美国高中开设马术课程，部分大学成立完全由学生运营组织的马术队，奖学金体系十分完善。二是学历教育和短期培训相结合，如澳洲小马俱乐部协会（Pony Club Australia）设有培训课程及考核认证体系；内布拉斯加州成立赛马会为青年骑马爱好者提供专业培训和高等教育学习机会；林肯大学的 4 年制马术专业学位将提供与马术相关行业的职业经验；针对美国各地的马匹商业，专业人士开发了马商业教育计划，推出免费在线短期课程。三是马产业发达国家将学术知识、就业知识和职业技术知识与技能并重，依托校企合作开展人才培养，细化马职业相关技能标准，有力地推动了马产业发展；依托马术俱乐部的形式展开，典型的有美国的棕榈滩国际马球俱乐部、英国哈特伯瑞马术中心、惠特菲尔德庭院俱乐部等。

二、国内有关马产业的研究

1. 马产业与经济发展研究 国内学者认为马产业对经济的发展有着一定的推动作用，可概括为以下三个方面，一是马基因的相关研究一旦成功，不仅能为马的准确选种提供科学依据，还能获得巨大的经济效益和社会效益。二是大力发展马产业，有助于畜牧业畜群结构的调整，促进农牧民增收和畜牧资源升值，大力推进社会主义新农村、新牧区建设。三是新疆、内蒙古等地区利用自身优势资源和特色产业，以马为发展主线，一、二、三产业深度融合，促进了现代马产业经济发展。

2. 国内马产业研究　国内学者主要从三个方面研究马产业的发展，一是针对中国马产业发展进行研究，如李志平（2020）与国外马产业发展进行对比，得出中国马产业发展虽然拥有多元融合、文化价值的优势，但由于缺乏统一标准、专业程度不高等因素限制了我国马产业发展。二是针对某一地域的研究，主要集中在新疆、内蒙古、广西等地的马产业的发展研究，以地区马产业的发展现状、发展战略为研究对象。如高晓黎等（2013）在分析新疆特色马产业基础上提出空间格局优化建议。李春阳等（2013）通过对新疆特色马产业文化旅游资源、习俗等方面的研究，探索新疆特色马产业文化旅游发展的方向与重点，提出新疆特色马文化旅游的发展路径。芒来等（2019）阐述了内蒙古现代马产业的发展现状、发展优势及存在的问题，并对内蒙古马产业发展做了可行性分析。赵敏（2015）进行了内蒙古马文化休闲产业发展研究。刘克俊等（2014）指出广西马产业的现状及问题，提出广西马产业发展思路。三是从马术、赛马、马文化、马产品等要素研究马产业的发展方向。如孙德朝（2013）指出以节日庆典集聚和辐射的原生态层、旅游者自主参与和体验的资源开发层、高水平竞赛的竞技规范层三个层面循环互动，促进马产业和马术运动良性发展。张元树等（2011）提出以马为中心的"赛马－种马－育马－马匹交易"形成内循环产业链，指出赛马产业给武汉市经济社会的发展添加了新的动力。孙国学（2019）指出应从实际出发，打造业态丰富的网状马产业链，充分挖掘与开发马文化的休闲要素、娱乐元素、健身功能。陈绍艳、杨成（2011）探讨了传统文化对我国赛马运动发展的影响；聂明达（2012）论证了我国开展竞技马业的可行性。夏云建等（2014）对我国经济转型升级背景下的现代赛马产业构建进行了分析。秦尊文等（2007）对世界商业赛马现状与中国开放赛马彩票的前景进行了分析。李海等（2009）基于国外竞猜型赛马彩票的发展现状及国内发行赛马彩票的经验教训，对我国试点发行竞猜型赛马彩票的必要性与可行性进行研究。甫拉提江·艾力皮别克、王晓等（2017）指出把孕马结合雌激素产品、马奶产品、马肉产品、马血产品、马脂产品等作为马产业支点进行支持打造，实现马特色产品的产业化发展。研究表明，我国马产业发展虽未呈现系统性，但局部发展态势较好。马产业的某一区域、某一要素发展较好，但从全国来看，产业体系不健全，产业发展缺乏系统性。

3. 马产业人才培养模式研究　国内马产业人才培养模式概括为三方面：一是高校对于马产业人才培养的研究，侧重于产学研结合，主要包括构建校企结合、岗位导向、任务驱动的人才培养模式；建设运动马驯养与管理专业现代学徒制人才培养教学模式；调整优化专业方向，建立了招生、培养、就业（创业）的联动机制，构建了"四段进阶、两轮实训"的实践教学模式，凝练传承蒙古马精神，多方协同改善了人才培养条件，构建应用型马业人才培养模式；国际视野下的"导师制""小班化""个性化""国际化"的马术人才培养模式，以及校企双元、"基础宽厚、技能突出"的人才培养模式。二是职业技能的培养，建立通过教育平台、学科基础平台、专业教育平台、实践教学模块，让学生在掌握技术技能的同时学习到理论知识。通过对技术岗位的剖析赛马获得行业人才必须具备的职业技能和知识，并综合论证创建配套的课程体系，使得人才培养目标直接与市场需求挂钩。此外，建立健全认证体系，完善我国赛马（马术）专业人才职业技能标准，明确职业技术知识与技能并重，培养行业发展所需要的标准化高级马业人才。三是科技人才的培养，提出扩充马业科技人才队伍的数量和质量，改善马业科技人才队伍的专业、年龄和知识结构。

4. 有关马产业的发展动态分析　通过梳理国内外研究情况发现，国外研究集中在马产业对国家经济发展、扩大就业、可持续发展的促进作用方面，主要从这些方面探索发展马产业的重大意义；国内主要集中在某一区域的马产业发展或对马产业某一要素进行研究。在马产业及马产业行业中，国外人才培养模式（如创新型人才培养的研究）较为成熟，人才培养多是以企业、社会对人才的需求为导向，注重人岗匹配度，而国内人才培养模式呈现多视角、多元化特点，人才培养则更重视专业理论和实践技能方面的培养，人才培养多是从产学研结合、实践教学、繁育技术改进等方面研究。目前，内蒙古自治区正在借鉴和整合国内外马产业优势人才的培养经验，并从我国国家、社会、行业、企业、学校等层面提出整体完善的马产业人才培养方案。

第三章
内蒙古发展马产业的意义

作为传统的养马大国，我国马产业正在从以役用为主的传统马产业向以娱乐、竞技、休闲骑乘为主的现代马产业过渡。内蒙古以其悠久的民族历史、深厚的民族文化、独占的民族区域，形成了独具特色的民族马产业，是中国马产业的突出代表，也是马文化底蕴最为深厚的地区，同时，也是中国与国外马产业交流最主要的边疆省区之一。相比浙江等东南沿海，内蒙古凭借其特有的自然条件和地理优势，形成了当地的马匹品种资源，并且建立了马品种的自然保护区。此外，内蒙古马文化、游牧文化由来已久，而各种马文化节庆也带动马文化旅游、丰富多彩的各级别赛马等活动，带动了马匹繁育、运输、饲草料经营、马具制作、马文化传播等相关环节的发展。但是，由于内蒙古马产业发展的资源要素存在差异，产业要素利用不合理，主要因素作用不明显，国家产业政策尚不完善，水平空间发展脱离区域空间实际，战略布局无特质优势，主要表现在马匹品种退化严重、传统赛事模式及表演缺乏创新，现代赛马动力不足，人才缺失、规划滞后、草原生态恶化，导致马产业巨大的多业态融合力、文化传承力、经济推动力没有得到发挥。因此，以内蒙古马产业发展水平与区域经济的关联性为切入点，分析内蒙古马产业空间特征及其比较优势，同时借鉴发达国家马产业发展模式，从"一带一路"倡议高度优化内蒙古马产业战略布局，对于传承蒙古马精神、建设民族文化强区，推动"一带一路"沿线国家马产业交流与合作，实现中国民族马业国际化，对我国马产业转型升级具有重要意义。

一、打造经济社会发展新引擎

马产业发展，首先有利于促进传统马产业向生物制药、马术表演、休闲骑乘、商业赛马、马具及马具饰品制作等现代马产业转变，推动马产业向高附加值、多用途综合开发方向发展；在此基础上，能够拓展产业链的深度广度，充分发挥马产业对旅游业、文化产业、健康产业及其他产业的拉动作用，形成叠加效应、聚合效应、倍增效应，激发"双创"活力、培育产业发展新模式新业态，使马产业成为引领草原畜牧业转型升级的着力点。其次能够为内蒙古自治区产业转型发展提供深层的精神动力。微观层面，"吃苦耐劳、一往无前"的蒙古马精神是我们人力资源的新优势，是推进经济社会发展最重要的人力资本。宏观层面，吃苦耐劳的意志品质为经济平稳转型提供了富有弹性的国内社会文化环境，乐观豁达地面对当前的经济转型阵痛，积极求变，平和地应对困难，积极建设美好未来。

1.旅游马业 旅游骑乘已悄然兴起，正在成为青年人的一种时尚和健康理念。人们通过骑乘活动贴近自然、陶冶性情、塑造体态、促进健康，他们把骑马看作是提高生命质量的一种休闲娱乐活动。

草原风光和民风民俗是内蒙古的特色旅游资源，草原奇特的风光中，矫健的骏马是旅游业发展的载体，侧身上马，身随马姿，耳边但闻嗖嗖风声，感受景动草动马未动的惬意，这两种资源的结合是草原上一道不可替代的靓丽风景。再加上马队接送、赛马、驯马、骑马、马车、马术表演，以及具有民族特色的马文化博物馆和马工艺品等，已成为极具民族特色的草原观光项目，旅游业作为新兴产业有着极大的市场潜力。

骑马漫游草原、观看民族赛马和马术表演，不仅能让游客感受一望无际的草原，更重要的是能了解和感受内蒙古的民俗和蕴含在其中的草原文化。同时，旅游业可以带动马产业的发展，二者互推发展能有效地促进内蒙古自治区的经济发展和民族文化的弘扬。

2.赛马业 在市场经济发达的西方国家和地区，赛马业已经成为产业关联度很高的行业，从某种意义上讲，运动马产业已成为体现其综合国力的象征。纵观世界各地，一个多世纪的实践，充分证明现代赛马业在创造就业机会、增加财政税收、改善社会福利等方面发挥了巨大的作用。

在国内积极发展现代运动马产业的大环境下，内蒙古自治区应在吸收国内外先进经验的同时，利用内蒙古自治区的地方优势，通过兴建赛马场、育马场、举办赛事，鼓励个人养马，吸引广告、赞助，带动整个产业链的商业联动发展，进一步发挥运动马产业的贡献率，从而推动地方经济的发展。

3.相关产业 运动马产业可以带动育马、饲养、饲料的加工销售、护理与护理装备制造、教练、设施维护、配套服务、网点建设、兽医、广告发售、会员管理、赛马装备设计与制造、骑师的服装制作、专业骑师的培养等方面的发展。运动马产业还将带动房地产、商业和旅游业互动发展，购物、餐饮、超市、娱乐融为一体，有效推动服务业发展。

在内蒙古自治区服务业占国民生产总值比重连年下降的形势下，发展运动马产业进而推动服务业发展，对增加国民收入、解决就业难题、提高内蒙古自治区核心竞争力有着不可估量的巨大作用。

二、培育精准扶贫脱贫新路径

脱贫致富贵在立志，马产业与马文化深度融合发展，有助于使物质扶贫与精神扶贫并进，增强扶贫对象和贫困地区自我发展能力。以马文化中蕴含的蒙古马精神为例，蒙古马精神有助于推动精神扶贫，具体表现在，一是能够激发贫困群众脱贫的热情、信心、干劲，激发贫困群众干事创业的主观能动性，摆脱昂首望天、等待政策"掉馅饼"的心态，把"等靠要"变成"闯改创"，把贫困群众扶上马背，脱贫工作才能行稳致远。二是有助于激发互助脱贫的思想自觉。贫困问题的存在，除了个体因素之外，还有许多结构性因素的存在，例如，小农业难以对接大市场的矛盾，对此，扶贫开发不仅要着眼于个体，还要提高牧民之间，以及牧民和相关利益群体之间的团结互助意识。三是有助于强化牧民勤俭节约的意识。马产业与蒙古马文化的融合不仅有助于满足群众的物质文化需求，更能激发群众吃苦耐劳的精神品质，从而推进可持续脱贫。

三、开创民族团结进步新时代

精神家园是人类安身立命的根本所在，是各民族开拓进取、团结奋斗的精神支柱与精神纽带。守好内蒙古少数民族美好的精神家园、建设各民族共有精神家园是习近平总书记对民族工作的明确要求。

中华民族共有精神家园，并非只建设共有的"精神"，而是包括了培育这种"精神"的载体，也就是实实在在的环境和氛围。守住美好精神家园必须关注多民族地区文化的易变性与经济社会发展的种种关系，必须高度重视民族文化发展的连续性和统一性。要切实保护好民族文化发展的基因，充分发挥好草原文化的品牌作用。马产业与马文化融合发展对守好少数民族精神家园具有重要意义。蒙古马作为一种文化符号已经受到了广泛认同，早已内化成为一种精神和象征，成为马背民族的一种文化图腾；蒙古马在2015年被确定为内蒙古十大文化符号之一，马文化成为草原文化的重要标识，大力弘扬"蒙古马精神"、尊重蒙古族群众心中神圣的蒙古马情结，有助于促进民族文化认同，使得各民族更加珍视安定团结的大好局面。

四、建设民族文化强区新路径

建设民族文化强区，其特色应当是草原文化。而草原文化的核心就是"蒙古马文化"。蒙古马应当成为草原文化的标志。如果我们只宣传大草原，不充分挖掘宣传草原上的文化内涵，就将成为一个"自然风景展示"。突出文化导向，将马文化挖掘、传承、保护和发展列入民族文化大区、强区建设的重要内容，进一步加大宣传力度，全力打造和提升马文化品牌，大力弘扬驰而不息的龙马精神和一往无前的蒙古马精神在经济社会发展中的激励作用。

文化需要在发展和传播中获得持续的生命力。内蒙古自治区打造文化强区，要立足内蒙古丰富的文化资源，提升文化效益。马产业与马文化的深度融合，极大地促进了内蒙古马文化产业的发展壮大，形成了以文艺演出、文化旅游、文化创意、文化娱乐、文化会展、文物复仿制品和工艺品等为主体的马文化产业体系，对经济社会发展的贡献和作用显著增强，在这一过程中，马文化也日益繁荣，为建设民族文化强区提供了有力的经验借鉴。

五、深化生态文明建设新指引

如何处理产业发展与生态环境保护是我们面临的紧要问题。马产业发展有助于吸收借鉴几千年来人与马和谐相处蕴含的生态文明价值观，有助于破除产业发展的生态环境隐忧。第一，有助于增强尊重自然规律的自觉意识，以往我们为了提高牲畜的经济收益，无视本地牲畜的适应性，强制推广外来品种；为减轻草场压力，无视牲畜啃食与牧草生长之间的高度相关性，简单强制地推行生态移民政策，这些政策日益显现出其负面效应，值得重新审视。第二，经济发展要稳中求进、改善民生要从实际出发，既要尽力而为，又要量力而行，注重可持续性。草原生态保护绝非一日之功，也要稳中求进，要意识到草原生态保护的长期性，短期内的草原生态破坏，需要大自然长期的自然修复。第三，生态建设需要以人为本，政策制定时要统筹兼顾草原生态保护与牧民持续生计之间的关系，考虑到畜牧业生产周期较长，要保障政策延续性，增强牧民的政策预期，才能为牧民投身草原生态保护提供政策保障。

六、拓展内蒙古就业的新渠道

马产业是一个劳动密集型产业，包括饲养、护理、调教、驯马、骑师、教练、设施管理、配套服务、兽医、彩票管理、广告发布、马会管理等环节，涉及马匹培育、马匹营养、马匹保健、日常养护、骑术训练、运动服务、马术俱乐部和会员管理等多个方面，辐射面非常广泛，因此可以吸纳大量的就业人员。截至2018年，全国有1 802家马术俱乐部和行业协会，每年需要专业人员3 000人。我国马产业专业人才严重供不应求。

蒙古族被称为"马背上的民族"，在育马、驯马、骑乘马、马术表演等方面有着无可比拟的天赋。因此，通过马术专业学校对内蒙古民族地区青少年进行相关专业培养，成为马产业专业人才，有着广阔的就业空间，可以有效推动内蒙古农村牧区人员就业，提高就业质量，还能推动中国马产业快速规范发展。

七、内蒙古科技创新突破的新动力

内蒙古马产业的发展，需要不断地科技创新。一是马匹繁育品种的创新。乌审马、乌珠穆沁马、三河马、锡林郭勒马等，作为中国优秀畜种资源，已被列入国家畜禽遗传资源品种名录之中，它们具有耐力强、勇猛、对恶劣环境适应性强等特性，乘挽兼用，也可用于马术表演。但是，中国没有具有很强观赏性的温血马、速步马及速度马。近年来，这类马全靠国外引进，价格昂贵，许多牧民和爱马人士很难承担引种的高昂费用，同时造成资金外流。因此，利用蒙古马善于长距离持续奔跑的基因，在引入国外优良马品种的基础上，对蒙古马性能进行选择性地改良，培育出具有发达肌肉、超强爆发力和出色跳跃力的优良新型马品种势在必行。由此来改变我国没有品质优良的赛马的局面。竞技马新品系一旦培育成功，能够满足提供具有中国特色的现代运动马产业发展的马品种需求。二是饲草料的创新。内蒙古草原是中国北方草原牧区的典型区域，是我国北方地区重要的生态屏障。由于人口增加和自然灾害等因素，破坏了草原生态平衡，沙化严重、草场退化，含纤维较少的优质谷草、羊草和早期就可以收获的碱茅和苜蓿的数量在下降，运动马饲草料的供给问题严重。因此，因地制宜进行饲草料基地的建设，以及针对不同运动马的种类、马匹性情、体型、能力和个体情况、成长阶段，研制出科学的饲料配比，为更加合理、更加科学的饲养运动马提供技术参考。三是专用兽药的创新。马匹专用兽药在国内几乎空白，目前所用兽药基本依赖进口。今后应加快专业科研队伍建设，加快专用马兽药的研发，满足国内马产业发展的需要。

第四章
内蒙古发展马产业的优势和资源

一、政策优势

近年来，内蒙古深入推动文化、旅游与体育融合发展，各项政策助推内蒙古基本形成集育马、养马、驯马和赛马于一体的产业链条。2017年12月内蒙古自治区人民政府出台了《内蒙古自治区人民政府关于促进现代马产业发展的若干意见》。2019年4月22日内蒙古自治区农牧厅发布了《关于印发〈现代马产业发展重点项目实施方案〉的通知》。政府不断加大政策倾斜和资金投入力度。

2020年9月，农业农村部、国家体育总局联合印发了《全国马产业发展规划（2020—2025年)》。这是中华人民共和国成立以来针对马产业出台的第一个发展规划，阐述了我国马产业发展的现状，分析了我国马产业发展面临的形势，明确了我国马产业发展的总体思路、区域布局、重点任务和保障措施。

我国马养殖区域布局相对集中，主要分布在新疆、四川、内蒙古、西藏、云南、贵州、广西等地，其中新疆、四川、内蒙古2018年分别存栏马73.0万匹、74.3万匹、63.8万匹，合计占全国马存栏的60.8%。内蒙古马匹数量位居全国第三，在良种繁育、专业饲养、科技创新、马术运动、马文化旅游、国际交流等全产业链蓬勃发展，在全国的马产业发展中具有良好的基础和突出优势。

《全国马产业发展规划（2020—2025年)》确定了我国马产业发展的指导思想，以发展现代马产业为目标，加快马产业转型升级，夯实产业基础，完善标准体系，健全体制机制，强化人才支撑，发挥赛事活动、文化旅游的引领带动作用，加快建立现代马产业生产体系、经营体系、产业体系，提升马产业专业化、规范化、标准化、市场化水平，促进一二三产业融合发展，培育马产业发展新的经济增长点，提升质量效益竞争力，走中国特色现代马产业发展道路，不断满足人民群众日益增长的美好生活需要。

《全国马产业发展规划（2020—2025年)》为内蒙古自治区马产业高质量发展提供了强有力的政策保障和发展导向。内蒙古自治区作为国家马产业发展规划的核心区域，要充分发挥自身优势，发展中国特色现代马产业，推动马产业高质量发展。

二、区位优势

内蒙古自治区位于中华人民共和国北部边疆，横跨东北、华北、西北地区，接邻八个省区，是中国邻省最多的省级行政区之一，地处"呼包鄂"金三角腹地，北与蒙古国和俄罗斯接壤。与京津冀、东北、西北经济技术合作关系密切，是京津冀协同发展辐射区。通过"一带一路"建设，主动发展与沿线国家的经济合作伙伴关系，不仅造福中国人民，更造福沿线各国人民，是我国构建开放型经济新体制的重要举措。内蒙古作为"一带一路"中蒙俄经济走廊建设的重要组成部分，是扩大向北开放，增强经济发展动力的"桥头堡"。

三、马品种资源优势

蒙古马是中国乃至全世界较为古老的马种之一，原产于蒙古高原，广布于中国北方，以及蒙古国和俄罗斯部分地区，占中国马匹总数的1/2以上，是典型的草原马种。蒙古马体型不大，平均体高为1.20～1.35m，体重为267～370kg。母马平均体尺为：体高128.6cm、体长133.6cm、胸围154.2cm、管围17.4cm。蒙古马身躯粗壮，四肢坚实有力，体质粗糙结实，头大额宽，胸廓深长，腿短、关节、肌腱发达。被毛浓密，毛色复杂，以青色、骝色和兔褐色为多。蒙古马耐劳，不畏寒冷，能适应极其粗放的饲养管理，生命力极强，能够在艰苦恶劣的条件下生存，8 h可走60km左右路程。经过调驯的蒙古马，在战场上勇猛无比，是一种良好的军马。

蒙古马因分布地区条件不同而形成了四个主要类群：乌珠穆沁马，产于内蒙古锡林郭勒盟乌珠穆沁草原，体型匀称、耐力好、体质结实、骑乘速度快，是蒙古马中最好的类群；百岔铁蹄马，产于内蒙古赤峰市克什克腾旗的百岔沟，产地多山，马匹善走山路，步伐敏捷，蹄质坚硬，有"铁蹄"之称；乌审马，产于内蒙古鄂尔多斯市乌审旗，体质干燥、体格小，善于在沙漠中驰骋；阿巴嘎黑马，产于锡林郭勒盟阿巴嘎旗，全身被毛乌黑发亮，体格偏大。

1. 乌珠穆沁马 乌珠穆沁马产于内蒙古锡林郭勒盟东、西乌珠穆沁旗，是蒙古马的草原类群，也是蒙古马的典型代表。乌珠穆沁草原是我国最富饶的天然牧场之一，土壤肥沃，河流纵横，牧草种类繁多，主要牧草有碱草、冷蒿、大针茅、克氏针茅和葱草等。该地历来盛产良马，乌珠穆沁马最早以其骑乘速度快、持久力强和体质结实驰名全国。它是在当地自然条件下，经过牧民长期选育成的一个优良类群。当地地广人稀，马匹是牧民不可缺少的交通工具，每年农区也需要大量役马。

乌珠穆沁马体型中等，外貌特点是鼻孔大，眼睛明亮，胸部发达，四肢短，鬃、鬣、尾毛特别发达，青毛较多。当地盛产走马，其外形特点是弓腰，尻宽而斜，后肢微呈刀状和外弧肢势。乌珠穆沁马成年公马平均体高、体长、胸围和管围分别为：129.8cm、

137.1cm、158.2cm、17.4cm，成年母马分别为：126.6cm、133.3cm、154.5cm、16.7cm。

乌珠穆沁马完整地保留着蒙古马高原同类野马的遗传基因，直至今日依旧是优秀地方品种之一。乌珠穆沁马是较典型的蒙古马，强壮、抗病、耐劳，善于长途奔跑，适宜作战行军，在古代战争中屡建功勋。乌珠穆沁马除了具备蒙古马的特征外，还以超强的耐力闻名。乌珠穆沁马有走马和奔马两种。走马疾行时步伐矫健平稳，骑乘者不会有强烈的颠簸感。走速快，姿形美，走马常被列为草原"那达慕"盛会的表演项目之一。奔马四肢有力，耐久力强。经过训练后的乌珠穆沁马听人指挥，不惊不乍，能做到千百匹马聚在一起也寂静无声，被牧人称为"无声的战友"。驰骋百里不流汗，不用驾驭也不会走散，是一种理想的战马。

2. 百岔铁蹄马 百岔铁蹄马是蒙古马的一个优良品系，原产于内蒙古赤峰市克什克腾旗百岔沟一带。产区位于大兴安岭南麓支脉狼阴山区，海拔 1 600～1 800m。中心产区百岔沟是由无数深浅不等、纵横交错的山沟组成，百岔马在这里经过多年锻炼，善走山路、步伐敏捷、蹄质坚硬、不用装蹄可走山地石路，故有"百岔铁蹄马"之称。百岔铁蹄马外形结构紧凑、匀称，尻短而斜，系短而立，蹄小呈圆墩形，蹄质坚硬。成年公马平均体高、体长、胸围和管围分别为：132.4cm、139.3cm、163.1cm、17.6cm，成年母马分别为：125.1cm、134.8cm、159.6cm、16.4cm。20世纪50年代，克什克腾旗有百岔铁蹄马纯种马最多达 2 000 多匹。2009 年年底全旗仅剩 100～200 匹纯种马。

3. 乌审马 乌审马原产于内蒙古鄂尔多斯市南部毛乌素沙漠的乌审旗及其邻近地区，主产区为乌审旗、鄂托克前旗、鄂托克旗、杭锦旗、伊金霍洛旗，分布于鄂尔多斯全市。乌审马结实紧凑、结构匀称，属兼用型，毛色以栗毛、骝毛为主，头多呈直头，骨长、肩长，肢短，背腰平直，尻倾斜，肌肉发育良好，蹄薄而广，鬃尾鬣毛较多。成年公马平均体高、体长、胸围和管围分别为：123.9cm、125.7cm、145.7cm、16.3cm，成年母马分别为：120.5cm、125.9cm、140.8cm、15.6cm。乌审马体小灵活，性情温驯，适合沙漠地区骑乘和驮运。骑乘每小时 13～15km，日行一般在 50～70km，多的能日行100km 以上。乌审马中很多为走马。1982 年内蒙古有乌审马 1.8 万余匹，曾远销山东、河北、山西、陕西、宁夏等地。近年来乌审马数量剧减，截至 2018 年，大约有 2 000 匹，有濒临灭绝的危险。

4. 阿巴嘎黑马 阿巴嘎黑马原产于内蒙古锡林郭勒盟阿巴嘎旗北部边境苏木，现主要分布在阿巴嘎旗、锡林浩特市、苏尼特左旗等。阿巴嘎旗草场属高原典型草原，属中温带干旱、半干旱大陆性气候，多大风和寒潮，冷暖多变。夏季多风少雨，冬季严寒漫长，由于受该地区气候、草原和全天放牧的饲养条件，以及长期人工与自然选育的影响，阿巴嘎黑马具有耐粗饲、易牧、抗严寒、抓膘快、抗病力强、合群性好等特点，素以体大、乌黑、悍威、产奶量高、抗逆性强著称。

阿巴嘎黑马有下列特征：①全身被毛乌黑发亮，体格略偏大，体质粗糙结实，结构协调，骨骼坚实，肌肉发达有力；②头略显清秀，直头或微半兔头，额部宽广，眼大而有神，鼻孔大，耳小直立，耳根粗大，耳角薄而尖；③颈略长，颈础低，多呈直颈和水平颈，颈肌发育良好，头颈结合、颈肩背结合良好；④鬐甲低而厚，前胸丰满，多为宽胸；⑤母马腹大而充实，多草腹，公马多为良腹；⑥背腰平直而略长；⑦尻短而斜；⑧四肢端正，四肢关节、筋腱明显且发达，蹄质坚实，蹄小而圆，蹄掌厚而弹性良好；⑨尾毛长短、浓稀适中；⑩行动灵活敏捷，速度快、耐力强。经调查，2013年阿巴嘎黑马存栏约8 000匹，其中，成年母马约5 000匹。

四、民族历史优势

内蒙古是首个少数民族自治区，主要分布有汉族、蒙古族，以及满族、回族、达斡尔族、鄂温克族等49个民族。民族区域自治这一具有开创性的制度设计，为一个统一多民族国家的繁荣发展与团结进步奠定了坚实的基础。此外，内蒙古少数民族历史悠久的马文化使内蒙古人积累了丰富的马匹繁育、饲养、调训和驾驭经验。

内蒙古地区是中华民族古老的历史摇篮之一，也是古代中国北方少数民族生息繁衍的地方。内蒙古地区的养马业可以说是伴随着游牧民族的生活生产自然而生的。从人类文明以来，这片草原上生活的人们就过着养殖马、牛、羊为主的游牧生活。养马对草原游牧民族来说是一种最直接、最原始的生产活动。

五、人才优势

内蒙古马业要发展，人才培养是关键。内蒙古马术学校、内蒙古农业大学运动马学院、锡林郭勒职业学院马术系和兴安职业技术学院为马产业的发展输送了大量专业人才，有教练员、调教师、科研人员、骑手、饲养员和马医师等，增强了马产业发展的"造血"功能。近年来，内蒙古农业大学已开展了马业科学本科专业、运动马驯养与管理专科专业和马兽医方向的招生，重点培养能够掌握马的遗传育种、饲养管理及马术产业较系统的基本理论、基本知识和基本技能，能较熟练地从事运动马饲养管理、赛事策划、骑乘竞技、兽医服务，以及马产品开发等方面的高等技术人才，初步构成内蒙古马业人才的培养体系。

六、旅游资源优势

内蒙古地处我国北疆，毗邻8省区，首府呼和浩特市距首都北京仅500km，旅游资源丰富、风情独特、民风淳朴，有着悠久的历史和深厚的民族文化底蕴。大草原、大沙漠、大森林的恢宏壮美吸引了海内外大量游客，内蒙古将逐渐成为我国21世纪生态旅游的重要基地。总体来看，内蒙古资源类型多样，丰富的资源展现了内蒙古景观多样性、生物多样性、文化多样性、民族独特性等旅游资源特色。内蒙古旅游人数逐年增加，便利的交通条件，独具特色的旅游资源，蜂拥而至的游客，使得内蒙古拥有马产业发展的良好前景和市场，具有吸引京津冀及东北三省乃至全国爱马人士成为内蒙古马产业客户的潜力，有利于内蒙古马产业扩大知名度，向区内外发展。

七、拥有举办大型赛马活动的基础设施和经验

内蒙古已建成了一些规模较大的赛马场地，对于举办大型赛事具有丰富的组织管理经验。截至 2018 年，规模较大的赛马场主要分布在呼和浩特市、通辽市、锡林郭勒盟、兴安盟和鄂尔多斯市。

位于呼和浩特市的赛马场建于 1956 年，曾举办过大型那达慕大会和速度赛马比赛；2017 年 7 月竣工的内蒙古少数民族群众文化体育运动中心，围绕国际赛马场打造集国际赛马、马匹培育、赛手培训、马术俱乐部、蒙古族赛马和马文化研究，以及与马相关产品营销为一体的赛马综合体。2019 年 6 月，中国·内蒙古马赛及第六届内蒙古国际马术节在此开幕，从 6 月到 10 月，马术节每周末都在呼和浩特主会场和锡林浩特的分会场举行比赛。

2007 年投资 1 000 多万元建成的通辽市科尔沁左翼后旗僧格林沁博王府赛马场，是内蒙古东北地区最大的赛马场，先后承办了全国速度马锦标赛等大型体育赛事；通辽市科尔沁左翼中旗珠日河草原旅游区，有国际标准的赛马场，一年一度的"8·18 哲理木赛马节"就在这里举行，已经打造成为颇具影响力的品牌赛事。

锡林郭勒赛马场，投资 4 000 万元兴建，2007 年 7 月正式启动，是内蒙古自治区唯一一个以"马文化"为灵魂、充分展现马背民族风采、集蒙古族悠久文化特色及现代文明于一体的标准化赛马场，曾连续四届举办"骑着马儿过草原"旅游活动为主题的各项国际国内赛事。

兴安盟科尔沁右翼中旗图什业图赛马场，曾举办过三届中国马速度大赛，分别是 2008 年科尔沁右翼中旗与国家体育总局联合创办的首届中国马速度大赛、2016 年中国速度赛马大奖赛（内蒙古赛区）和 2019 全国速度马经典大赛。

鄂尔多斯市伊金霍洛旗赛马场，建于 2008 年，总占地面积 83 万 m^2，总建筑面积 7.5 万 m^2。主体部分由看台区和高层区两个部分组成。运动场看台区建筑面积约 4.1 万 m^2，高层区建筑面积 3 万 m^2，地下一层、地上十二层主体结构全部为钢结构，顶部造型最高点约 109m，为一类高层建筑，其它附属建筑约 4 000m。建筑整体造型寓意为"奔腾的骏马和洁白的哈达"，展示了浓郁的民族地方特色，象征着蒙古族人民热情好客的传统美德。2016 年和 2017 年内蒙古鄂尔多斯国际驭马文化节在此成功举办，树立了鄂尔多斯市国际化马业枢纽中心的新形象，推动纯血马速度赛马运动及育马产业的进一步发展壮大。

第五章
内蒙古马产业概况及存在的问题

伴随着我国马产业迅猛发展，内蒙古自治区马产业成为一支不可小觑的力量，马产业逐步从以畜牧业为主的第一产业，向满足人们体育休闲娱乐为主的第三产业过渡，包括赛马、旅游、休闲娱乐等马上项目层出不穷。但由于内蒙古自治区马产业发展起步较晚，现有的马文化资源优势还未能转化为产品优势，在开发规模和深度等方面还有待于进一步挖掘和提升。本研究将内蒙古马产业分为五大类，分别从马科学、马赛事、马旅游、马文化及马产业人才培养进行论述，展现内蒙古马文化与马产业融合发展的概况及存在的问题。

一、马科学

马科学涉及多个领域，主要包括马属动物遗传育种与繁殖、饲草饲料、马产品生产等方面的基本理论和操作技能。

（一）马繁殖育种概况及存在的问题

1. 马繁殖育种概况

（1）内蒙古马匹品种和数量概况　　内蒙古被誉为"马的故乡"，拥有发展现代马业深厚的文化底蕴和优越的地理环境与气候条件，马匹饲养数量大、马品种资源丰富，是我国乃至世界马匹品种资源最丰富的地区之一，有自然形成品种蒙古马（主要包括乌珠穆沁马和乌审马两大类群）；人工培育品种，三河马、锡林郭勒马、新锡林郭勒马；引进品种，纯血马、阿哈尔捷金马、温血马、美国花马、冷血马等10多个优良品种。2016年，全区马匹饲养量达到80.5万匹，仅次于新疆，居全国第二。内蒙古的马匹主要分布在呼伦贝尔市、锡林郭勒盟、通辽市等5个盟市（表5-1）。

表5-1　2016年内蒙古自治区马匹存栏量较多的主要盟市

盟　　市	数量（万匹）	占全区总量（%）
呼伦贝尔市	27.39	29.3
锡林郭勒盟	21.87	23.4
通辽市	18.22	19.5
赤峰市	12.67	13.6
兴安盟	6.48	6.9

数据来源：《内蒙古统计年鉴2017》。

（2）内蒙古马匹繁殖育种现状　悠久的马匹饲养历史，让内蒙古人积累了丰富的马匹繁育、驯养经验。到目前为止，草原上的马匹主产区中马匹的繁育依然保持着传统的马群自然交配。在马群自然交配的过程中，选育者没有办法控制马匹的优种选育，马匹的质量得不到快速提升。在草原退化的过程中，由于马匹营养长期缺乏，公马精子活力低下，母马发情次数减少，马匹受胎率较低，公马与母马之间的传染病也得不到有效控制，母马生殖系统疾病的发病率提高。另外，在马群自然交配的过程中，马匹的系谱没有登记，内蒙古自然形成的优秀的蒙古马优良基因在不断退化，蒙古马的保种迫在眉睫。在草原马匹改良的过程中，优秀的进口种公马对草原散养模式适应性很差，很多牧民高价买来的种马在草原散养过程中夭折。为了避免这些问题的发生，内蒙古自治区专业的马匹繁育基地已经开始实行马匹的人工繁育和改良，这样可以人为地控制马匹繁育过程中出现的所有问题，可进行有计划、有目的的繁育，马匹的繁育进程和马匹质量将大幅度提升。但繁育专业人才的严重缺乏，技术和设备的落后将在一段时间内继续制约着内蒙古马匹的人工繁育和改良。

1）白音锡勒草原马场繁育概况　内蒙古锡林郭勒盟白音锡勒草原马场（竞技型的锡林郭勒马新品系培育基地）坐落在白音锡勒草原上，位于锡林浩特市往东南60km处，交通便利，地理位置优越。锡林郭勒盟白音锡勒草原是内蒙古中部的一个真正的原始大草原，是内蒙古自治区较早开展马匹改良和人工繁育的草原马场。

白音锡勒草原马场曾由奥地利人皮特经营，他们将蒙古马作为母本，英国纯血马作为父本，以改良蒙古马培育新品系为目标，经过多年的努力，获得外貌体征优良的一代母马，共258匹。2008年，在内蒙古自治区马业协会成立的同时，内蒙古马业协会将皮特经营的草原纯血马培育基地进行了收购。白音锡勒草原马场截至2017年马匹总数为700匹，其中包括英纯血马，一、二、三、四代英纯血马杂交后代。

白音锡勒草原马场是培育竞技型锡林郭勒马新品系的基地。把锡林郭勒马培育为长距离耐力好、短距离速度快的适合我国现代马业发展需求的经济型新品系。马场对于马匹的培育流程为：制订选配计划→配种→繁殖→产驹→调教马匹→选留为种马或出场。锡林郭勒马新品系是以优秀的蒙古马为母本，引进的优良纯血马（有比赛成绩）为父本，进行杂交，培育到第四代杂种马进行横交固定，育成新品系。从2008年收购马场，对马场原有母马进行全面评估、淘汰后，最终选出225匹母马作为基础母马进行二代马的培育（图5-1）。

马场在进行马匹培育的同时，也对马驹进行调教、训练。2012年9月，在鄂尔多斯举行的中国首届马术节上"83公里国际标准耐力赛"的比赛中，一匹10岁印有"太阳花"烙印的203号新锡林郭勒马获得了冠军。从这些马匹的表现来看，经过改良后马匹的性能确实有了很大的提高，这也使人们对以后的改良工作充满了信心。

白音锡勒草原马场不仅是"内蒙古马业科学研究与开发应用"创新团队的试验基地，也是内蒙古农业大学动物科学学院本科生实训基地。马场每年为内蒙古自治区乃至全国培育出优秀的马匹，同时为培养马业人才方面提供了实践的平台。

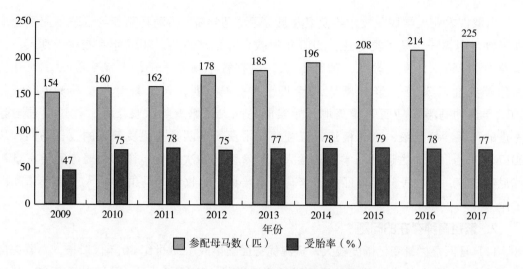

图 5-1　2009—2017 年马匹繁育概况

2）鄂温克族自治旗科兴马业发展有限公司繁育概况　鄂温克族自治旗科兴马业发展有限公司（以下简称"科兴马业"）是呼伦贝尔市特色马产业龙头企业，总产值 2 000 万元。该公司以种业创新为起点，由美国、法国、俄罗斯引进英纯血、法国速步、奥尔洛夫等国外优良品种公马 20 余匹，引进国际先进的马冷鲜精液、冷冻精液人工授精技术，建立了可以培育 100 余匹三河马的育种中心。通过供种、配种技术服务及马匹培育技术培训，辐射呼伦贝尔市 2 万匹马，引领呼伦贝尔市广大马主选育三河马乘用型新品系。为了开拓三河马马匹交易市场，科兴马业 2017 年创办春季和秋季两场次马匹展卖会和科兴杯系列赛马赛事，以育马、赛马齐头并进刺激推进呼伦贝尔市特色马产业发展，力争重塑呼伦贝尔市三河马品牌形象。

2017 年科兴马业在国家科技部国际科技合作基地引进的专家团队基础上，成立科兴马业现代马产业研究院，建设马产业技术研发团队，促进科技成果转化。科兴马业拥有三河马种质研究实验室 1 000m²，具有冷冻精液实验室、胚胎移植实验室、采精大厅、基因库、质量检测实验室、育种数据资料室、技术培训厅等多个功能科室，常年与中国农业大学、中国农业科学院哈尔滨兽医研究所、内蒙古农业大学、呼伦贝尔学院、内蒙古自治区畜牧工作站、呼伦贝尔市畜牧研究所、呼伦贝尔市畜牧工作站等高校、科研院所合作，承担 20 余项国家、自治区、呼伦贝尔市各级科研课题，提高强化企业核心竞争力。

3）内蒙古农业大学职业技术学院（内蒙古运动马学院）马匹繁育概况　内蒙古农业大学职业技术学院（内蒙古运动马学院）位于包头市土默特右旗境内。学院以悠久的草原文化为底蕴，以蓬勃发展的马业市场需求为导向，依托内蒙古农业大学雄厚的办学实力，培养适应现代马产业发展要求，具有马术产业较系统的基本理论、基本知识和基本技能，能较熟练地从事马匹饲养管理、马场设计规划、马匹繁殖育种、马匹临床兽医诊疗及马产品开发等方面急需的高端技术应用型专门人才。

内蒙古农业大学职业技术学院 (内蒙古运动马学院) 运动马驯养与管理专业是全国高等教育中第一个马术类专业，2010 年经教育部批准设立。2017 年在校生 100 人，已毕业学生 253 人，专业教练、教师 10 人。建有教学马场一个，占地 6.8hm², 拥有教学用英纯血马 38 匹、繁育母马 20 余匹、种公马 6 匹。人工繁育改良马驹 10 余匹。2015 年运动马学院马匹驯养基地开始实施马匹人工繁育与改良工作。通过引进国际先进的马匹冷鲜精液、冷冻精液人工授精技术获得多匹具有优良基因的改良马匹。从 2017 年开始，内蒙古运动马学院马匹人工繁育团队多次深入锡林郭勒盟苏尼特左旗和苏尼特右旗，为牧民开展马匹人工繁育技术培训，为牧民的马群实施人工繁育和改良工作。

2. 繁殖育种存在的问题

(1) 马匹存栏量变化幅度较大，资源优势面临挑战　20 世纪 80 年代以来，内蒙古自治区马产业比其他产业发展慢，马匹数量逐年递减，2005 年以后，马匹数量虽有回升趋势 (图 5-2)，但作为内蒙古极具地方特色和优势的蒙古马资源优势正在弱化，马匹调教训练水平较低、规模小，大部分马匹不适合大众骑乘和俱乐部教学使用，马产业整体优势不明显。

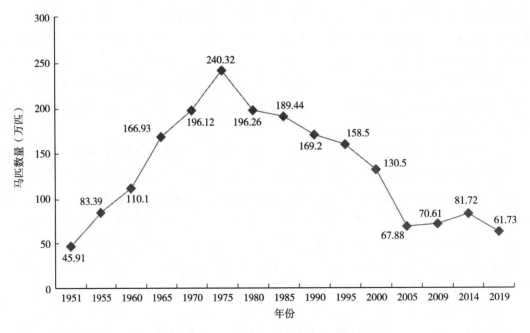

图 5-2　内蒙古 60 余年马匹数量变化

(数据来源于内蒙古统计数据)

(2) 马匹繁殖育种不成体系，优良基因正在退化　近年来，在马匹大量需求的情况下，马匹的繁殖育种不成体系、不成系谱的杂交现象比较严重。具有优良基因的地方品种（蒙古马）正逐年退化。作为全国马匹存栏量较大的地区之一，培育优良运动赛马的水平很低，大多数优良的运动赛马主要依靠国外进口，进口马匹价格很高，适应当地气候环境的能力较差。而我们地方马匹的优良基因在马匹育种的过程中不能很好地继承。

（二）马用饲草饲料概况及存在的问题

1. 饲草饲料概况 我国饲料行业的主打产品为鸡饲料和鱼饲料及其他哺乳动物饲料，草食性动物饲料一直处于边缘化状态，尚未形成科研及生产一体的产业化发展模式。随着社会生产力的发展，马产业多样化的服务功能异军突起，体育娱乐性成为现代马业的主导，以满足城郊居民的物质文化需求，如骑乘、马术、赛马、休闲娱乐，以及奶、肉、生物制品等，品种培育由单一的使役目的向游乐伴侣用马、运动用马及产品养马等方向发展。以赛马业为龙头的现代马业已成为集约化经营的草地畜牧业之一，在现代草地畜牧业乃至整个农业结构中占有重要地位。

截至 2018 年，全国进口各类马匹和国内繁育的国外品种存栏 3 万匹，每年消耗牧草量约 10.8 万 t。全国有 700 万匹国产马，如果有 30% 的牧草由内蒙古提供，大约每年需要提供 3.2 万 t 牧草。但长期以来，受干旱气候的影响，内蒙古约有 65% 的草场可提供干草，年产量大约在 8 000t，牧草的质量也在下降。加之草原退化，每亩的牧草产量也随之下降。同时，马用饲草生产存在栽培面积小、分布不广、种植品种单一、种类分布区划明显、管理粗放、产量低等问题。马用饲草产品加工起步晚，尚处于粗放养殖的初始加工与贮藏阶段，原料种植环境、产品加工、贮藏及运输等环节的安全保障体制不健全，缺乏统一的标准和监管体系，导致产品档次低、品质差、商品化不高，达不到市场要求。由于内蒙古自治区的牧草产量和质量不能满足马匹的营养需求，存在过度放牧的情况，进一步导致了内蒙古多地区的生态恶化。因此，在半农半牧区种植优质牧草对草原生态保护恢复有重要的实践意义。

（1）内蒙古自治区人工种植情况 截至 2017 年，内蒙古从美国和蒙古国进口的优质牧草逐年增加，导致内蒙古收入与产值的不平衡，养马业的经济支出较大，优质苜蓿亩产量和进口情况见表 5-2。近年来，内蒙古鄂托克旗"立草为业，以种促养"，积极打造精品化的苜蓿草产业，转变畜牧业发展结构。2018 年，鄂托克旗优质苜蓿稳定在 1 万 hm² 以上，苜蓿种植面积已经达到了 5 333hm²，机械化、自动化程度达到 95% 以上，现代化的草产业基础支撑体系已经形成，初步发展成为全国最大的连片苜蓿种植基地。至 2021 年上半年，全旗苜蓿产量突破 60 万 t，产值超过 13 亿元，当地农牧民纯收入超过 2 万元。按照一匹马每天吃 10kg 牧草来计算，每吨苜蓿 2 200 元（一匹马 3 个月用量），除去饲草收割、库存、采食的损耗，每吨牧草只可以提供每匹马 67% 的采食率，而国外的采食率可以达到 95% 以上。

2011 年至今，内蒙古阿鲁科尔沁旗以每年不低于 1.3 万 hm² 的速度集中连片推进人工草牧场建设。截至 2017 年，6 万 hm² 优质牧草示范基地已基本建成，不仅让草原生态得到彻底改善，也使农牧民从中受益。阿鲁科尔沁旗在优质牧草产业发展方面连续创下集中连片种植全国规模最大，机械化程度、科技化程度全国最高等几项全国第一，牧草质量、产量均位居全国前列。

表 5-2　内蒙古优质苜蓿亩产量和进口数量

项　　目	2008 年	2010 年	2013 年	2015 年	2017 年
每亩产量（kg）	5 158.43	5 079.27	5 245.60	5 769.08	5 678.47
价格（元 /t）	2 000	2 200	2 400	2 800	3 300
市场需求量	小	小	小	大	较大
进口数量（万 t）	967	1 245	1 117	1 326	1 456

数据来源：调研统计。

（2）马用天然草场利用情况　在草地上放牧马匹是一直沿用至今的粗放管理方式，但由于马、牛、羊等放牧家畜的数量急剧增加，导致草地退化现象严重。在内蒙古赤峰市克什克腾旗红山军马场内，马匹实行放牧管理。该马场草地面积 1.81 万 hm^2，已退化草场面积占 70% 以上，全场鼠害受灾面积达 3 900 万 m^2，占可利用草原面积的 21.8%，天然草场牧草产量较 1983 年平均下降幅度达 30%，天然草场年减少产草量 1.48 亿 kg，年少养畜 10.28 万个羊单位，经济损失 3 084 万元。大部分草地拥有者或牧场主的生产目标就是增加牧草产量，提高草地的载畜量（表 5-3），降低额外的投入，同时保证较高的收益。合理有效的放牧管理，在一定程度上可帮助这些目标的实现，还能降低对环境的危害。

表 5-3　内蒙古天然草场利用情况

项　　目	2010 年	2011 年	2012 年	2013 年	2014 年	2015 年	2016 年
草场面积（万 hm^2）	8 800.00	8 800.0	8 800.0	8 800.0	8 800.0	8 800.0	8 800.0
草库伦面积（万 hm^2）	2 826.37	2 871.4	2 829.79	2 815.83	3 092.4	3 158.8	3 070.8
人工种草保有面积（万 hm^2）	438.41	431.18	440.88	332.52	356.00	379.30	385.8
马匹载畜量（万匹）	36.2	36.3	36.2	35.8	36.7	37.0	36.8

数据来源：内蒙古统计数据。

2. 饲草饲料存在的问题

（1）草产业发展不重视牧草品质　内蒙古牧草产业虽然已步入产业化发展阶段，但牧草产业依然没有实现单位面积高产量和高品质发展。因机械装备不足、收贮不及时，造成牧草损失达 30% 左右，产品价格每吨减少 500 ~ 1 000 元。

（2）生产者的认识和观念落后　种养分离，产业链衔接不紧密，供求关系不友好。生产者之间的认识和观念存在差异，规模不适度，管控不精准，诚信度不高，各自为战。

牧草产品质量波动较大，供给量少且不稳定。

（3）运动马饲料配比缺乏统一标准　玉米、熟豆粕、麸皮、燕麦是马的安全饲料，特别是燕麦，粗纤维含量高于玉米和大麦，蛋白质含量比较多，质地疏松，适口性好，长期饲喂不会引起消化不良和便秘，是马的优质饲料。因此，很多马匹饲养员认为只要有燕麦加配大豆等进行饲喂就可以，然而在配比上没有标准依据，"大概、差不多"的说法屡见不鲜。

（4）天然草场生态恶化　由于农区及半农半牧区的传统习惯影响，管理粗放，长期对马用草地的保护、管理和建设重视程度不够，加之多年持续干旱，天然牧草产量不高，马仅靠天然草地放牧、刈割及饲喂农作物秸秆难以满足生产需求，人工种植优质牧草生产迫在眉睫。

（5）饲草加工与贮藏技术落后　马用饲草的研究和利用仍处于空白状态，而且在原料种植环境、产品加工、贮藏及运输等环节的安全保障体制不健全，尚未建立统一的标准和监管体系，导致产品档次低、品质差、商品化程度不高，达不到市场要求。

（三）马产品概况及存在的问题

1. 马产品概况　马的全身都是宝，马奶、马肉、马脂、孕马血清、马皮、马鬃、马骨、马尾、马胃液和孕马尿等都是可以带来巨大经济效益的宝贵原料，由此可以开发天然、绿色、营养、保健等高附加值产品。

（1）马奶制品的开发利用　蒙古族人民有喝酸马奶和马奶酒的习惯。每年7—8月牛肥马壮，是酿制马奶酒的好时机。马奶酒和酸马奶开发利用比较好的地区当属锡林郭勒盟，尤其阿巴嘎旗和东乌珠穆沁旗、二连浩特市、锡林浩特市，产品开发已初具规模，市场范围不断扩大（表5-4）。

表5-4　锡林郭勒盟马奶生产合作社情况统计

合作社所在地	合作社数量（个）	成员户数（户）	占地总面积（m²）	员工数量（人）	年产值（万元）
二连浩特市	6	60	4 200	115	380
锡林浩特市	3	32	5 890	30	109
阿巴嘎旗	5	45	2 000	107	165
东乌珠穆沁旗	15	93	30 000	180	898
镶黄旗	11	63	9 130	130	138

数据来源：调研统计。

（2）马肉的开发利用　马肉在国际市场上盛销不衰，在欧美许多国家及日本、韩国、菲律宾等国大受欢迎。马肉已经成为我国哈萨克族等少数民族人民日常生活不可缺少的肉食品。在食用方式上，许多国家和民族喜欢鲜马肉烹饪之外，还有多种多样的加工制品。同牛、羊、猪肉相比，马肉具有高蛋白、低脂肪的特点，因此深受广大消费者的喜爱。内蒙古马匹数量有逐年增长趋势，但马匹多用于赛马、休闲骑乘、旅游等，马的屠宰量较少。近年来，马肉屠宰量及进口量统计见表5-5。

表5-5 近年马肉屠宰量及进口量

项　　目	2012 年	2013 年	2014 年	2015 年	2016 年	2017 年
屠宰量（t）	4 807.5	4 797.5	4 902.4	5 023.6	5 245.2	5 367.4
进口量（t）	164.01	2 296.16	753.01	2 108.44	2 754.8	23 069.3

数据来源：调研统计。

（3）孕马血的开发 孕马血清是珍贵的药物原料，在母马妊娠55～100天内采血制作的血清，含有孕马血清促性腺激素（PMSG），孕马血清是一种具有卵泡刺激素和促黄体素活性的药物，主要用于促进母畜卵巢卵泡发育、成熟，并引起发情和排卵、胚胎移植时的超数排卵。内蒙古自治区仅有1家企业对孕马血清进行产品开发，具体情况如下：

内蒙古赤峰市博恩药业是一个以生物、生化、动物脏器、血液制药为主体的科技型生产企业。主要生产以破伤风抗毒素抗体血清与孕马血清促性腺激素为主的系列产品，拥有五条生产线，生产18个品种，2005年其血液制品车间首次通过了国家兽药"GMP"认证，2006、2009年冻干粉针剂车间和最终灭菌小容量注射剂车间、液体消毒剂／液体杀虫剂车间分别通过国家兽药"GMP"认证，所生产产品实现年销售3 000万元，其生产的400单位／支、1 000单位／支的孕马血清，已销售到内蒙古、辽宁、河北、北京、天津、山东、广西、青海等地。

2. 马产品存在的问题

（1）产业化程度发展滞后，没有形成规模化、产业化经营 马产品综合开发和利用能力不高，缺乏对马产业有较大影响力和带动力的龙头企业，现有的马产品加工企业，生产规模偏小，影响力和带动能力较弱，市场开拓力不足，还未形成大规模商业化运作、商品化生产的局面。马业信息化服务建设滞后，市场化程度不高，马产业的发展潜力没有得到充分发挥。

（2）缺乏专用马的品种培育，没有形成专用马匹的养殖、繁殖基地 现代社会，马的役用功能逐渐减退，人们养马主要包括以下五类，一是用于各种马术运动的骑乘马，二是速度马，三是适用于长途耐力比赛的耐力马，四是乳用马，五是肉用马。内蒙古自治区现有马匹虽然逐年增多，但在马匹养殖上，没有进行马专门化品系培育，马的产奶量和产肉量较低，总体经济效益不高。如普通马每天产奶2kg（最多不超过4kg），专门化的乳马产奶量是8～10kg；土种马长到7～8岁体重能达到400kg，但是专门培育的肉用马2岁体重就能达到500kg。

（3）缺乏发展保障机制，牧民基本粗放型经营 当前，广大牧民养马经营粗放，基本以一家一户为单位，或5～6户组成合作社，缺乏技术支持，良种与养殖水平不高，品种改良、疫病防治能力不足，基本沿用传统方式，手工作坊式生产，产品保质期短，不适合远途运输，市场开拓不畅，限制了产品马业的发展。

(4) 产品开发力度不够，产品品种少　马可开发利用的产品种类很多，如结合雌激素、孕马血清、马脂、马肉、马乳等。但由于受生产条件、技术装备、市场需求的影响，产品开发种类较少，主要体现在马奶和孕马血清的开发利用上，较大规模的龙头企业仅3～4家，产品开发力度严重不足，没有形成产业化运营。

(5) 市场培育不足，消费者缺乏对马产品认知　马肉具有高蛋白、低胆固醇、高不饱和脂肪酸、营养素搭配合理的特点；马奶与人奶成分接近，营养丰富、营养价值全面，是人类理想的奶类之一；马油化妆品对人体皮肤渗透力强，涂展性好，皮肤吸收快，护肤养颜功能大。总之，马产品利用途径非常广，但由于缺乏产品的宣传和市场培育，消费者对马产品的功效认知不深，市场和消费群体有限，没有形成大规模的市场需求。

二、马赛事

内蒙古作为全国五大牧区之一，是蒙古族聚集的地区，马匹则是最具有民族特色的牲畜之一，赛马运动有着辉煌的历史。近年来，自治区不断涌现出大大小小的赛马场和马术俱乐部，赛马运动在当地较为活跃。下面将分别论述内蒙古马术赛事、马术俱乐部及赛马场的概况及存在的问题。

(一) 马术赛事的概况及存在的问题

1. 马术赛事的概况　近年来马术赛事如雨后春笋般不断涌现，如2018年第五届内蒙古国际马术节，吸引了自治区9市3盟的全面参与，累计举办赛事超过300场，有超过1 000名运动员、突破5 000匹马匹参赛。通过赛事积极推动青少年马术运动，参与马术知识培训和骑乘体验的青少年超过8 000人。此外，各旗县组织的赛马活动也如火如荼地展开，如哲里木赛马节、科尔沁右翼中旗国际赛马文化活动周等。可见，赛马活动在自治区有着举足轻重的地位，根据各盟市举办的赛事推算，自治区每年至少举办各级马术赛事1 000余场，选手人数约50万人，参赛马匹10万匹，接待游客约100万人。现将自治区主要赛事按级别做简要介绍 (表5-6至表5-8)。

表5-6　近年来内蒙古自治区举办的国际赛事

赛事名称	举办地	比赛时间
国际驭马文化节	伊金霍洛旗	2017年
国际那达慕大会	二连浩特市	2015年开始每年1届
内蒙古国际马术节	呼和浩特市	2014年开始每年1届

数据来源：调研统计。

表 5-7 近年来内蒙古自治区举办的全国赛事

赛事名称	举办地	比赛时间
中国马术大赛	锡林郭勒盟	2012 年开始每年 1 届
中国马速度大赛	兴安盟	2008 年开始每年 1 届
奥威蒙元马文化嘉年华	呼和浩特市	2017 年开始每年 1 次

数据来源：调研统计。

表 5-8 近年来内蒙古自治区举办的地区赛事

赛事名称	举办地	比赛时间
达尔罕茂明安联合旗中国旅游文化节	包头市	2013 年开始每年 1 届
乌拉特中旗那达慕	巴彦淖尔市	2014 年开始每年 1 届
四子王旗马文化节	乌兰察布市	2012 年开始每年举办
"2018 巴音温都尔杯" 马文化那达慕	阿拉善盟	2018 年 5 月开幕
"8·18" 哲理木赛马节	通辽市	1995 年开始，每年 1 届
奥威蒙元蒙古马常规赛	呼和浩特市	2018 年 8 月 11 日至 10 月 14 日每周末举办

数据来源：调研统计。

此外，还有土默特左旗举办的赛马邀请赛、速度赛、走马赛，鄂尔多斯市举办的伊泰大漠常规赛，兴安盟莱德马业速度赛等等。可见，自治区马术赛事丰富，发展马术赛事具有很大的市场潜力，强化内蒙古马术精神，是弘扬内蒙古民族文化的必由之路。

2. 马术赛事存在的问题

（1）赛事活动对经济拉动作用不明显 随着休闲体育的多元化发展，有着"贵族运动"之称的赛马运动被越来越多的人所接受和喜爱。但总的来说，内蒙古自治区的赛马运动，尤其是现代赛马处于初期发展阶段，由于政策等原因，商业赛马没有放开，对经济的拉动作用没有体现出来，无法和赛马业比较发达的美国、日本等国家相比。内蒙古自治区的竞技赛事，主要由各马术俱乐部、马业协会主办，由专业人士参与，基本是自娱自乐，观众较少，规模小，经济的带动作用不明显。

（2）赛马活动的社会关注度差 赛马运动在内蒙古自治区并未形成媒体效应，也没有被大众普遍理解与接受，关于赛马文化的宣传相当薄弱。除了一些大规模的赛马活动网络直播，如国际驭马文化节、伊泰大漠常规赛外，其他小规模的赛马活动只见搜狐旅游、新华网等有一些报道，受众范围狭窄，与爱马人士互动少。而我国香港、英国、美国等地，每到赛季，著名的电视频道黄金时间轮番宣传赛马活动，各个电视台直播和转播赛马赛事全过程，各大报纸头版头条都与赛马活动相关，还有各种专门的马经让赛马粉丝了解每一匹马和骑师的信息。高效传播商业赛马赛事信息，可以让民众都了解各国对赛马运动的重视，让人们感觉到赛马活动是不可或缺的一种生活方式。

（3）赛马活动没有形成产业链，群众参与程度低　目前，处于传统马产业向现代马产业过渡时期，即育马、养马、拍卖、赛马、马术、马文化的传统单线条产业链已经逐步向一个集体育休闲、体育竞技表演、餐饮、服装、电子商务、酒店等行业的综合产业链转变，但由于传统马文化与产业推进不同步，导致赛马产业消费者较少。大多数人对现代赛马缺乏了解、缺乏热情，市场需求少，促使赛马缺乏动力和资金。

（4）民族赛马缺乏创新，观赏性差　内蒙古自治区民族赛马的形式主要包括奔马和走马，由过去的 20km、30km、40km 逐渐缩短为 3 000m、5 000m、10 000m 等短程赛。多年来变化不大，缺乏创新，观众已经习以为常，逐渐失去了吸引力。

（二）马术俱乐部的概况及存在的问题

1. 马术俱乐部的概况　马术俱乐部是畜养马匹并提供马匹骑乘体验与教学服务的经营机构。马术俱乐部的发展推动了马术大众化，推进了马术比赛商业化进程，带动了旅游文化产业的发展，为普通大众提供一个能够了解、体验、参与到马术运动的体育休闲平台。截至 2018 年，内蒙古地区有 40 多个马术俱乐部，规模较大的有蒙骏国际马术俱乐部、蒙元奥威马术俱乐部、呼和浩特大漠马术俱乐部、骑季马术俱乐部、赛马场青少年马术俱乐部、蒙马马术俱乐部、邦成马术俱乐部、天骄马术俱乐部等。表 5-9 为调研的几家马术俱乐部经营情况。

表 5-9　马术俱乐部经营情况

俱乐部名称	面积（hm²）	马匹数（匹）	主营业务	会员数量（人）	会费收入（万元）
蒙骏国际马术俱乐部	106	50	骑术培训、马术比赛、休闲娱乐	1 100	2 200
蒙元奥威马术俱乐部	102	130	马具加工、育马、马术教育、生态旅游	60	60
赛马场青少年马术俱乐部	32	32	赛马、休闲骑乘、马术训练	34	51
骑季马术俱乐部	0.2	12	休闲骑乘	500	37.5
邦成马术俱乐部	67	350	休闲骑乘、马匹集训赛马、酒店、餐饮	82	98
蒙马马术俱乐部	2	30	马术专业培训和马术健身	32	48
成吉思汗双骏马术俱乐部	33	60	马术表演、骑术训练	—	—
呼和浩特大漠马术俱乐部	80	135	养马、驯马、育马及马术训练	100	20

数据来源：调研统计。

2. 马术俱乐部存在的问题

（1）俱乐部盈利模式不清晰　马场投资对盈利模式和核心竞争力考虑不足，很多项目没有引入行业专家进行项目的前期可行性研究，投资往往是根据投资者个人的马术爱好或马术情结，或者是当地政府的某种需要，而不是根据市场需求；投资往往是根据个人的主观设想，而不是根据对当地消费形态和消费习惯的调研；缺乏单项特色和竞争优势，在众多竞争中难以保持其竞争优势。所以，在马场选址、核心马术项目的选择、人群定位等方面，投资人过于主观，缺乏科学论证。

（2）俱乐部运营成本高　马术在国外被称为"贵族运动"。它从前期俱乐部的设计、规划、土地征用到建设、马匹购买都需要巨额成本。除了前期投资外，马匹每天的饲料、护理都需要一大笔开支。据统计，一匹国产马每天的饲料、药品等护理成本在30元左右，价格不菲的纯血马及温血马每天的开销更高。再加上俱乐部管理水平跟不上，以及马术运动被作为高消费中的娱乐消费征收20%的消费税，这些都造成了俱乐部的运营成本居高不下，高运营成本催生了虚高的价格，也影响了赢利。

（三）赛马场的概况及存在的问题

1. 赛马场的概况

赛马场作为赛马活动的承载载体，其发展与赛马业的发展相辅相成，并受各国与当地政府政策的影响。面对国内外赛马产业市场发展的广阔前景，内蒙古多个盟市旗县区都在依托蒙古族马文化，进一步开发马产业，努力打造马产业品牌。近年来，在已有的一些规模较大的独立的赛马场基础上，改建和新建一批赛马场，对举办大型赛事也积累了一定的经验。内蒙古自治区规模较大的赛马场主要分布在兴安盟、通辽市、锡林郭勒盟、鄂尔多斯市和呼和浩特市。

（1）内蒙古赛马场　内蒙古赛马场位于呼和浩特市北郊，始建于1956年，占地面积为32万 m^2，建筑面积8 329m^2。比赛场地内，分别设有障碍马术场、技巧表演场、标准环形速度赛马跑道等，可同时进行比赛活动。场地东侧是由主席台、观众台组成的建筑体，长达275m，最高处达36m。在宽阔的大屋顶上，有四座蒙古包式的建筑。观礼台可容贵宾700余人。赛马场东西长750m，南北长405m，跑道呈椭圆形，宽18m，周长2 000m。整个赛马场外可供10万人观看比赛，可以观赏到马上体操、乘马斩劈、马上射击、射箭、轻骑赛马、马上技巧等蒙古民族的传统体育节目，另附设12个贵宾休息室、2个健身房、45间运动员宿舍、会议室、游艺厅、展览厅等。该场现已成为世界著名的主要赛场之一。

（2）锡林郭勒赛马场　锡林郭勒赛马场是内蒙古锡林郭勒盟的重点旅游景区，是以"马文化"为灵魂充分展现马背民族风采、集蒙古族悠久文化特色及现代文明于一体的标准化赛马场。该赛马场位于锡林浩特市额尔敦南路西侧，是由内蒙古元和集团按国际标准投资4 000万元兴建的赛马场，为半敞开式，占地面积26万 m^2，可同时容纳70 000位宾客，门前设有广场、停车场及绿化景观带。作为当地最大的赛马场，可提供观看蒙古族马术表演、摔跤、射箭表演、骑马练习以及举办草原"那达慕"盛会、马术绕桶赛、接力赛马等各种大型比赛活动，冬天还可为群众提供冰上运动项目。60间底层商铺风格各异，包含蒙古族风味饮食店、民族工艺品店、马文化展览馆、马具展览馆，并设有游客接待中心。

(3) 鄂尔多斯市赛马场　鄂尔多斯市赛马场位于鄂尔多斯市伊金霍洛旗车家渠的鄂尔多斯国际那达慕赛马场，占地面积 133.3 万 m^2，建筑面积 7.5 万 m^2，工程总价约 8.5 亿元。赛马场看台采用钢框架支撑体系、预制混凝土看台板式结构，看台区上方为大跨度钢架及金属屋面罩棚系统。

(4) 图什业图赛马场　兴安盟科尔沁右翼中旗被自治区命名为"赛马之乡"，自古以来就有养马、育马、骑马、赛马的传统。科尔沁右翼中旗图什业图赛马场占地面积为 50 万 m^2，主体建筑面积 13.7 万 m^2。主席台为大型蒙古包式造型，设 240 个座位并建有 200m^2 的贵宾休息室，主席台两侧建有 6 600 个座位的观礼台，有可容纳 8 万名观众的看台。赛马场门前广场有"五畜兴旺""飞马"等雕塑和大型彩虹门，并有占地面积 2.5 万 m^2 的商业区，整体建筑布局新颖，别具一格，体现了民族传统与现代时尚的统一，该赛马场是全国较大的封闭式赛马场之一。

(5) 博王府赛马场　科尔沁左翼后旗博王府赛马场是一处设施完善、管理规范的赛马、驯马、育马基地。场地占地面积达 50 万 m^2，是内蒙古自治区第四届少数民族传统体育运动会的主办场。主席台使用面积 3 000m^2，可容纳 600 多名观众，观礼台可容纳 6 000 名观众，赛马跑道长 1 300m、宽 30m，马闸 12 位。马厩占地面积 5 000m^2，80 间马舍，基本上可满足开展少数民族传统体育运动需求。

(6) 珠日河赛马场　珠日河赛马场坐落于美丽的科尔沁草原中心地带的国家 2A 级景区"珠日河草原旅游区"内，距离通辽市 101km。旅游区总占地面积 3 260m^2，五座殿堂式迎宾包，气势磅礴、不同凡响，赛马场位于建筑的正南方，比赛跑道周长 1 000m。

(7) 伊金霍洛旗赛马场　伊金霍洛旗赛马场始建于 2008 年，总占地面积 83 万 m^2，总建筑面积 75 000m^2，位于鄂尔多斯市南部的伊金霍洛旗。其主体结构采用了钢柱与外包混凝土结合的方式，动用了 3 万 t 的钢材，相当于北京奥运会主体育场鸟巢的 2/3，投资超过 10 亿元。主体由看台区和高层区两个部分组成。运动场看台区建筑面积约 41 000m^2，长度约 587m，宽度 39m，最高点约 41m。为单侧带罩棚看台，端部悬挑长度约为 50m。看台总座席 26 306 席。高层部分建筑面积 30 000m^2，地下一层、地上十二层主体结构全部为钢结构，顶部造型最高点约 109m，为一类高层建筑。其他附属建筑约 4 000m^2。正面采用大面积玻璃幕墙和金属幕墙体系。工程内部设有两部电梯到达观光厅，游客可以站在 60m 的高空观赏伊金霍洛大草原的美，在碧绿的草原与蓝天白云映衬下，它宛如草原上一艘扬帆起航的航母。自 2016 年起，内蒙古伊泰大漠马业有限责任公司正式接管营运伊金霍洛旗赛马场，以赛马体育盛事助力鄂尔多斯市经济转型。

内蒙古自治区各盟市赛马场赛事情况见表 5-10。

表 5-10　内蒙古自治区各盟市赛马场赛事情况

盟　市	场地	占地面积（m²）	容纳观众（万人）	举办赛事项目
呼和浩特市	内蒙古赛马场	32 万	10	2017 年度马王争霸赛
	呼和塔拉草原	693 万	0.6	第三届内蒙古（国际）马术节
锡林浩特市	锡林郭勒赛马场	26 万	0.7	太仆寺旗皇家御马文化节、全国第二届速度马大赛等大型马文化主题活动
鄂尔多斯市	鄂尔多斯市赛马场	133.3 万	2	第二届鄂尔多斯国际那达慕大会
兴安盟科尔沁右翼中旗	图什业图赛马场	50 万	8	第四届、第五届中国马速度大赛
通辽市科尔沁左翼后旗	博王府赛马场	50 万	8.6	全旗性的各类赛马比赛
通辽市	珠日河赛马场	3 260	2	每年一届的"8·18 哲里木赛马节"
鄂尔多斯市	伊金霍洛旗赛马场	83 万	2.6	第二届鄂尔多斯达拉特旗国际马文化节

数据来源：调研统计。

除此之外，自治区各马术俱乐部、草原旅游景区、高校运动马教学基地等也根据自身需求纷纷兴建赛马场，组织马术赛事，满足人民文化生活。据统计，截至 2017 年年末，自治区有大小不等的赛马场 50 余座，重要的赛马活动一般安排在春季（4 月）和秋季（9—10 月），夏季也举办一定规模的赛事（7 月），其他月份一般组织小型的赛事，每年各赛场共组织开展赛事 1 500 余次，参与人数达 200 万人次。可见，赛马活动已经成为内蒙古对外开放、招商引资和传承民族文化、丰富群众文化生活的一种重要活动。但是赛马活动具有时段性，当旅游旺季过去之后，赛马场的运营状况不是十分理想。

2. 赛马场存在的问题

（1）赛马场多亏损经营，收益较低　内蒙古马产业处于起步阶段、发展程度低，广大群众对赛马的认识程度不高，还没有形成消费习惯；内蒙古赛马场开发规划缺乏，资金主要依靠政府投入，属于事业单位管理，经营惨淡，基本上过着入不敷出的日子，仅靠出租房屋、场地维持人员日常开销，利用率很低，失去了当时建场的意义，由此丧失了积累马术赛事经验的机会；内蒙古举办的马术赛事受季节性影响，使得赛马场收益有限。

（2）赛马场知名度低，影响力小　政府及人民整体对马文化辨识度欠缺，缺少具有地方特色的文化影响力，赛马活动在当地知名度很高，但在全国范围内影响力较小。虽然内蒙古近几年相继举办多次马术比赛、马术文化节，但是缺少国际型大赛，缺少名牌展示平台，出现故步自封的现象，这也是阻碍内蒙古马产业广度发展的难题。

三、马旅游

马旅游是指人们以"马"为主要体验对象、以"马文化"及相关文化为主要文化元素的旅游行程。下面分别以马文化旅游、马术实景剧分析马文化旅游概况及问题。

（一）马文化旅游概况与问题

1. 马文化旅游概况 2017 年，内蒙古各级景区达 374 家，其中 5A 级景区 4 家、4A 级景区 117 家、3A 级景区 114 家、2A 级景区 138 家、A 级景区 1 家。其中著名的草原旅游区有：内蒙古阿尔山－柴河旅游区、辉腾锡勒草原黄花沟旅游区、内蒙古敕勒川草原文化旅游区（哈素海）、锡林郭勒盟太仆寺旗御马苑旅游区、乌兰察布市格根塔拉草原旅游中心、阿拉善盟通湖草原旅游区、鄂尔多斯市苏泊汗草原旅游区。

（1）自治区马文化旅游项目 根据统计数据，2011—2018 年草原旅游的热度逐年升高，且在 2017 年达到顶峰，草原旅游越来越受到旅游者的认可。根据调研结果，人们对于草原旅游已不再只是走马观花地观赏，到度假村去吃一顿手扒肉那么简单了，去草原骑马、看马术表演、看马术比赛成为旅游目的，直接体验民族文化和民族风俗，最终从精神层面完成对文化的深度认知（表 5–11）。

表 5–11 自治区马文化旅游项目

旅游项目类型	项目内容
观看类	牧民驯马，牧民套马，观看马驹赛，精美的蒙古马雕塑
体验类	骑马漫游、蒙古马车旅行、穿蒙古袍模拟骑马游牧、品尝马奶及简单参与马奶制作、认养马匹
休闲类	讲解蒙古马文化的历史，介绍蒙古马文化民俗和禁忌，讲解蒙古马形象艺术，欣赏蒙古马文化雕塑及岩画，讲授骑蒙古马注意事项

（2）自治区马文化旅游收入 草原马文化旅游发展创造了巨大的经济价值，2017 年内蒙古旅游业获得不错成绩，实现旅游总收入突破 3 000 亿元，达到 3 440.1 亿元，比上一年增长 26.7%。接待入境旅游人数 184.8 万人次，比上一年增长 3.9%；旅游外汇收入 12.5 亿美元，比上一年增长 9.4%。国内旅游人数 11 461.2 万人次，比上一年增长 19.1%；国内旅游收入 3 358.6 亿元，比上一年增长 27.4%（图 5–3）。

草原马文化旅游对内蒙古相关产业的带动也是显著的，2017 年，在草原旅游业的带动下，A 级旅游景区达到 337 家，比上一年增加 19 家；星级乡村（牧区）家庭旅游接待户 462 家；星级饭店 319 家，比上一年增加 1 家；旅行社 966 家，比上一年增加 10 家；旅游商品销售企业 414 家，比上一年增加 12 家；旅游运输企业 35 家。全年旅游直接就业人数达到 27.63 万人，比上一年增加 8 840 人；带动间接从业人数 138.15 万人，增加 4.4 万人。乡村旅游农牧民直接从业人员达到 15 万人，带动间接从业人员 60 多万人。

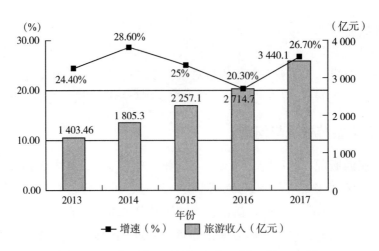

图5-3　2013—2017年内蒙古旅游收入统计
（数据来源于内蒙古统计数据）

截至2017年12月，锡林郭勒盟"牧人之家"增加到586家，直接从业人员2 953人，年营业总收入13 436万元，户均年利润22.9万元，人均年纯收入4.5万元。鄂托克前旗为了发展旅游业，各旅游景区都拥有自己的马队，成功开展了骑行比赛、沙漠赛车等体育旅游项目，为旅游产业开拓新的领域，实现旅游产品的多元化和丰富度。2018年上半年，鄂托克前旗接待游客累计52.12万人，同比增长14.5%，在此基础上增加草原旅游马业项目，人均消费可提高100元左右，旅游总收入增加5 200万元。

2. 马文化旅游存在的问题

（1）草原马文化旅游项目内容较单一　草原旅游项目没有明显的差异特征，马文化元素主要体现在骑马等活动中，旅游与马术结合程度一般，缺乏高端特色马术活动，以单纯的观光旅游为主，缺乏休闲旅游项目。草原文化与马文化结合不足，民族风情、民俗体验缺少马元素，游客消费内容单一、旅游产品数量少、缺乏特色，并且大多数游览项目存在严重的雷同现象。

（2）草原马文化旅游项目对民族特色、民俗文化挖掘不足　尽管有部分景区和相关部门逐渐认识到充分挖掘民族特色、民俗文化对提高景区知名度、塑造区域形象、丰富地区旅游产品发挥了巨大作用。但是，除了少数较大的旅游景区关注和利用民族、民俗资源外，很多景区并没有打造与马文化相关的旅游产品与项目。牧民的日常生活中挤马奶、套马、赛马等有特色的民俗活动，这些都有可能被打造成旅游资源来加以利用，但在这一方面所做的努力显然是不够的。内蒙古大部分景区进行的草原旅游还是停留在走马观花式的观景、购买纪念品等粗放式旅游项目中，没有抓住马文化的核心和重点，导致其开发形式较为简单粗略，重复性高，缺乏文化内涵和创新意识。

（二）马术实景剧概况与问题

1. 马术实景剧概况　大型实景剧以它恢宏的现场感、丰富的文化体验、独特的自然风格和丰富多彩的文化现象，赢得越来越多人的喜爱，内蒙古依托蒙古族马文化将具有草原标志的马术实景剧推上了舞台，展现了草原民族传统文化的独特内涵。马术实景剧主要以蒙古族精湛马术表演为核心，以蒙古族马文化为表现内容，以历史情景或历史故事为展现脉络，体现了传统蒙古文化精髓和时尚元素。在自治区上演的马术实景剧目有：

（1）《永远的成吉思汗》 2015 年，自治区体育局和旅游局联合推出《永远的成吉思汗》大型马术实景剧。该剧由内蒙古澳都文化传媒有限公司、内蒙古赛马场、内蒙古马术协会联合承办，从 2015 年 7 月 8 日首演后，到 9 月 15 日，共计演出 124 场，观众规模近 25 万人次。通过 3 个月的演出，《永远的成吉思汗》生动展现了蒙古族历史、弘扬了草原文化，促进了马术运动与文化、旅游业的融合发展，对促进马文化发展也起到了积极的推动作用。截至 2018 年，该剧共计演出 620 余场，观众大约 100 万人次。

（2）《天骄传奇》 大型马术实景剧《天骄传奇》2017 年 7 月 15 日晚 8 点在二连浩特市综合性体育广场震撼上演，此剧由蒙古国和内蒙古的表演艺术家团队合作推出，也是草原民族传统文化展示的主要窗口，以蒙古民族的精湛马术表演为主，以蒙古族马文化为主要表现内容，以马术特技和展现历史情景为主要表现特色，赋予传统蒙古文化精髓和时尚元素。

2018 年演出期限为 6 月 1 日至 9 月 20 日 20：30—21：40，演出地点为二连浩特市中蒙国际马术演艺基地。由此可见，马术实景剧受气候影响，每年只能演出 3～4 个月，预计每年演出 120 场左右，受众 12 万人。

（3）《蒙古马》 2017 年是《蒙古马》大型室内实景剧的首个演出季，作为中国马都文化旅游的新名片，本剧已成为锡林郭勒草原旅游的标配。2017 年演出季共计演出 38 场，演出共计接待游客近 4 万人次。同时，《蒙古马》大型室内实景剧不仅进一步拉动了中国马都锡林郭勒文化旅游产业的发展，有效带动了当地市民群众就业，更为蒙古族、草原、蒙古马文化艺术的传承、保护、传播发挥了十分重要的作用，有效实现了政治效益、经济效益与社会效益三效合一。本剧共有近 400 名演职人员和 120 匹蒙古骏马参加演出，阵容强大，实力空前。2018 年演出时间为 6 月 15 日至 9 月 15 日，地点为内蒙古锡林浩特市中国马都马文化演艺厅。2018 年共演出 40 余场，接待观众 5 万人次。

（4）《千古马颂》 2014 年，内蒙古民族艺术剧院依托蒙古马文化、草原文化，首创中国大型马文化全景式演出《千古马颂》，并在马都锡林浩特市首演。至 2016 年，演出累计 130 余场，接待中国、俄罗斯、蒙古国、美国、德国、韩国、印度、新加坡等 20 多个国家和地区的游客及观众近 20 万人。2017 年《千古马颂》成功落地呼和浩特市，累计演出 39 场，受众 8 万余人。2018 年 5 月 12 日，《千古马颂》在内蒙古少数民族群众文化体育运动中心震撼开演。2018 年共演出 70 余场，受众 16 万人次。

实景剧展现了蒙古族的历史文化内涵，歌颂了美好的草原生活，把马背上的民族风情演绎得活灵活现，将观众带进一个人与马和谐共处的美好境界。马术实景剧的演出，不仅填补了内蒙古自治区文化与旅游高品质融合的空白，还探索出了一条民族演艺资源优势有效转化利用的创新之路，为内蒙古民族文化强区建设发挥了重要作用。

2. 马术实景剧存在的问题

（1）演出时间受限　内蒙古自治区草原受气候影响，旅游旺季短，马术实景演出一年只能演 3～4 个月，平季和淡季的游客流量不足以支撑一场大型演出，再者景区距市区较远，除了游客，很少有人会专门去观看。这几种因素决定了这场实景演出很难长期持续。

（2）马术实景演出内容缺乏创新　虽然《千古马颂》《永远的成吉思汗》《蒙古马》等大型实景剧深刻体现了蒙古族的民族文化特色，但随着内蒙古旅游业的快速发展，人们观念的更新变化，人们对旅游产品的需求也不断变化，为了不断满足旅游者的需求，促进《千古马颂》等剧目永葆青春和活力，延长成熟期，就应该不断深度挖掘和创新地域文化特色，不断推陈出新，把马文化的内容和表现形式有机地结合起来，通过载体化的设计将文化的深层内涵表现出来。而现有的马术剧目基本雷同，差异性较小。

（3）旅游景区的实景演出项目营销方式单一，效益较低　实景演出因为占地面积大，投入高，科技含量高，参与人员多，对安全性要求高，舞台艺术化投入大，演出周期长，频次高等原因，使其成为典型的耗资巨大的旅游发展活动。因此，这类旅游项目的发展必须要求有大量优质的长期性客源，才能保证实景演出的经济效益。而目前景区内马术实景演出，旅游淡旺季分化明显，淡季时景区很难实现满足实景演出的游客量，只能依靠旺季时节的门票价格虚高来达到赢利的目的，收益较低。

（4）实景剧演出没有带动衍生品消费　以马元素为主的内蒙古马术实景演出，无论从文化创意还是演出效果来说，所带来的影响力都不可小觑。但是众多剧目的排演，没有借助演出塑造明星马模、马具等文化衍生品，没有重塑蒙古马形象，带动饲养训练蒙古马的热情，没有与马产业发展形成融合互动，带动衍生品的消费力度，这无疑是一缺憾。

四、马文化

马文化是游牧历史的产物，其资源具有经济价值，在一定条件下可以转化成马文化产业。马文化产品具有文化精神内涵，发展马文化产业也是保护和传承马文化资源最有效的途径。内蒙古在发展马文化产业方面具有资源优势，马匹数量庞大、文化资源丰富，经济需求和文化需求相统一，也正是这些生产要素及需求推动着内蒙古现代马文化产业逐渐形成。

（一）马文化博物馆概况与问题

1. 马文化博物馆发展概况　马文化博物馆是马文化挖掘、展示和保护的重要基地。马文化博物馆的建立，对培育文化产业，带动相关产业的发展，促进经济、文化共同繁

荣，实现两个文明建设双丰收发挥了积极作用。现在建成的与马有关的文化博物馆有锡林郭勒镶黄旗蒙古马文化博物馆、太仆寺旗御马苑马文化博物馆、锡林浩特市马都核心区马文化博物馆，呼和浩特蒙古风情园马文化博物馆、和林格尔县奥威蒙元马文化生态旅游区的马文化博物馆，多伦马具博物馆、乌珠穆沁博物馆，马文化博物馆以图片和实物相结合的方式向大家介绍内蒙古地区名马品种、中国民间马术的起源与沿革、蒙古人与马息息相关的生活、生产器具，人们可以很直观、深刻地了解蒙古人博大精深的马文化。表 5-12 为内蒙古马文化博物馆相关情况。

表 5-12　内蒙古马文化博物馆相关情况

名　称	位　置	特　色	投资主体	建成时间	景区级别
蒙古马文化博物馆	锡林郭勒镶黄旗	1988 年在镶黄旗出土的金马鞍（仿制）、13 世纪北京到蒙古国的驿站路线沙盘	私人	2008 年	2A
御马苑马文化博物馆	太仆寺旗	2 000 种有关蒙古人与马息息相关的生活、生产器具	私人	2006 年	4A（御马苑旅游区）
马都核心区马文化博物馆	锡林浩特市	全国首家蒙古马文化博物馆	私人	2012 年开工建设	4A（中国马都核心区文化生态旅游景区）
蒙古风情园马文化博物馆	呼和浩特市	全国最大的马文化博物馆，是内蒙古博物馆的分馆	私人	2006 年 8 月	无
奥威蒙元马文化博物馆	和林格尔县	蒙元马文化与现代科技充分结合	私人	2009 年开工建设	无
马具博物馆	多伦县	国内唯一一家由家族出资筹建的马具博物馆	私人	2009 年	无
乌珠穆沁博物馆	东乌珠穆沁旗	乌珠穆沁部落古老的民俗及马具	政府	2009 年	无

数据来源：调研统计。

2. 马文化博物馆存在问题

（1）政府主导的马文化博物馆数量较少　截至 2018 年，内蒙古的马文化博物馆均是由私人、中国马术协会、中国马业协会、中国文物学会独立建设或和人民政府联合主办，政府主导的马文化博物馆数量较少，这必然会影响马文化与马产业融合发展的速度。

（2）展览内容缺乏文化挖掘，展示手段比较单一　陈列展览作为博物馆对外宣传的重要窗口，是博物馆展现藏品保护与研究成果、传播文化职能的载体和桥梁，同时也是直接服务于社会公众的重要手段。内蒙古马文化博物馆数量不多，质量也不完全尽如人意，给人一种"千人一面"的感觉，博物馆中充斥着相似的展品，雷同的陈列布置。多数马文化博物馆在展示内容上过于强调从马文化历史等方面展开，而对内蒙古特色地域文化以及蒙古马精神挖掘力度不够；在展示手法上，多以静态展示为主，采用文字、图片、实物等方式向观众传递文化信息，缺乏互动触摸等多媒体展示技术；在观众体验方面千篇一律，互动体验方式少且单调会让观众感到厌倦，博物馆应该集思广益，增加富有趣味及个性的互动体验设施。

（3）对外宣传力度不足　马文化博物馆虽然在如火如荼的建设中，但是除了个别博物馆外，多数博物馆开馆多年还处于门庭冷落、养在深闺人不识的状态下。马文化博物馆的馆舍多建在马术俱乐部和景区内，加上马文化博物馆还没有扭转坐等观众上门的思想，造成观众知晓度低。很多博物馆只有建成开馆的新闻，至于其后续运营及观众参观情况的报道则没有。马文化博物馆不注重对博物馆的宣传，是造成博物馆观众少的原因之一。

（4）缺乏稳定充足的资金　博物馆作为非营利性文化机构，在馆舍建设、藏品征集和管理、日常维护以及人员招聘等方面都面临着一笔不小的开支。私人创建的马文化博物馆的建设和运营经费一般由创办人独自承担，投入力度大，回报小，在发展过程中面临着经费短缺的困扰。而由马术俱乐部或马产业企业出资创建的马文化博物馆因为有马产业做依靠，情况要比私人博物馆好，虽然不用担心生存问题，但是却面临着发展资金短缺的现状。企业以营利为目的，它拨付给博物馆的资金一般只够维持博物馆的日常运营。这类博物馆的资金来源于企业，企业发展的好或者企业对博物馆较重视，对博物馆的投入就大，而当企业效益差或者企业战略调整，博物馆就成了企业的包袱。因此，马文化博物馆要想持续健康发展，就必须做到能够自负盈亏，摆脱对企业资金的过度依赖。

（二）马具发展情况与问题

1. 马具发展情况　马具是人驾驭马的时候，为了更方便地控制马匹，所使用的一些辅助器物。发展到今天，马具的样式也在不断地完善，形成了很多新的款式。现代马具用品，大体上分为两类，一类是供马使用的，一类是供骑手使用的。供马使用的用品主要有：马鞍、笼头、衔铁、马衣、低头革和水勒等；供骑手使用的用品主要为：头盔、马靴、马裤和马鞭等。

2018 年 5 月 21 日，蒙古族马具制作技艺入选第一批国家传统工艺振兴目录。2018年 6 月 7 日，蒙古族马具制作技艺经国务院批准列入第二批国家级非物质文化遗产名录。马具的发展迎来了新的春天。目前，内蒙古马具生产模式主要有两种：

（1）马具公司化生产模式　马具公司化生产模式以呼和浩特奥邦马术用品公司最为典型，该公司定位中高端市场，以技术创新为导向，产品研发为依托，开展了包括马靴、服装定制等服务，让马术专业人员和爱好者用上优质的马具用品（该公司生产的马具价格见表 5-13），根据调研发现，公司化生产的马具用品，原材料采购比较稳定，综合质量有质量检查体系保障，但市场占有率小，未能实现规模化生产模式，生产的样式比较简约，更靠近实际使用，缺乏蒙古族浓郁的文化特色。近几年公司销售量变化缓慢，但仍呈现逐年递增的趋势。图 5-4 为 2013—2017 年奥邦马具销售额和增长率情况。

表 5-13　奥邦马术用品公司生产的马具种类及售价

马具种类	售价（元）
真皮综合鞍	20 000
双人训练马鞍	15 000
马场训练游客马鞍	3 000
专业真皮马鞍	35 000
马肚带	850
马镫	400
马护腿	550
骑手服饰	3 000

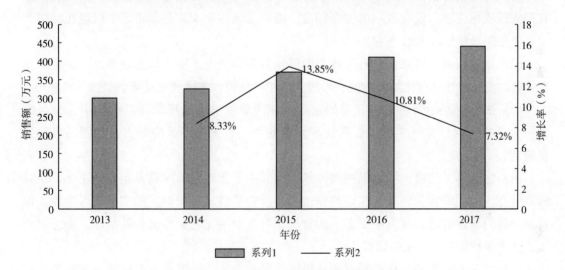

图 5-4　2013—2017 年奥邦马具销售额和增长率

（数据来源于调研统计）

（2）马具传统手工艺模式　马具传统手工艺生产模式以家庭作坊生产为主，靠手艺传承人带学徒的方式延续，艺术的传承就局限在家庭成员之间，生产样式多样化，配饰丰富，能够通过视觉感官更直接表达草原文化的魅力，但传统马鞍的制作周期长，也限制了该模式的规模化生产，由于每个匠人的认真程度不同，使得传统手工艺马具品质难以统一，且销售渠道单一，经济收入增长缓慢，马具传统手工艺生产模式存在的问题依然明显。图 5-5 为内蒙古自治区各地区每年家庭作坊生产马鞍的平均数量。

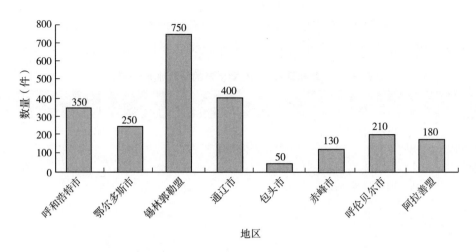

图 5-5　内蒙古自治区各地区每年家庭作坊生产马鞍平均数量统计

（数据来源于调研统计）

2.马具发展问题

（1）市场占有率低　近年来，内蒙古自治区的马具销售区域单一，生产周期长，没有形成规模化生产，没有统一的安全标准，国内市场占有率较低，市场多以现代马鞍为主，蒙古族马鞍仅占 10% 左右。

（2）品牌缺失　内蒙古自治区各个地区马鞍各具特色，手工作坊众多，马具生产比较分散，没有形成产业化经营，没有形成一个知名品牌，未能产生品牌效益。

（3）缺乏内蒙古特色文化元素的融入　在内蒙古自治区现代马具生产中，缺乏内蒙古特色文化回纹、万字纹、盘肠纹等元素的融入，未能彰显内蒙古自治区马具的独有特色。

（4）民间手工艺者未得到保护和传承　民间手工艺者是传统马具制作的主体，是其根本所在，他们丰富的经验和生动的创造力，反映了较长历史时期的文化发展面貌。但目前，我们缺乏对马具民间手工艺人的重视，缺乏对手工艺制作流程的梳理，缺乏对手工艺文化保护和传承的相关政策。

（5）优秀人才不足　马具制品和销售缺乏优秀人才，随着各行各业的快速发展，马具制品市场不断缩水，越来越多的人不愿从事马具的制作，马具制作技艺的传承人及公司化生产人员匮乏，导致马具产品质量和多样性减少，不利于马具制品产业的发展。

五、马产业人才培养

（一）人才培养概况

我国每年需要马术专业人员 3 000 多人。当前，进行人才培养主要有俱乐部行业培养和学校专业培养两种模式。俱乐部培养的人才有较强的实践技能，但缺乏系统的理论基础；

学校培养的人才既有系统的理论知识，也有很强的实践技能，同时还具有管理协调等优势，但是学校受招生规模等限制，人才培养数量有限。目前的国际相关比赛活动，在马匹的饲养、训练、饲料加工配制、马房管理、修蹄、常见疾病防治、赛事组织管理等方面都存在明显的劣势，关键原因是专业人才匮乏。表 5-14 为内蒙古自治区马术专业人才培养情况。

表 5-14 内蒙古自治区马术专业人才培养情况

学 校	招生专业	共计招生人数（人）	办学年份（年）	毕业人数（人）	从业比例（%）	就业收入（元）	马匹数量（匹）	区外招生人数（人）	区内招生人数（人）
内蒙古农业大学职业技术学院	运动马驯养与管理	400	2010	253	45	3 000～15 000	63	45	355
内蒙古农业大学兽医学院	动物医学专业马兽医方向	95	2012	95	30	5 000～8 000	0	50	45
锡林浩特职业学院	马术专业	200	2016	—	—	—	600	—	200
鄂温克族自治旗职业中学	马术专业	60	2011	60	20	3 000～10 000	25	—	60
莱德马术学院	运动马驯养与管理	90	2016	—	—	—	20	—	90

1. 内蒙古农业大学职业技术学院（内蒙古运动马学院） 内蒙古农业大学职业技术学院（内蒙古运动马学院）是全国高等教育中第一个创办运动马驯养与管理专业的高校，至 2010 年经教育部批准设立。2017 年有马匹 110 匹，设有标准马厩 80 个，室内训练馆 3 000m²，标准运动场 1 个，训练场 1 个，调教跑道 8 个，跑道 500m。学院以悠久的草原文化为底蕴，以蓬勃发展的马业市场需求为导向，依托内蒙古农业大学雄厚的办学实力，培养能适应现代马产业发展要求，具备马术产业较系统的基本理论、基本知识和基本技能，能较熟练地从事马匹饲养管理、马场设计规划、马兽医服务及马产品开发等方面的高等技术应用型专业人才。

2. 内蒙古农业大学兽医学院 内蒙古农业大学兽医学院从 2012 年开始招生动物医学专业马兽医方向本科的学生（五年制），是全国唯一的毕业后可从事运动马诊疗的专业方向，该学院为满足国内赛马保健和临床疾病诊治的需求，开设赛马疾病临床诊断及防治的课程，着力为我国赛马事业培养马兽医人才。

3. **锡林浩特职业学院** 锡林浩特职业学院于 2016 年 8 月成立马术学院，总占地面积 1.5 万 km²，建有教学楼 2 000m²、马术训练馆 1 800m²、马厩 1 500m²，拥有马匹 210 匹，建有国际标准室内赛马场、室外赛马场、马厩、越野赛道、马文化广场及马博物馆等。

4. 鄂温克族自治旗职业中学　鄂温克族自治旗职业中学是采用蒙、汉两种语言授课的公办中学，是内蒙古自治区重点职业高中，国家级农民科技培训星火学校。培养目标有马的障碍赛选手、速度选手、马房管理人员、运动马的护理与调教人员、马术初级教练员等。到 2018 年，该学校毕业生已经达到 60 余名，其中部分毕业生在内蒙古农业大学职业技术学院（内蒙古运动马学院）继续深造，其他毕业生在国内各大马术俱乐部就职。

5. 莱德马术学院　莱德马术学院是兴安职业技术学院与内蒙古莱德马业股份有限公司联合创办的、校企合作"双主体办学模式"的新兴学院。该学院依托兴安职业技术学院雄厚的办学实力，培养能适应现代马产业发展要求，具有马术产业较系统的基本理论知识和技能，能较熟练地从事运动马饲养管理、赛事策划、骑乘竞技、兽医服务以及马产品开发等方面的高技能应用型人才。

（二）人才培养问题

1. 没有规范的行业标准、统一的人才培养体系（教学大纲）　专业设置应持续拓展。新兴的现代马业涉及诸多领域，由于办学体制限制，学院仅开设运动马驯养与管理专业，专业设置单一，远不能满足产业发展对人才的需求。全国马产业人才培养没有统一的行业标准和人才培养体系，自治区内各高校马术专业大都采用内蒙古农业大学（内蒙古运动马学院）教学大纲，现在课程设置、专业设置不够合理。

2. 基础设施不完善，制约马产业发展（内蒙古运动马学院）　当前，各学校、俱乐部对学生、学员培训时，由于没有统一、标准的设施，培训内容受到很大的限制，尤其是在各高校更加明显。各地区不断举办各种层次的赛事，但是，由于设施不规范或不具有统一标准，所以赛事成绩亦不具有公认性，不仅影响了赛事的吸引力，而且影响了运动马产业的快速发展。为此，各地应根据具体情况，统筹规划、指导建设适应现代赛事要求的基础设施，保证赛事的规范进行。

3. 招生体制制约招生，社会认知程度低　虽然国际上运动马产业发展已经非常成熟，成为许多国家主要的支柱产业，在解决就业、上缴利税、社会慈善等方面都起着举足轻重的作用。但是，由于我国产业政策因素，目前现代运动马的活动还只是部分群体的娱乐活动内容，社会参与度很低。所以，运动马专业的社会认知度也很低，招生学生理论基础差；另外，国家高考制度要求，只能按照审批的名额计划通过普通高考招生，学校不能自主招生，即限制了招生的规模，错过最佳训练年龄，只能进行马房管理、初级教练等培养，很难成为行业优先人才。

第六章

内蒙古马产业的发展战略

"一带一路"的倡议是中国构建开放型经济新体制的重要举措。在国际背景下，马作为丝绸之路的使者、草原文化的灵魂，在与俄罗斯、蒙古国等民俗文化、马产业交流方面发挥着重要的载体作用。在内蒙古全面发展马产业，对于把内蒙古打造成国际化水平和具有地域文化特色的跨境文化旅游基地具有重要意义。

中国自古就是养马大国，内蒙古以其悠久的民族历史、深厚的民族文化，形成了独具特色的马产业，是中国马业的突出代表。但是，由于产业政策缺位、品种退化、民族赛事单一、从业人员专业化程度低等原因，导致马产业逐步萎缩。诸多事实表明，马产业发展空间巨大，但是面临的困境和制约因素不容忽视，实现马产业升级研究迫在眉睫。

一、战略目标

在"一带一路"、中蒙俄经济走廊战略背景下，以蒙古马精神为指导，以内蒙古民族文化为基础，以传统马业和现代马业"二元一体化"建设为主线，创新传统马业赛事和草原旅游马业，推动内蒙古马产业转型升级，构建多业态的马产业特色集群，把内蒙古建设成为中国传统马业的示范区、现代马产业的引领区、中国马业集成的创新区、中国与国际马产业接轨的先行区。

在"一带一路"视角下，研究内蒙古马产业发展路径，有利于内蒙古发展特色马业，建设文化强区，创新经济增长点；有利于打造跨境民俗草原文化旅游基地，推动中蒙俄经济走廊建设；有利于"一带一路"沿线国家交流与合作，推动马业国际化，为我国马业发展提供参考。

重点打造育马养殖为基础、赛马赛事为牵引、文化旅游为重点、产品马业上规模、饲草调教成产业、交流交易成常态的现代马产业体系。

二、发展理念

坚持"创新、协调、绿色、开放、共享"发展理念，坚持优势优先、先易后难、重点突破，坚持政府指导、市场引导、企业主导，围绕转方式、调结构、补短板，不断优化马产业优势资源配置，充分发挥市场导向作用，大力发展现代育马产业、饲草料产业、体育运动产业、调教训练产业、旅游休闲产业、文化产业等，培育壮大一批马产业重点企业，构建现代马产业体系。

创新：全面推进现代马产业动力理论创新、科技创新、文化创新、制度创新、服务创新，引导中国做强"传统赛马、现代赛马、马产品、马文化"，实现马产业全产业链健康发展。培育现代马产业发展新动力，优化劳动力、资本、土地、技术、管理等要素配置，激发创新创业活力，推动大众创业、万众创新，释放新需求，创造新供给，推动新技术、新产业、新业态蓬勃发展。

现代马产业发展必须把发展基点放在创新上，形成促进创新的体制架构，依靠创新驱动、发挥先发优势、引领产业发展。构建现代马产业创新发展新体制，加快形成有利于创新发展的市场环境、产权制度、投融资体制、分配制度、人才培养引进使用机制，深化行政管理体制改革，进一步转变政府职能，持续推进简政放权、放管结合、优化服务，提高政府效能，激发市场活力和社会创造力。

协调：注重现代马产业与内蒙古国民经济整体的协调发展。推进现代马产业城乡协调发展；推进马文化软实力建设与马产业实体经济协调发展；推进政府、科研院所、市场主体有效运行的制度建设；联合"一带一路"沿线国家，整合资源，形成合力；推动现代马产业融合发展战略，形成全要素、多领域、高效益的深度协调融合发展格局。

坚持现代马产业协调发展，必须牢牢把握内蒙古事业总体布局，正确处理发展中的重大关系，重点促进城乡区域协调发展，促进经济社会协调发展，促进新型工业化、信息化、城镇化、农业现代化同步发展，在增强现代马产业硬实力的同时注重提升软实力，不断增强现代马产业发展的整体性。增强现代马产业发展协调性，必须在协调发展中拓宽发展空间，在薄弱领域中增强发展后劲。推动现代马产业区域协调发展，塑造要素有序自由流动、主体功能约束有效、基本公共服务均等、资源环境可承载的区域协调发展新格局。推动现代马产业城乡协调发展，健全城乡发展一体化体制机制，健全马产业在农村牧区基础设施投入长效机制，推动马产业链向农村牧区延伸，提高建设水平。推动马产业物质文明和精神文明协调发展，加快马文化建设，凝练蒙古马精神，建设社会主义文化强区。

绿色：现代马产业发展必须坚持节约资源和保护环境的基本国策，坚持可持续发展，坚定走生产发展、生活富裕、生态良好的文明发展道路，形成人与自然和谐发展的现代化建设新格局，推进美丽边疆建设，为全国生态安全做出新贡献。

积极推行"民族马业发展、马匹品种保护、赛马改良、牧草资源优化"等生产方式，调整产业结构，引领中国农牧业绿色发展。促进人与自然和谐共生，构建现代马产业科学合理的发展格局，推动建立绿色低碳循环发展产业体系。加快建设马产业示范区、引导区、创新区，发挥主体区域功能，推动低碳循环发展，全面节约和高效利用资源。

开放：坚持"引进来"与"走出去"有机结合，加强与国内现代马产业经济开放区合作，积极推进"一带一路"沿线国家多渠道交流、多层次参与、多产业融合、多方式投入、多体制运行，建设开放的内蒙古现代马产业。

现代马产业发展必须坚持开放发展，必须顺应我国经济深度融入世界经济的趋势。开创现代马产业对外开放新局面，必须丰富对外开放内涵，提高对外开放水平。完善对外开放战略布局，培育有全国影响力的马产业示范区、引导区、创新区。加强与海南省和粤港澳大湾区马产业合作，提高对俄罗斯、对蒙古边境跨境经济合作区发展水平。形成现代马产业对外开放新体制，完善法治化、国际化、便利化的营商环境，健全服务贸易促进体系。推进"一带一路"建设，推进同有关国家和地区多领域互利共赢的务实合作，积极参与全国、全球马产业经济活动。

共享：实现成果共享、技术共享、服务共享、资源共享、平台共享，辐射带动全国马业快速发展，联合"一带一路"沿线国家共同发展。

现代马产业发展坚持共享发展的理念，必须坚持发展为了群众、发展依靠群众、发展成果由群众共享，使全区人民在共建共享发展中有更多获得感，增强现代马产业发展动力，增进全区各族人民团结，朝着共同富裕方向稳步前进；完善现代马产业技术共享、服务共享、资源共享、平台共享机制，提高服务能力和共享水平，加大对落后区域发展马产业的转移支付和技术支持，促进就业创业，提高从业人员收入和待遇。内蒙古现代马产业发展将辐射带动全国马业快速发展，联合"一带一路"沿线国家共同发展。

三、战略布局

伴随着我国现代马产业迅猛发展，内蒙古自治区马产业成为一支不可小觑的力量，马产业逐步从以畜牧业为主的第一产业，向满足人们体育休闲娱乐为主的第三产业过渡，包括赛马、旅游、休闲娱乐等马上项目层出不穷。但由于内蒙古自治区马产业发展起步较晚，现有的马文化资源优势还未能转化为产品优势，在开发规模和深度等方面还有待于进一步挖掘和提升。本研究将内蒙古马产业分为五大类，分别从马科学、马赛事、马旅游、马文化及马业人才培养五个方面进行论述，展现内蒙古马产业高质量发展区域和产业战略布局。

（一）马科学发展战略布局

马科学涉及多个领域，主要包括马属动物遗传育种与繁殖、饲草饲料、马产品生产等方面的基本理论和操作技能。

1. 繁殖育种产业战略布局

（1）蒙古马种质资源保护　建立蒙古马品种资源保护和繁育改良基地。在锡林郭勒盟和鄂尔多斯市乌审旗分别建立完善乌珠穆沁马和乌审马保种基地。恢复品种特性和种群数量，保护具有优良基因的蒙古马品种资源。

同时，基于产业要求，定位培育方向，加快马匹品种繁育。发挥蒙古马优良特性，引进国外优良马品种，培育现代运动马新品系。建设核心种马场，建立严格的马繁育技术体系和马匹登记技术体系，确保马匹规范繁育。着重培育竞赛运动马、休闲骑乘马、马术表演马、游乐伴侣用马、产品马等五个方向，适应现代马业全面发展需要。

充分发挥行业协会优势，协调有关部门、各盟市和旗县做好蒙古马品种资源的调查保护工作，建立马科学内蒙古自治区工程实验室，培养马产业可持续发展专用人才，围绕"蒙古马基因库建设、马新品系培育、蒙古马饲养管理、马产品开发研究"等内容开展科学研究、科学观测、技术示范和关键技术供给，提升马产业持续发展能力。

加快综合开发利用的步伐，以马产品开发为导向，延伸链条，构建产业框架。树立对蒙古马进行多方向、多用途、综合开发利用的主导思想，加大品种改良力度，提高良种化程度。调整马群内部结构，增加能繁殖母马的比例，提高商品产出率。实施科学饲养管理技术，降低生产成本，提高个体生产效率。强化对马产品种类、利用途径的开发。

发挥专业技术优势，加强基础研究，加快建立健全马匹登记制度，规范登记内容和程序，推进马匹登记工作，为蒙古马良种繁育体系建设提供技术支持。

(2) 建设专用马繁育驯养测定基地　引进国外优秀运动马良种，通过杂交改良和选育，提高专门化的运动性能，满足市场对高质量运动马的需求，提高经济效益。建立完善品种登记管理制度，为育种、商业化生产和运作奠定基础。在此基础上加快培育适合本地气候条件，主要用于普通赛马、障碍赛马、马术用马或骑乘娱乐用马的新品系。

以重点旗县为单位，整合地方畜牧业服务体系、兽医防疫体系和农牧民生产专业合作社等社会资源，发挥重点区域蒙古马种质资源优势和草地资源优势，针对旅游休闲骑乘用马市场，统一调配草场、公共投入资金等资源，以农牧民为主体，以草场权益和养驯马收益为纽带，发展现代农牧业经营组织，组建以蒙古马为基础的繁育种群，建设旅游休闲骑乘用马繁育、驯养基地。

借鉴国内外运动马先进的调教经验，制订科学的运动马调教方法体系。参考国外运动马性能测定方法，制订我国运动马性能测定标准，建立运动马性能测定中心。在繁育、驯养基地加大劳动力专业技能培训力度，扩大劳动力产业技术的覆盖范围，提高市场知名度，将基地打造成为支撑内蒙古旅游休闲骑乘马业，面向北方生态、民族文化旅游休闲度假，面向城市养育马休闲市场的优良马匹育种、繁殖、商品马销售、养驯马技术、专业劳动力输出基地。

(3) 打造网络与实体结合的交易市场体系　以内蒙古整体为窗口，建设链接马匹繁育、驯养基地所在盟市的中心城市和基地旗县的信息网络，联通基地企业、农牧民与马匹交易市场；建设旅游休闲骑乘用马信息和交易平台，推动旅游休闲骑乘用马市场实体交易、物流与电子信息网络一体化的市场网络体系建设。

2. 饲草饲料产业战略布局

（1）突出草业战略地位 2018 年以来，中美贸易摩擦升级至贸易、科技、金融、外交、地缘政治、国际舆论、国际规则等全领域。为避免未来贸易摩擦对国内牧草产业、草产品市场及草食畜牧业发展的影响，有必要积极把握牧草产业发展的主动权。因此，有必要从战略层面重新定位农业系统，突出牧草产业发展的重要战略位置。建议内蒙古地区加大农业供给侧结构性改革，推进农业结构调整，推动"粮＋经＋牧"三元种植结构向"粮＋经＋牧＋草"四元种植结构转变，全面推进内蒙古牧草产业持续快速发展。

通过改革创新破解草原保护建设发展难题，有力地促进牧草产业持续发展目标。一要在全面落实草原生态保护与建设政策基础上，加大牧草良种补贴、牧草种植直接补贴和牧草种植、收储、加工机械补贴等政策扶持力度，继续推进"粮改牧"政策及其他相关政策。二要通过政策扶持和市场引导，积极推动牧草产业技术进步，尤其要加强草种、机械等研发和推广力度，为提高牧草生产效率、保障产品质量安全提供支撑。三要鼓励新型经营主体积极进入牧草产业，在保障草原生态基础上，积极发展牧草产业，健全牧草产品生产标准，全面提升牧草商品化程度。四要加大牧草产业发展的国际合作力度，在引进和吸收国际先进技术加快推进区内牧草产业发展的同时，积极鼓励区内牧草生产企业，通过各种渠道"走出去"，在国外发展牧草产业，为国内牧草产品市场提供重要补充。

（2）建立全国优质牧草生产加工输出基地 依托内蒙古优质天然牧场，全面实施生态保护与恢复工程，建立天然优质马饲草料基地；积极引进马匹专用饲草料良种品种，合理规划布局马饲草料种植区域，建议将牧草种植纳入农作物种植补贴，一方面在内蒙古农牧交错带，实施旱作牧草种植；另一方面结合农业种植业产业结构调整，退耕还草、退牧还草、土地整理等项目，加快优质饲草料基地建设。培育饲草料加工龙头企业，开发生产各类型马匹专用饲料。为全国马业发展提供优质饲草料，并积极开展饲草料出口贸易。

（3）适度扩大人工草地面积 因地制宜地种植优质、高产的牧草作物，扩大人工草地建设面积，提高优良牧草产量，适度推进多年生人工草地建设，重点提升产业化水平，适度放缓多年生灌溉草地建设规模，重视草地规模化发展对水资源的影响，利用科学方法监测并评估长远发展灌溉型大规模草地对未来人畜生产生活的影响。同时，加大节水技术研发力度，重点提高现有种植基地的经济指标，促进产业升级。集中建设高效节水灌溉型牧草基地，加大青贮玉米、牧用高粱、燕麦和牧草谷子等青饲料基地建设，增加冬春牧草储备。鼓励企业、合作社和家庭牧场集中发展灌溉草地，实现规模化、集约化发展。

（4）加强草场资源保护利用 内蒙古受干旱影响，90% 以上草原出现不同程度的退化。为了改善生态环境，解决草畜矛盾和促进牧民增收，让牧民可以把自家的草场转租给牧草企业进行经营。截至 2018 年，内蒙古节水灌溉草地面积 10.33 万 hm²，占全区的

47%。可用于发展的弃耕地、严重退化的沙化草地的空间有限，耕地上的现有苜蓿已到更新年限，建议将耕地种植的苜蓿、燕麦和茅草等纳入农作物种植补贴。种植牧草过程中可采取以苜蓿草为主的多种牧草混合种植方式，增加牧草当地转化利用的比例，以达到防止退化、促进草原生态系统的良性循环。

（5）提升牧草生产水平　大力发展牧草产业机械化，提高牧草料加工利用水平，加速秸秆转化利用等，加大牧草的收割压扁、烘干、保鲜、压捆、揉搓粉碎和配合压块等新技术及设备的研发和推广使用。通过牧草加工技术发展推动和促进牧草加工户、加工厂、牧养大户、养殖场、畜产品基地及加工龙头企业集团的发展。提高牧草生产机械化水平。从牧草、种子生产、加工、经营、使用等环节全面强化管理措施，提高牧草产品质量。在牧草种子生产过程中建立品种选育、种子扩繁、加工储藏、质量管理检验及经营为一体的牧草良种繁育体系，建立完整的牧草种子生产技术规程，健全和完善种子管理相关机制，确保牧草种子生产和经营市场的有序运行。重点培育和扶持更多专业化牧草生产企业或试验示范站，发展订单式的牧草、牧草产品生产模式，保证农户从事牧草与种子生产的积极性和企业的效益。加强内蒙古各地区牧草产品与种子的生产、检测管理工作，建立严格的牧草产品质量检测检验的机制，有效地保障牧草生产和产品的质量和安全，保证合格牧草产品的生产和上市。

（6）加强全产业链谋划和布局　保障牧草产业的长期发展，必须实施"草畜紧密结合"，必须有与其相应成熟、完善的市场来支撑，牧草产业只是一个中间产业，所提供的产品也仅是中间产品，必须通过养殖业的"消费"和转化才能产生最终产品，要推进草畜结合，充分依靠优质、安全等特色畜产品品牌的创建来拉动对牧草的强劲需求。进一步来说，内蒙古应该在全产业链谋划草产业的种、养、销售、储存、物流，追求草产业的经济、生态、文化，投入劳力、资本、信息、科技，运用好现代金融资本支撑牧草产业发展，形成"政府支持、企业入股、市场运作、牧民受益"机制，吸收全国乃至世界的相关资金壮大实力。

（7）加强现代信息技术应用　运用现代的信息化新技术支撑牧草产业发展。信息化服务是草产业现代化的重要支撑，信息服务越及时、越全面，产业发展就越高效、越合理，积极发展牧草业的电子商务，通过网络平台和各种营销手段，扩大内蒙古牧草在中国和世界的地位。在牧草产业发展中，要紧跟现代信息技术的发展步伐，牧草产业要与大数据、云计算、物联网、人工智能等新型技术有效深度融合发展，在牧草品种选育、高效种植、一体化收获和加工、草场遥感监测、草畜平衡、商品储运、国内国际市场流通等各个方面加大上述现代信息技术的利用，最终使内蒙古成为国际先进的牧草产业区域，引领我国牧草产业的高质量发展。

3. 马产品产业战略布局　出台完善牧民养马扶持政策，加快产品用马规模养殖基地建设和马产品的开发，培育一批养马、产品加工、生产、销售等产业关联度强的企业，研发科技含量高、带动能力强的马生物制品、马乳制品，培育产业集群，提高马产品科技含量和附加值。建立内蒙古马具服饰生产加工基地。依托内蒙古深厚的马文化积淀，结合传统的马具、民族服饰生产，积极开展现代马具服饰的设计与生产。

（1）挖掘保健需求，扩大马奶消费规模　引进国外乳用马品种，发展马奶产业。针对北京、上海、广州等大型城市开发无菌保鲜马奶、马奶粉、马奶酒及婴儿专用马奶等具有保健功能的奶制品。

（2）针对马文化旅游区，开发鬃毛、皮张等工艺品和旅游纪念品　在马文化比较浓厚的草原及其周边区域开发鬃毛、皮张、骨制工艺品和具有工艺特点的生活用具、旅游纪念品。

（3）加大孕马血清等生物制剂（制品）的研发力度　加大孕马血清等生物制剂的研发力度，开发精制马脂提取技术。推动原料采收、汇集、加工、下游市场开发等全产业链一体化发展的运营机制，克服原料分散、多元生产模式难以形成市场影响力的障碍。与国内外生物制品公司合作，形成生产规模，提高产品档次，扩大产品的市场影响力，打造马脂生物制品品牌。

（4）推进产品研发规范化运作，占据产品标准制定的高地　制定完成马肉、马乳原料及其制品分级标准规范；制定完成孕马血清促性腺激素（PMSG）、孕马结合雌激素标准规范，并通过目标市场国家的认证。

（5）培育龙头企业　制定优惠政策，积极培育和扶持马产业龙头企业，打造具有全国知名度和影响力的核心企业，带动内蒙古自治区现代马业的发展。深入挖掘马产业价值，形成包括饲料加工、马奶酒生产、生物制药等一系列项目的综合型企业群。

（二）马赛事产业发展战略布局

与中国马业协会密切配合，创新赛事举办体制，全面挖掘内蒙古传统马术表演与赛事，创新民族赛马新形式和新模式，以现代马业管理手段，提升民族赛马的观赏性、娱乐性及其经济性，积极开展具有蒙古族传统的赛事和中华民族大赛马，提升那达慕的内涵，培育中国民族赛马品牌。扩大内蒙古马业赛事在国内国际的影响力，吸引国际游客，推进中国民族赛马走向国际，实现马产业国际化，传播弘扬中国马文化。

目前，内蒙古多个盟市旗县区都在依托蒙古族马文化，进一步开发运动马产业，努力打造运动马产业品牌，在已有的一些规模较大的赛马场基础上，计划建设的赛马场数量也在增加，对举办大型赛事也积累了一定的经验。区内规模较大的赛马场主要分布在兴安盟、通辽市、锡林郭勒盟、鄂尔多斯市和呼和浩特市。

1. 马术赛事的产业战略布局

（1）培育内蒙古赛马氛围，弘扬璀璨赛马文化　内蒙古是赛马运动历史悠久的发源地之一，内蒙古人民对马也有着特殊的情怀，发展内蒙古的赛马业，必须发扬内蒙古几千年来的璀璨马文化。据文献记载，赛马已有一千八百多年的历史。《后汉书南匈奴列传》中记载："匈奴俗，岁有三龙祠，常以正月、五月、九月戊日祭天神。……因会诸部议国事，走马及骆驼为乐"。蒙古族赛马起源于蒙古汗国建立初期，早在公元1206年，成吉思汗被推举为蒙古大汗时期，成吉思汗鉴于政治、军事的需要，极力推崇骑术，赛马之风在军队和上层社会中十分盛行。他为检阅自己的部队，维护和分配草场，每年一月间，将各个部落的首领召集在一起，为表示团结友谊和祈庆丰收，举行"忽里勒台"大型聚会，除了任免官员、奖惩以外，还将赛马作为大会的主要活动内容之一。在成吉思汗时代，从大将军到普通士兵都要练习搏克摔跤、赛马、射箭，这些运动在民间也得到了极大的发展。传承内蒙古2 000年马业的辉煌史，弘扬马文化，培育民族精神，服务于建设和谐的文明社会，才能向社会展现其风采和魅力，得到社会公众的了解、支持和热爱。

以组织举办国际、国内赛马，马术赛事，打造现代及传统赛马、马术和民族特色赛马赛事为目标，促进竞技马业与文化产业、节庆会展业、旅游业的深度融合。积极与国内外大型马会合作，建立基于赛事组织和技术共享为基础的合作关系，聘请赛事运营机构，对赛事进行运营管理。在广播、电视开设马文化及马术运动专栏，通过策划名人访谈、骑乘休闲等专题，全方位展示内蒙古的马文化，同时植入赛事信息，发布赛马相关活动内容，直播、转播国际、国内精彩赛事。按照地域条件，各类赛事的社会影响、场地需求，赛事赛期与自然气候条件的匹配协调等约束，安排不同地域选择不同赛事，科学合理制订竞技赛马方案，依托呼和浩特、鄂尔多斯、锡林浩特、通辽、兴安盟赛马基地，以及通辽市科尔沁左翼后旗博王府、兴安盟科尔沁右翼中旗图什业图、二连浩特市策格文化风情园三个少数民族传统体育示范基地开展各类赛事和马术民间表演。通过外引内联、合资组建等模式发展若干家马术俱乐部，结合内蒙古特有的赛马文化，组织承办大型商业性赛马活动及国家级各类民族体育赛事，打造内蒙古马术节、内蒙古马术联赛等具有知识产权的比赛，形成集体育、旅游、文化为一体，开发马主体彩票等市场化运作的赛马运动品牌。

（2）加大基础设施建设力度　以现有赛马设施为基础，以若干盟市所在地为中心，根据产业发展实际，对现有的赛马场进行改造升级，对已具备规模的赛马场按照大型赛马要求完善设施标准，使之成为大型综合性赛马活动中心。坚持"功能实用、避免重复"的思路，统筹建设养马基地、马术学校、马匹选育研究所、草原沙漠影视拍摄基地、马饲料生产加工基地及民族体育表演和比赛场地等配套设施，为马产业发展提供基础性支撑。借鉴国内外发展马业的经验和做法，建立国内先进的马产业示范基地，重点扶持几个对马产业可持续发展起至关重要作用的龙头企业。以伊金霍洛旗成吉思汗御马苑等为基础建立进口良种马繁育基地和新型竞技马培育基地，使之达到世界级纯血马场的水平。以蒙古种马繁育基地等马场为基础，高标准建设阿巴嘎黑马、西乌旗白马、乌审马三个保种繁育基地。进一步完善锡林郭勒草原马场、鄂托克前旗走马御马苑、鄂温克族自治旗新三河马、太仆寺旗御马苑、科尔沁右旗中旗莱德马业五个杂种马繁育基地基础设施。建设呼和浩特市现代马业发展示范基地，完善鄂尔多斯、通辽、锡林郭勒等地的赛马场设施建设。建设综合类的运动马驯养管理和骑术学院；提高马厩、运动场、训练场馆建设水平，逐步实现向社会开放和商业化运作。到 2025 年，建设 3～5 个国际水平的赛马场，建成一所高水平的骑术学院。

（3）吸取赛事经验，各地开展形式多样的赛事活动　内蒙古有着悠久的赛马历史传统，为了使赛马文化更好的传承，全区各地需要举办形式多样、具有地方特色的赛马竞赛活动，吸取赛事经验，根据地方特色与环境条件创建自身特点的赛事项目，达到与地方文化和民族传统相融合的赛事宗旨，既加强了赛马运动群众基础，也提高了赛事影响力。对传统赛马要做到有传承也要有创新发展，保持本民族特色的基础上发展现代赛马，例如，马球赛、颠马赛、走马赛、速度赛马、障碍赛马、马术绕桶赛等。

（4）建立赛马运动产品交易平台，举办马具交流会、展览会　适时举办关于赛马运动产品交流会、展览会，吸引各地赛马运动专业人士及赛马运动爱好者，对赛马运动发展前景、赛马运动产品的推广与销售进行探讨，建立稳固而持久的赛马运动产品交易平台。有关赛马运动产品如马鞍、马镫、马鞭等，赛马运动工艺品和具有民族特色的纪念品如马皮工艺品、马毛工艺品等就生产、推广、销售等问题进行深入研究，开发赛马运动子产业，推广民族工艺品和传统文化，加强赛马运动产业的持久力，在多方面竞争的同时保持良好的竞争力。

（5）将赛马实践与各类型教育相结合，推动赛马人才培养　现阶段，内蒙古自治区赛马专业人才缺口严重，还没有形成完整的赛马人才培养机制。目前人才培养主要以高校和马术俱乐部为主，高校仅有内蒙古农业大学兽医学院和职业技术学院、锡林浩特职业学院及莱德马术学院。人才培养数量有限，不能满足赛马业人才发展需求。因此，推动赛马人才培养需要开展多层次、各类型的教育，包括高校教育、中职教育、马术俱乐部培养、校企合作培养等。

（6）建立舆论宣传机制，提高群众参与热情　虽然内蒙古具有悠久的赛马运动历史，但是人们却对此了解不多，对于各地区举办的赛马活动知之甚少。因此，只有充分借助大众舆论手段来普及和宣传赛马产业的价值，激发社会的广泛参与热情，才是赛马在内蒙古发展的必由之径。例如，利用报纸、杂志、电视、网络等新闻媒介进行宣传。此外，对于拥有良好经济、社会资源及技术资源的上层人士，赛马应以招揽社会名流参与聚会，使参与赛马活动成为社会沟通的桥梁与枢纽；在社会大众面前，赛马应是一种休闲娱乐活动的代言，使之成为民众生活的一部分，以一种话题形式在街头巷尾广为议论。加强地方赛马竞赛活动，吸引观众眼球，加深人们对赛马运动的认识，宣传赛马运动主题，从而达到创造消费群体、推广赛马运动的目的。

（7）形成具有内蒙古特色的品牌赛事　内蒙古自治区可以借鉴国内外成功经验，打造内蒙古特色品牌赛事。例如，澳大利亚赛马会目前主办的华人赛马节、悉尼赛马嘉年华、巅峰赛嘉年华三大赛马嘉年华为世界各地汇聚澳大利亚赛马会的观众提供了多元化的赛事体验；有上百年赛马历史的湖北武汉，目前已形成常态化武汉速度赛马品牌赛事并每年举办"中国武汉国际赛马节"。他们的成功给了我们很好的启示，要打造内蒙古特色品牌赛事，需要做到以下几点：

① 开发国家级及世界级赛马产品：如中华民族大赛马、丝绸之路大赛马等，吸引国内外赛马爱好者。

② 营销赛马嘉年华：同马主、驯马师、赛马俱乐部寻求合作，通过媒体和赛事播放平台提高比赛知名度与参与度。

③ 与文化旅游相结合：了解市场参与者需求，为其提供相关旅游产品。

④ 定制赛马体验：针对比赛提供定制化的赛马赛事。

⑤ 加大区域性合作：与赛马产业发展成熟的区域紧密合作，例如，与武汉、新疆、成都等区域在人才培养、马匹繁育、马匹交易、赛事举办等方面达成合作意向，共同促进赛马产业发展。

（8）大力发挥政府职能部门的功能，加大政策支持　内蒙古自治区政府应抓住经济、社会发展的大好机遇，充分发挥政府部门的职能作用，加大发展赛马文化的政策倾斜，制定相应的政策保证体系，为赛马文化活动创造更好的条件和环境，为中国赛马文化活动的开展提供运行环境，促进赛马文化的持续、长期发展。

2. 马术俱乐部的产业战略布局

（1）以竞赛为基础，多元拓展　拓展马术俱乐部的服务内容和服务品质，以会员管理服务、专业培训教育、场馆功能多样化、马匹寄养管理、俱乐部级别认证等方面为拓展方向；以会员会费、马术培训、马匹寄养、赛事门票与赞助、会所活动作为盈利模式，打造一条马术行业的产业链。

（2）加大宣传，让人们对马术运动有更加客观、正确的认识　我国的马文化底蕴深厚，秦始皇扫平列国靠的是金戈铁马，强大的马业为实现"车同轨，书同文，统一度量衡"的三大国策做出了巨大贡献，为中华民族的长久统一和以后两千多年一代又一代繁荣强大的中华大帝国奠定了坚实的基础。在共产党领导的红军、八路军、新四军和人民解放军的队伍里，马是我国军人的战友，为我国民主革命、抗日战争、解放战争取得胜利做出了不可磨灭的贡献和牺牲。这些都应该通过网络、报纸和杂志加大宣传，并唤醒人们对于马术的热爱。

（3）加大政府支持　马术运动作为一种体育运动，目前却被当作高消费中的娱乐消费征税。马术俱乐部的营业税率高达 20%，高税收政策增加了马术骑乘的成本，使得很多热爱骑马运动的人士被挡在马术俱乐部门外。这种税收政策不利于马术运动的发展，政府应当从建立完整的马术产业经济的角度出发，制定积极的财政政策，降低马术运动的征税，促进马术产业的健康发展。

3. 赛马场的产业战略布局

（1）利用地域优势、合理布局　根据产业发展规划建设，自治区的赛马产业应该充分利用地域优势，合理布局赛马场，突出民族特色、地域特色，着重打造高端体育运动、休闲度假、商务接待为主题的特色园区，同时配备高端服务的赛马产业服务园区，以赛马运动为核心，把休闲骑乘和马术赛事相结合，达到既满足游客休闲骑乘和健身娱乐的需求，又能进行高质量的赛马活动，使赛马场成为内蒙古体育健身、商务休闲的新地标。

（2）招商引资，引入外资，拓展和完善融资渠道　赛马产业的发展需要大量的资金支持，外资引入也是解决赛马产业经济发展的重要手段，用引进外商直接投资的方法来缓和赛马场自身经济压力。一方面，可以通过招标商业项目的共同开发等方式来吸引外资流入；另一方面，即便是政府和相关机构的扶持资金有限，仍可由政府出面吸引外资，以及出台相关的优惠政策来支持产业发展，由多方面优势共同缓解整体资金问题。再者，建立和完善马文化产业投资风险规避机制。

（3）自主培养高新人才，提高赛马场竞技水平　赛马场应充分利用地方已有的马业资源和教育环境（马术协会、马术俱乐部、马产业企业、民间马业爱好者），通过理论传授和生产实践相结合的方法培养自己的赛马人才，运用引进、聘请、借调等方式科学合理利用专门人才，同时加速培养自主人才，提高竞技水平与科技含量。

（三）马旅游产业发展战略布局

充分发挥草原旅游优势，推动草原旅游与休闲骑乘深度融合，建设马文化旅游小镇，探索马背旅游新模式，丰富草原旅游内容，增强草原旅游的吸引力，实现全域旅游与四季旅游。支持牧民养马大户、专业户、合作社、马术俱乐部，推动城市休闲马业发展，实现市民游客休闲骑乘以及健康健身运动，推进马休闲产业及与之有序衔接的其他休闲娱乐健体服务业发展。

鼓励支持内蒙古首府或盟市中心城市，通过多种投融资方式，建设马文化主题公园、马文化博物馆、马术俱乐部等设施，逐渐完善各具特点的马匹骑乘、马业商务、休闲娱乐的都市马业经济圈。在内蒙古建设9个都市马业经济圈，分别是满洲里－海拉尔－牙克石都市圈、乌兰浩特－科尔沁右翼前旗都市圈、科尔沁左翼后旗－通辽－科尔沁左翼中旗都市圈、克什克腾旗－赤峰－喀喇沁旗都市圈、二连浩特－锡林浩特市－太仆寺都市圈、察右前旗－集宁区－四子王旗都市圈、武川县－呼和浩特市－和林格尔县都市圈、土默特右旗－包头－达茂旗都市圈、达拉特旗－东胜－伊金霍洛旗－乌审旗都市圈。

1. 马文化旅游产业战略布局

（1）创建全国马旅游示范区　力争建成以草原文化为核心特色，延伸马文化产业链，融入草原旅游文化，构建旅游服务、农业科普、商务休闲、草原运动、高端度假于一体或是将集旅游、观光、休闲、娱乐、健身、竞技等为一体的国家级草原马文化旅游示范区、我国北方牧区重要的现代化农牧业生态示范基地、内蒙古重要的马术休闲度假基地、内蒙古民俗文化体验基地。以锡林郭勒盟为核心，辐射带动东部各盟市，打造中国马都新概念。重点发展民族赛马、草原旅游马业、民族马文化，辅之现代赛马业。全面开展草原旅游休闲马业，举办民族赛马和现代竞技赛马，探索四季全域旅游新模式。通过各种融资方式，在已有马元素旅游的景区附近选址开发，打造以马旅游为特色的综合产业园区，如呼和塔拉赛马场附近打造现代都市马旅游产业园，形成独具特色的体育、文化、休闲、旅游胜地，形成半小时都市旅游经济圈，产生连带效应。

(2) 建立马旅游主题小镇或马术专业旅游社区　马旅游主题创意旅游村镇、马术专业旅游社区等专门的马旅游创意空间的活动应围绕马文化主题展开，具体活动内容应呈现主题化和多样化特点。

马旅游主题小镇要打造建立以休闲娱乐、文化旅游为主体的马元素主题。以"马""文化"作为主要特色来打造，努力挖掘内蒙古马文化特色内涵，充分利用自然禀赋，更加突出文化特色。建设内容可以有：马文化主题酒店、马形象雕塑、马术学校、马主题博物馆、马主题商业街等。同时，规划建设游客集散系统、旅游厕所、自驾车营地、旅游标识系统、智慧旅游与旅游大数据系统，全面提升域内旅游基础设施建设与公共服务水平。

建设马术专业旅游社区，利用马术旅游特有的魅力和吸引力，大力发展以马术为核心的马旅游业。中国拥有数量庞大的马术户外运动消费者，内蒙古的区位优势很明显，北京优质消费群体有很多人将内蒙古作为首选目的地，而随着中国政府对于文化旅游产业的大力发展和文化旅游特色小镇的推进，马术文化旅游消费将快速扩张，这将会切实推动内蒙古马产业实现根本性转变。内蒙古发展马术专业旅游社区是供给侧改革的探索，有利于政府和市场关系的良性发展，是新时代城镇经济发展的创新；国外马术旅游发展对马术专业旅游社区建设规划高度重视，政府对马术专业旅游社区资金扶持力度大，同时加强对马术旅游基础设施的建设，这些举措都很大程度上加快了国外马术旅游的发展。我们要结合国外马术旅游发展经验和我国马术旅游自身发展特点，建设内蒙古特色的马术专业旅游社区，加快马术专业旅游社区的建设步伐。对马术旅游来说，发展马术专业旅游社区响应了国家发展体育旅游小镇的政策，是马术旅游重大的发展契机。同时马术专业旅游社区的建设可以加快马术旅游的发展进程，推动马术旅游产业的转型升级，并且对马文化复兴有很好的促进作用。

(3) 马旅游基地标准化管理　坚持规划引领，尽量保持草原旅游基地历史风貌。优化景区游览线路，完善景区配套功能，加强停车场、厕所、游客中心等公共服务设施建设。全面开展排查整治，治理整顿违法违纪、假冒伪劣等经营行为，建立长效管理机制。加强旅游安全管理，建立应急预案，健全责任体系，提升突发事件应对能力，确保景区和游客安全。一方面建立明确的草原马文化旅游基地标准化体系，整合相关行业，共同制定标准；另一方面培养高素质旅游从业人员，加强旅游服务人员对景区概况、历史沿袭、自然环境、马文化相关知识、骑乘马相关注意事项的了解，开展从业者礼仪常识的培训，有效提升旅游员工队伍的整体素质，助推基地的新发展，提升游客的旅游体验。另外，组建基地的标准化工作监督委员会，严格按照《服务标准化试点评估评分表》对各部门进行分值评定。如内蒙古锡林郭勒盟专门出台"牧人之家"等级评定标准，加快基地标准化建设。

（4）打造马旅游雕塑和地标景观 马旅游产品打造可分为初级、中级和高级 3 个水平层次。初级产品是基础，中级产品是提升，高级产品是升华。初级产品形态的创意展示以静态的创意文化景观为表现方式。

内蒙古是马背上的民族，拥有丰富悠久的马文化历史，建议设计静态的马文化雕塑和地标景观。1985 年，中华人民共和国国家旅游局确定的中国旅游标志"马踏飞燕"便运用了铜奔马的形象。马踏飞燕中的马呈"对侧步"，只有韧性和耐力特别好的马才能以"对侧步"的步态快走。这样的马叫"达贵之驹"，而这匹马不但用对侧步，而且快走胜奔跑，还能踏到游隼上。所以，旅游产业和马产业的缘分非常深厚，马旅游文化雕塑的设计是非常有必要的。

马文化和马精神更是内蒙古不可或缺的精神力量，将马文化精神融入城市建设，建设诸如"车水马龙""龙马精神"等马文化主题景观大道，实现内蒙古马文化与城市文化的深度融合，从而促进马旅游和内蒙古旅游的快速发展。

（5）发展以马文化为核心的马业休闲旅游 在休闲产业发展中，应将矫健的骏马作为旅游业发展的重要载体，积极开发马文化旅游市场。

如开发驯马、马术表演等马上技巧，开发有蒙古文化特色的马工艺品等，这样可以让游客感受蒙古族的民俗民风和文化传统，提高内蒙古旅游业的文化附加值。此外，还应加强马文化旅游基础设施建设，建设马文化博物馆、马具展览馆、狩猎场、马文化传承基地等马文化休闲景区，通过多种形式弘扬内蒙古马文化。如锡林郭勒盟兴建了千马部落、铁骑赛马场、皇家御马苑等马文化景区，开发了马术表演、马球运动等马文化项目，推动了马文化旅游休闲产业的繁荣发展，也带动了马具用品、马文化纪念品、赛马服装等相关产业的发展。

在景区内同样可设置休闲马业相关项目。如景区内的休闲骑乘，游客采用骑马、乘坐马车或马爬犁等交通方式，游览景区、欣赏美景。尽享马带给人的愉悦和刺激，既突出公园主题，又减少汽车尾气污染、道路开发、供电设施建设等对景区环境的破坏。设立"骑警"，骑马巡逻景区，与游客合影，制造新的风景线、新的旅游产品卖点，同时担负园区保安工作，减少安保成本。

内蒙古锡林郭勒盟地区，通过整治马业资源、发掘马文化、发展马产业等方式打造"中国马都"，推动了草原观光、生态旅游、体育休闲等产业的发展。近年来，锡林郭勒盟承办了草原大赛马、马术大赛等重大赛事，在国内外产生了较大影响，同时锡林郭勒盟还建设了集马术竞技、马匹培育、马文化展示于一体的马都核心区，形成了以马文化为核心、良性互动、综合发展的休闲产业发展模式。

（6）丰富马旅游项目内容，增加层次性 在草原观光产品的基础上，开发拓展以骑马巡游、马匹穿越为重点的草原休闲度假旅游；以蒙古马文化的历史挖掘、蒙古马文化民俗和禁忌讲解为重点的马文化草原生态科普和科学考察旅游等专项旅游产品，积极将马文化与马产业融入草原旅游产品组合开发将是草原旅游发展的重要方向。另外，一些规模大的草原旅游景区应增加参与性旅游活动项目，通过认养马匹、制作马奶酒、穿蒙古袍模拟骑马游牧等内容丰富旅游者的体验。建设草原马文化展览馆，展示源远流长的蒙古马文化和与蒙古民族结下深厚的感情，展示马文化对牧民生产生活用具、服饰文化、饮食文化、日常生活面貌的影响，将草原马文化相关的神话编排成多种戏剧形式展现出来。内蒙古马文化艺术具有鲜明的民族风格和地域特色，民族音乐绚丽多彩，马头琴悠扬。为游客展示马上竞技、摔跤、射箭等特色民族体育项目，可展现草原马文化，弘扬蒙古马精神。各盟市根据自己的旅游特色，增加草原马文化高端产品旅游路线，延长游客平均停留时间。策划动态的形式新颖的那达慕大会或马文化民俗节庆。那达慕大会是非常受群众欢迎的节庆活动，将内蒙古传统祭祀仪式、传统男儿三艺（摔跤、赛马、射箭）比赛、现代马术表演、民族大赛马、文艺演出、篝火晚会等活动整合起来，创新发展传统节庆活动，可以将现代赛马活动与那达慕赛马结合起来，创造一种符合内蒙古马文化的赛马制度，以更好地发展内蒙古马文化休闲产业。

（7）整合营销发展特色马旅游　为了促进内蒙古马旅游的发展，必须要制订一个合适的营销方式，把游客体验和现有的旅游基础设施、企业有机结合在一起。同时结合马旅游产业特色，运用好网络自媒体等现代传媒方式，加大对马旅游的宣传力度；旅游管理部门和企业应积极增加对外宣传费用，加大对马旅游营销的投入，让马旅游产品市场化，加大马旅游的知名度和响应力，提高在旅游市场的份额。

积极利用旅游节赛事活动宣传马元素。利用现有那达慕大会的影响力，吸引全世界游客相聚内蒙古，将现代赛马活动与那达慕赛马结合起来，为内蒙古马旅游休闲产业造势。举办爱马日或马文化周。夏季可做环城休闲绿色骑乘；冬季可做雪地马拉爬犁。同时，将马文化活动内容具体化，展现与"马"相关的文化习俗，让更多人在与马互动中爱马懂马。

举办以马为主题的绘画摄影活动。影像是可以跨越民族、地域和文化差异的视觉语言，是重要的国际无语言障碍交流工具。通过举办国际马文化摄影艺术大展，拓展中国马文化对外交流渠道，用生动鲜活的影像语言，向世界讲好马的故事，服务于民族马文化和民族马产业的传播，用民心相通的马文化，拉近与世界各民族交往的距离，拉近马产品和各国消费者的距离，提升内蒙古旅游城市的知名度、美誉度。

2. 马术实景剧产业战略布局

（1）提高剧本质量，完善景区配套设施　一方面提高马术实景剧本质量，深度挖掘文化内涵和艺术特色，深度融合地域文化特色与旅游特色，艺术地展现内蒙古自然生态和人文风情，既不能过于抽象艰涩，也不能缺乏普通观众易于接受和喜爱的美感。另一方面完善旅游基础设施条件，如交通、餐饮、住宿等条件，使游客玩得开心、住的舒适。

（2）搭建宣传发展沟通平台，让马术实景演出受众更广　在重大马术活动及各类马文化节庆活动上，邀请国内知名主流媒体，广泛宣传推介马文化，扩大蒙古马的影响。以"千古马颂"为牵引，再制作一批高水准、高质量的马文化、马形象宣传片，做好内蒙古马文化整体的包装与宣传，打好"组合拳"，播放"连续剧"，持续发声，长久发酵，不断提升内蒙古马文化知名度和美誉度。同时，要善于运用网络新媒体，构建新型网络营销体系。

（3）实施全域演出、四季演出　大型马术实景演出是内蒙古文化传承的又一标志，但受气候、季节的影响，每年演出时间受限。鉴于此，我们更要发扬"走出去"的精神，将我们的马术演出带出区，走向上海、云南、海南等气候温和地带，打破原有的局限，实现真正的四季演出，让更多人了解内蒙古马背上的文化精髓。力争每年上演至少260场，创收2 600万元。

（四）马文化产业发展战略布局

1. 马文化博物馆的产业战略布局　深入挖掘内蒙古深厚的草原文化、游牧文化、边疆异域文化、蒙元文化丰富资源，创作一批马文化剧目，演绎蒙古民族悠久的民族历史，展示灿烂的民族文化，建设内蒙古文化强区。以千古马颂、永远的成吉思汗等大型表演剧目为抓手，继续支持与马文化有关的文化产业的发展。建设马文化创意产业园和马文化产业"双创基地"，鼓励创业者和大学生从事马文化创意产业。在呼伦贝尔市、乌兰浩特市、通辽市、锡林郭勒盟、呼和浩特市、鄂尔多斯市、包头市及相关旗县，建设各具特色的马博物馆、马文化展览馆，建设马文化演艺场馆。鼓励企业和个人创作与马有关的书籍、影视作品，以及艺术品、工艺美术品等，延伸扩展马文化产业，丰富马文化旅游资源。加强自媒体对马产业和明星马的推广，充分利用粉丝经济模式和共享经济模式，推动马产业的泛娱乐化。马产业创意设计要有鲜明的特色，给旅游者带来感观上的冲击，使受众可以沉浸其中，进行文化体验革命。在马文化博物馆和展览馆等处率先引入VR、AR技术，使马文化创意产品提高科技感与时代感。

2. 马具的产业战略布局　支持各地挖掘整理、创新民族马具服饰的设计与生产。鼓励企业结合民族文化，加强内蒙古传统马具服饰的研发与产业化，保护传统手工艺制造技术，加工生产马专用装备，创造民族品牌。

（1）保护手工技艺，寻找结合模式　全面、彻底、深入地开展普查工作，摸清内蒙古地区传统马具制作手工艺人数量，将其制作工艺发生、发展的历史沿革、分布范围，使用工具的具体做法及制作技巧、有无创作口诀、行规等内容做好详细记录。将传统制作工艺进行梳理，以习近平总书记对内蒙古经济高质量发展提出的"四多四少"为指导，本着"保护、传承、发展蒙古族传统民间手工艺文化"的宗旨，以打造马具品牌为契机，寻找马具制作公司化模式和手工作坊模式结合的新模式，提高产业附加值，逐步形成科技密集型产业，走出一条自己的品牌发展之路。

（2）市场化运作，重塑品牌发展　采用园区建设，将原来单个、分散的制作体系有机整合和统一，通过组织优秀的团队，扩大产业规模，以"保护、传承、发展蒙古族传统民间手工艺文化"为宗旨，坚持"经济效益、社会效益"兼顾的服务准则，将民族元素融入其中，提升马具特色，提高马具生产品质，打造民族品牌。

(3) 传承手工技艺，续写草原文化　将普查所获资料进行归类、整理、存档同时做好相关优秀作品的征集工作。从中筛选具有代表性的优秀作品，并将蒙古马具制作技艺传承人和大师请入校园，展示其魅力，组织爱好者，跟师学艺，在条件成熟的情况下，在高校中开设相关专业，将传统技艺传承下去，培养出一代又一代的优秀传承人，避免技艺失传，将蒙古族手工技艺代代传承下去，续写草原文化新时代的篇章。

(五) 人才培养的发展战略布局

推进教育部、高校、行业协会共同制订合理的人才培养体系，建立行业的职业资格证书考评体系和高校的人才培养标准，加强行业协会、高校的广泛合作，打破只培养马房、骑乘、兽医方面的局限性，增设专业 (赛马学、修蹄)、延长培养年限，从高级应用型人才培养向马业相关专业人员的行业资格认定发展；从驯养基地、培训基地向俱乐部协会赛事组织拓展，实现可持续发展。

改变传统人才发展思路，将人才培养、培训产业化，将人才、培训服务商品化，将其作为内蒙古现代马产业化发展的有机构成，以人才培养、培训产业促进赛马、马术和娱乐骑乘用马市场的扩张，以马匹市场化推广带动现代马业人力资源市场发展。建立马产业培训中心，对马产业中涉及的育种、繁殖、饲养管理、调教、疫病防治等相关人员进行系统的技术培训及资质认证，提高从业者专业素质。

1. 饲养及驯马人才基地建设　以现有高校、科研院所和马术学校为基础，推进竞技型马业人才的产业化、商业化运营，拓展与世界先进国家、协会的交流合作，建设面向全国及日、韩市场的竞技型马业人才培训基地和竞技马繁育、管理、赛事组织等科技研发基地，占据国内马业发展的科技制高点。

2. 繁育及商品化人才培养体系建设　联合区内科研院所，整合盟市旗县畜牧服务机构和社会服务组织，借助地方就业培训、辅导机构力量，以旅游休闲骑乘马繁育基地为发展中心，构建旅游休闲骑乘马繁育及商品化人才培养体系；将这些人才纳入自治区农牧业与农村牧区实用型人才体系建设和农牧业科技带头人体系建设。打造服务于旅游休闲市场的专业化劳动力供给基地，带动娱乐用马市场的高水准发展。

3. 马产品产业化研发基地建设　将马产品产业化开发列为自治区科技研发项目，支持生物科技、食品科技研发的高校和科研院所开展马产品产业化研发的科技攻关。鼓励成立企业化运作的研发实体，整合全社会力量建设马产品产业化研发基地。建设规范的规模化养殖示范小区，达到国际马生物制品基地建设认证标准，为农牧民饲养提供示范和技术。

下篇

内蒙古盟市马产业发展路径

第七章

呼和浩特市马产业发展路径

呼和浩特市作为内蒙古自治区政治、经济、文化中心，具有文化发展、产业研究、人才培养等优势，随着我国经济的高速发展，一部分人对马业休闲娱乐、健身等有了新的要求，因此，发展马产业，不但能带动内蒙古经济、政治、旅游、文化的发展，而且能推动农业、畜牧业的产业结构调整，提高自治区的竞争力。发展马产业，必将成为内蒙古自治区经济发展新的增长点。

一、呼和浩特市马产业发展条件

1. 地理位置　呼和浩特市位于内蒙古自治区中部，西与包头市、鄂尔多斯市接壤，东邻乌兰察布市，南抵山西省。全市总面积 17 224km²。地处环渤海经济圈、西部大开发、振兴东北老工业基地三大战略交汇处，是连接黄河经济带、亚欧大陆桥、环渤海经济区域的重要桥梁，是中国向蒙古国、俄罗斯开放的重要沿边开放中心城市，也是东部地区连接西北、华北的桥头堡。同时也是中国北方重要的航空枢纽。

2. 交通条件　呼和浩特市通往其他省市的交通发达，高速公路已建成使用，可以直达周边各市以及银川、兰州等地，呼准高速、京藏高速横贯全市；铁路四通八达，基本覆盖全国城市，从呼和浩特乘坐火车最远能够抵达德国法兰克福，北京至呼和浩特高速铁路通车后将呼和浩特到北京的时间缩短到 3h；呼和浩特白塔国际机场是内蒙古第一大航空枢纽，通航城市 80 个。良好的区位优势、便利的交通条件，使得内蒙古自治区拥有马产业发展的良好前景和市场，具有吸引京津冀及东三省乃至全国中高收入阶层中爱马人士成为自治区马产业客户的潜力。

3. 气候条件　呼和浩特市属于典型的蒙古高原大陆性气候，四季气候变化明显，年温差大，日温差也大。其特点：春季干燥多风，冷暖变化剧烈；夏季短暂、炎热，是降水最多的季节，7 月和 8 月的降水约占全年降水的 50%，7 月是一年中最热的月份，平均温度在 22℃左右，并不算高；秋季降温迅速，常有霜冻，比较凉爽，日照充足；冬季大概 4 个月左右，严寒、少雪。因为夏季比较凉爽，又是草原最好的季节，因此吸引大批游客来呼和浩特市旅游避暑，带动了休闲骑乘马业的发展。

4. 文化条件　呼和浩特市是中国传统马文化之都，有着得天独厚的自然条件、传统悠久的马文化历史，是华夏文明的发祥地之一，是胡服骑射的发祥地，是昭君出塞的目的地，是鲜卑拓跋的龙兴地，是游牧文明和农耕文明交汇、碰撞、融合的前沿。蒙古族历来被称为"马背上的民族"。世世代代在草原上过游牧生活的蒙古民族，其生产劳动、行军作战、社会生活、祭祀习俗和文学艺术中，几乎都伴随着马的踪影，听得到马蹄的声音。由此，就自然而然地在民族生活中形成了多姿多彩的马文化，蒙古族的文化中有着太多关于马的节日习俗和文学艺术形象等。如蒙古族的马头琴、马文化全景剧、马文化博物馆等都体现了马文化的丰富内涵。

二、呼和浩特市马产业发展概况

近年来，呼和浩特市马产业较其他产业的发展较慢，马匹数量较少，马匹品种单一，作为内蒙古极具地方特色和优势的蒙古马资源优势正在弱化。传统的那达慕赛马、旅游骑乘、马产品的生产与销售等效益不佳，再加上政策影响，现代赛马发展缓慢，高标准的赛事活动很少，培育出的赛马没有市场，养马积极性受到很大影响。今后呼和浩特市可集中资源发展现代赛马业，例如，马术表演、康复教育及休闲骑乘等。

1. 马群结构及分布

（1）马群结构情况　呼和浩特市马匹数量较少，但近几年呈现逐年增长趋势，2017年呼和浩特市共存栏马匹1 562匹，2018年存栏1 636匹，2019年存栏2 459匹。马品种资源单一，主要有改良蒙古马和蒙古混血马，两种马共计988匹，还有国外马种和国内其他马种，主要有英纯血马、温血马、伊犁马等。具体情况见表7-1。

表7-1　2017年呼和浩特市主要马品种资源统计情况

序　号	品种名称	数量（匹）	基本特点	主要用途	是否建立保护区、保种区
1	英纯血马	88	速度赛马	专业赛事、繁育	是
2	温血马	16	障碍赛、马术培训	马术培训、繁育	否
3	舍特兰矮马	4	马匹矮小	马术培训	否
4	改良蒙古马	545	有耐力、速度	马术培训、改良	是
5	伊犁马	8	骑乘用马	马术培训	否
6	蒙古混血马	443	赛马、易饲养	赛马、马术	是
7	新西兰纯血马	11	速度快	赛马、马术	是
8	爱尔兰迷你马	2	温驯	观赏	是
9	德保矮马	2	温驯	观赏	是

数据来源：调研统计。

（2）旗县区马匹情况　呼和浩特市的马匹主要分布在各旗县，截至2015年，各旗县的马匹分布不均，其中和林格尔县较多，（图7-1），五个旗县共占总量的65%左右，主要有英纯血马、温血马、舍特兰矮马、改良蒙古马、伊犁马；各辖区马匹数量占总量的35%左右，其中玉泉区马匹数量明显多于其他辖区。

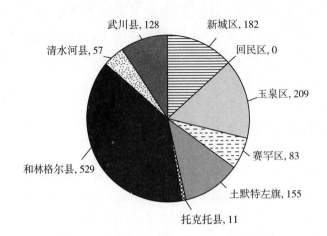

图7-1 2015年呼和浩特市各旗县区马匹数量分布
（引自《呼和浩特统计年鉴2016》）

2．马业协会

（1）内蒙古自治区马业协会 内蒙古自治区马业协会于2009年8月在呼和浩特市成立，其宗旨是发展国内、外经济技术协作、信息交流、咨询服务及学术研讨等活动，弘扬民族文化，全面提高内蒙古自治区马业技术、经济和经营管理水平。截至2017年年底已经建立了竞技马新品系培育基地、蒙古马保种基地，着手建立纯血马发育基地，同时开展了许多相关活动。协会的成立必将对内蒙古自治区马产业的发展起到重要的作用。

（2）阿勒腾马业协会 为了传承民族文化，促进土默特左旗马文化事业的发展，引领民众增强环保生态意识，热爱和保护动物，由各家养马、爱马、喜爱骑马的联合团体共同发起，于2016年12月16日成立了土默特左旗"阿勒腾马业协会"。土默特左旗历史文化悠久，存在深厚的蒙元文化和民族情怀，土默特人对马的热爱更是情有独钟。马在800多年前，就是人们重要的生产、生活来源和交通运输工具。特别是在阿勒坦汗时期，建立起大量的马交易市场，对推动土默特左旗生产力的发展起到了很大的作用。

土默特左旗阿勒腾马业协会是由土默特左旗农牧业局主管的社会团体，截至2017年，有协会会长1人、副会长6人、秘书长2人、会员64人、马600多匹。马业协会的目标是传承民族文化，组织各项赛马活动，发展蒙古纯血马种繁育，马匹交易，举办比赛事宜和赛马、养马、马球、射箭、摔跤等传统体育竞技活动，推动土默特左旗的经济发展。

3．马术俱乐部 截至2018年，呼和浩特市马术俱乐部有十余家，规模较大的马术俱乐部有4个，分别是蒙骏国际马术俱乐部、大漠马术俱乐部、贝多美乐马术俱乐部、奥威蒙元国际马术俱乐部。

（1）蒙骏国际马术俱乐部 内蒙古蒙骏国际马术俱乐部是呼和浩特市唯一一家高端

马术休闲骑乘会员俱乐部，是中国马术协会俱乐部会员、内蒙古马业协会理事会员、呼和浩特马业协会发起人。2010 年 8 月 16 日，经内蒙古马业协会、呼和浩特市农牧业局批准成立的呼和浩特市马业协会，是全区从事马业工作的单位和个人自愿结合而成的行业性非盈利性的社会组织团体。俱乐部位于内蒙古呼和浩特市土左旗沙尔沁镇，占地面积 106.67 万 m^2，拥有 1 600m 国际标准沙道，4 000m^2 标准障碍场地、调教场地、运动场地，2 000m^2 配套服务场地，3 000m^2 骑乘场地等完善的设施，引进国内名马、国外纯血马 50 多匹，拥有多名优秀骑师、资深马术教练，其中相当一部分参加过全国大型比赛，并多次取得优异成绩，是内蒙古自治区内规模较大、设施齐全、档次较高的集骑术培训、马术比赛、休闲娱乐于一体的高级会所。会所建有前台、休息厅、马具展示厅、酒吧、生态餐厅、星级客房、各种康体娱乐设施及多功能厅等。马房包括标准马厩和母仔马房、鞍具房、马匹淋浴厅、马匹钉蹄房、马匹医疗室、备鞍区等，各类配套设施齐全。2012 年 8 月，由呼和浩特市马业协会主办，企业赞助的 2012 年全国速度马大赛就在蒙骏国际马术俱乐部举行。

(2) 大漠马术俱乐部　大漠马术俱乐部，位于呼和浩特市玉泉区小黑河镇新村东口，园区占地 80 万 m^2，赛马场全长 1 200m，设有竞技场、赛马跑道、看台，同时可以进行传统那达慕的各种特色活动，是具备进行各种马上竞技表演、摔跤、射箭、斗兽、狩猎的多功能活动场所。大漠俱乐部致力于推动马术运动在呼和浩特市的普及和发展及马种改良，蒙古马种群保护。促进了呼和浩特市马业、马文化、文化旅游产业的发展，推进马种繁殖和培育技术提升，培养马业技术专业人才。

(3) 贝多美乐马术俱乐部　贝多美乐马术俱乐部成立于 2010 年，位于呼和浩特市巴彦镇河西路滕家营村口，总占地面积 2.3 万 m^2，截至 2017 年年底拥有血统优良的霍士丹、汉诺威、奥登堡、特雷克纳、梅克伦堡等不同等级的德国温血舞步马、障碍马以及进口纯血马、汗血马共 30 余匹，是集体验马术、长期骑马、马匹寄养、休闲骑乘、特色餐饮、露天烧烤、户外场地、婚庆礼仪、马车马队、亲子园区、原始蒙古婚礼车队等一系列与内蒙古草原、内蒙古人民、风情风土息息相关的项目，并不定期组织马术表演和会员马术比赛。

(4) 奥威蒙元国际马术俱乐部　奥威蒙元国际马术俱乐部于 1992 年成立，位于呼和浩特市和林格尔县盛乐镇七杆旗行政村，占地 102.8 万 m^2，是集文化、体育、旅游、养老为一体的综合性马文化产业园。2017 年，俱乐部拥有温血马 4 匹，纯血马 16 匹，蒙古马、半血马 30 匹。区内建有可容纳两万名观众的赛马场和现代化的马舍、育马基地、马具加工厂、马术学校、马术俱乐部等，正在建设可进行室内马术表演、马戏表演、马球表演的多功能演艺大厅及马文化博物馆、马文化创意中心。

4. 马产业基础设施建设情况　呼和浩特市先后建成了内蒙古赛马场、少数民族群众文化体育运动中心等设施。内蒙古赛马场是 1959 年为庆祝中华人民共和国成立 10 周年与迎接内蒙古自治区第一届运动会而建的，于 1987 年建成。坐落在呼和浩特北郊，周长 2 500m，里圈 2 000m，占地 30hm^2，是亚洲最大的赛马场之一。比赛场地内，分别设有障碍马术场、技巧表演场、标准环形速度赛马跑道等，可同时进行多个比赛活动。赛马场东西长750m，南北长405m，跑道呈椭圆形，宽18m，周长2 000m。整个赛马场外可供10万人观看比赛，另附设12个贵宾休息室、2个健身房、45间运动员宿舍、会议室、游艺厅、展览厅等。该场现已成为世界著名的主要赛场之一。1959年在这里举办了第一届全国运动会的赛马、马球等项目，1982年全国少数民族运动会的赛马项目均在这里举行。不少国内外旅游团队来到呼和浩特市，在当地旅行社的组织下，可以在内蒙古赛马场观赏到内蒙古马术队表演的精彩节目：马上体操、乘马斩劈、马上射击、射箭、轻骑赛马、马上技巧等蒙古民族的传统体育节目。自治区的马术队经常在这里训练和表演，表演项目有乘马斩劈、马上技巧、乘马混合障碍、马球比赛等。这里还经常举行大型马术比赛和群众集会。

内蒙古少数民族群众文化体育运动中心是内蒙古自治区成立70周年庆典活动的主会场，还是呼和浩特市重要的公益性民生基础设施，总占地139.47万 m²，总建筑面积7.29万 m²，建筑风格融合了草原风情及现代元素，以曲面的造型为主，立面简洁明快，线条流畅。主体建筑立面采用蒙古包、哈达、吉祥绘纹，形似草原搏克手的盔甲战袍、又好像腾飞的雄鹰。马厩立面以两坡顶为主，同时屋顶也设计成蒙古包的造型与主体建筑相呼应。建设内容包括看台主建筑、标准赛道、马厩及停车场等，其中看台主建筑内除了具备国际赛马标准的所有设施外，还包含演艺大厅、搏击馆、马文化博物馆、射箭馆等。

5. 现代赛事活动开展情况

（1）内蒙古马术节　从2014年起，自治区体育局通过品牌赛事＋民族特色体育活动结合文化、旅游、经济等工作着力打造"内蒙古（国际）马术节"。活动包括马术比赛、马术表演、风情马展、马产业高峰论坛等。2017年8月12日，第四届内蒙古国际马术节在呼和浩特市开幕，以内蒙古赛马场为主赛场，并在呼伦贝尔市、通辽市、兴安盟、赤峰市等9地的分赛场举行系列马术比赛。9月下旬，在9个分赛场举行的速度赛马比赛中成绩名列前茅的"人马组合"还参加了在主赛场举行的年度总决赛——马王争霸赛。马术节的举办扩大了内蒙古马文化的影响力，打造具有民族特色和地域特点的体育品牌赛事与体育旅游节庆活动，成为拉动自治区经济发展的助力。

（2）中国速度赛马大奖赛　中国速度赛马大奖赛自创办以来，稳步发展，逐步形成了内蒙古、新疆、山西、贵州、四川五大赛区。2017年，又在内蒙古赛区增设了呼和浩特站，赛事运作朝着更加国际化、规范化的方向发展。2017年中国速度赛马大奖赛内蒙古赛区呼和浩特站比赛，于7月22日在内蒙古呼和浩特奥威蒙元马文化生态旅游区赛马场拉开序幕。本次比赛以"马上行·丝路游"为主题，由中国马术协会、内蒙古自治区体育局、内蒙古自治区体育总会主办。此次大赛为国家级比赛，共设8个项目，为"阳光睿智"1 000m短途速度赛，"威尔浪杯"5 000m长途赛，"和林格尔杯"1 000m短途速度赛，"缘缘体育杯"2 000m速度赛，"晨峰体育杯"1 000m短途赛，"奥威蒙元"

1 000m短途赛，"奥威杯"2 000m速度赛，"体彩杯"3 000m速度赛。赛事吸引了来自北京、山西、河北、内蒙古、辽宁、云南等地的14支代表队报名参赛，参赛马匹达百匹，总奖金60万元。

6. 人才培养 中国马业的发展，人才培养是关键。内蒙古马术学校和内蒙古农业大学兽医学院为马产业的发展输送了大量专业人才，有教练员、调教师、科研人员、骑手、饲养员和马医师等人才。

（1）内蒙古马术学校 内蒙古马术学校始建于1956年，坐落于内蒙古呼和浩特市大青山南麓，与京包公路、呼包高速公路相邻。距离白塔机场15km。道路宽敞，交通十分便利。学校办公及训练区域占地面积56 500m²，设有奥运会项目：马术（场地障碍和盛装舞步）、射击、摔跤（古典）、击剑，全运会项目速度赛马以及民族传统项目表演马术。截至2017年，马术学校有教练员，男、女运动员、管理及服务人员，共计350多人。纯血马39匹、温血马15匹、国产良驹30匹、用于育种的基础母马9匹、幼驹30匹。马匹数量堪称国内各专业队、俱乐部之首，足以保证正常训练竞赛的进行。厩舍区域占地面积1 350m²，建有与训练相配套的设施、先进的标准马舍（房）数座，科学的饲养管理为马匹提供了舒适的生存环境和条件。与之相配套的还有大型草料库、配料室、兽医室、马鞍房等附属设施。

（2）内蒙古农业大学兽医学院 内蒙古农业大学兽医学院，是内蒙古农业大学中师资力量强、招生人数多的学院之一，开设的动物医学专业－马兽医方向是全国唯一的毕业后可从事运动马兽医诊疗的专业方向，为自治区和全国培养了大批专业人才。2010年内蒙古农业大学设立了马术技师专科专业，为现代化赛马业培养骑手、练马师、修蹄师和马兽医等技能人才。2013年起，陆续派出多名教师赴香港马会进修，进修期间各位老师接触到了许多该行业最先进的仪器设备，了解了马兽医方面的最前沿的治疗手段，为促进马兽医专业的发展，更好地培养人才发挥了重要作用。2014年，世界汗血马协会特别大会暨中国马文化节在北京召开，兽医学院马兽医专业和职业技术学院运动马驯养与管理专业学生的师生组成105人的志愿者团队，参与了本次大会的兽医技术与马匹饲养管理服务工作，还有部分指导教师和学生志愿者在北京继续完成汗血马的马房管理、马匹饲养、马匹护理及马匹训练等任务。

7. 产业科技支撑体系研究情况 2010年成立的"内蒙古马业科学研究与开发应用"创新团队，是内蒙古农业大学13个校级科技创新团队之一。团队利用现代分子生物学理论，积极探索把分子数量遗传学应用于马的遗传育种和马业生产中，将蒙古马的有关独特遗传基因序列登录在GenBank 100多个，并于7月26—30日在英国爱丁堡大学召开的世界遗传学大会上宣读了"蒙古马白毛色基因的遗传机制"学术论文，这一成果理论意义重大，为今后白色马匹可以参加国际赛马比赛提供了理论依据。

2010年，内蒙古农业大学建立"马属动物遗传育种与繁殖科学观测实验站"，成为"农业部畜禽综合重点实验室"下设的7个野外科学观察试验站之一。建成了国内第一个马数据库,在国际基因银行登录了近百个基因序列。

2010年,内蒙古农业大学成立"内蒙古农业大学马研究中心",该中心被选入内蒙古农业大学首批组建的11个研究中心之一,协会秘书长芒来教授任该中心主任。这一举措为内蒙古自治区建立"内蒙古马业研究中心"(包括自然科学和人文科学两个部门)打好了基础。

内蒙古农业大学近年来承担了一批省部级以上关于马的科研课题,发表论文100多篇,出版专著8部,在马科学、马产业和马文化等马业领域积累了丰富的理论和科研知识,以及宝贵的实践经验,为马科学的研究和马业产业化奠定了深厚的理论基础。

8. 呼和浩特市马产业指标分析

(1)构建民族马业集约度指标体系 本研究选取了马产业生产体系、文化体系和政策体系三个方面作为项目层,选取了马匹总数、草原覆盖率、马产业相关赛事总数、马相关医疗卫生人员比率和第三产业总值指数等17个指标来构建呼和浩特市马产业集约化发展的评价指标体系,见表7-2。

表7-2 马产业发展评价指标体系

目标	项目层	指 标	计算或统计说明	功效性
呼和浩特市马产业发展程度	马产业生产体系	马匹总数	研究区各旗县区的总马匹数	+
		运动马总数	研究区各旗县区的运动马匹数	
		娱乐运动马总数	研究区各旗县区的娱乐运动马匹数	
		草原覆盖率	各旗县区草原覆盖面积 / 研究区草原覆盖面积	+
		牧业总值	2015年各旗县牧业总值	
	马产业文化体系	马文化建设场馆及公园总数	研究区各旗县区马文化场馆和公园数	+
		马产业相关赛事总数	研究区各旗县区马产业相关赛事和那达慕大会总数	+
		教育文化娱乐比率	研究区各旗县区马相关教育文化娱乐总数 / 研究区马相关产业教育文化娱乐总数	
		马产业马主人数	研究区各旗县区马主人数	
		马产业训练师人数	研究区各旗县区训练师人数	
		马产业马医师人数	研究区各旗县区马医师人数	
		马产业专业骑手人数	研究区各旗县区专业骑手人数	
		马文化建设俱乐部总数	研究区各旗县区马文化俱乐部数	
	马产业政策体系	盟市级马相关称号总数	研究区各旗县区盟市级及以上马相关称号数	+
		马相关医疗卫生人员比率	研究区各旗县区马相关医疗卫生人员人数 / 研究区马相关医疗卫生人员总人数	
		政府扶持资金率	研究区各旗县区马产业扶持资金额 / 研究区马产业总资金	+
		第三产业总值指数	2015年各旗县第三产业总值指数	

文中使用的数据资料一部分来源于 2016 年《呼和浩特市统计年鉴》，一部分来源于呼和浩特市各旗县区 2016 年统计年鉴，还有一些补充数据是通过实际调查获得的。

（2）民族马业发展评价方法

TOPSIS 模型原理　TOPSIS 法是 C.L.Hwang 和 K.Yoon 于 1981 年首次提出，TOPSIS 法是根据有限个评价对象与理想化目标的接近程度进行排序的方法，是在现有的对象中进行相对优劣的评价。TOPSIS 法是一种逼近于理想解的排序法，该方法只要求各效用函数具有单调递增（或递减）性就行。TOPSIS 法是多目标决策分析中一种常用的有效方法，又称为优劣解距离法。其基本原理，是通过检测评价对象与最优解、最劣解的距离来进行排序，若评价对象最靠近最优解，同时又最远离最劣解，则为最好；否则不为最优。其中，最优解的各指标值都达到各评价指标的最优值，最劣解的各指标值都达到各评价指标的最差值。

模型计算步骤　设有 n 个旗县参与评价、m 个旗县马产业发展评价指标，将评价指标数据可写为矩阵 $X=(X_{ij})_{n \times m}$。分别对高优（正向性指标）、低优（负向性指标）指标进行标准化处理，即：

$$Z_{ij} = \frac{X_{ij}}{\sqrt{\sum_{i=1}^{n} X_{ij}^2}} \quad 或 \quad Z_{ij} = \frac{1/X_{ij}}{\sqrt{\sum_{i=1}^{n} (1/X_{ij})^2}}$$

标准化之后得到新矩阵，对各列最大、最小值构成的最优、最劣向量分别记为：

$$Z^+ = (Z_{max1} Z_{max2} Z_{max3} \cdots Z_{max\,m}) \qquad Z^- = (Z_{min\,1} Z_{min\,2} Z_{min\,3} \cdots Z_{min\,m})$$

第 i 个评价对象与最优、最劣方案的距离分别为：

$$D_i^+ = \sqrt{\sum_{j=1}^{m} (Z_{max\,j} - Z_{ij})^2} \quad 和 \quad D_i^- = \sqrt{\sum_{j=1}^{m} (Z_{min\,j} - Z_{ij})^2}$$

第 i 个评价对象与最优方案的接近程度 C_i（值越大，综合效益越好）为 $C_i = D_i^- / (D_i^+ + D_i^-)$

最终按照 C_i 值的大小排序，得到呼和浩特市民族马业发展集约度综合评价结果。

（3）结果与分析　将呼和浩特市 5 个旗县和 4 个区的 17 项马产业发展指标输入 TOPSIS 模型进行计算，按照 C_i 值的大小排序结果见表 7-3。

表 7-3　呼和浩特市各地区马产业发展综合水平排序

旗县地区	新城区	和林格尔县	托克托县	土默特左旗	清水河县	武川县	赛罕区	回民区	玉泉区
C_i	0.61	0.43	0.36	0.30	0.26	0.24	0.25	0.15	0.14
排序	1	2	3	4	5	6	7	8	9

通过 TOPSIS 模型计算结果可知，按照 C_i 值大小排序，马产业发展集约化程度与城

镇化水平、马匹品种特性分布存在一致性。新城区、和林格尔县等地马业发展集约化程度高。新城区拥有内蒙古赛马场、内蒙古少数民族群众文化体育运动中心等大型基础设施，具有举办国际赛事的优势，可以据此发展现代赛马，骑射等项目；和林格尔县拥有奥威蒙元马文化生态旅游区赛马场，2017年中国速度赛马大奖赛内蒙古赛区呼和浩特站比赛曾在这里举办，具有发展现代马业的优势。武川县、清水河县、玉泉区等地马产业发展集约化程度低。

三、呼和浩特市马产业发展存在的问题

从以上分析可以看出，呼和浩特市发展马产业，在区位优势、历史传统、旅游资源、基础设施、人才培养、马文化等方面具有独特的优势和条件，但在马产业发展的过程中，还存在着很多不可忽视的限制因素。

1. 马匹数量逐年递减，资源优势面临挑战　近年来，呼和浩特马产业较其他产业的发展较慢，马匹数量呈逐年递减趋势，作为内蒙古极具地方特色和优势的蒙古马资源优势正在弱化。如图7-2所示，2005年马数量达到6 000多匹，随后一直递减，直到2008年有所上升，随后一直呈下降趋势，到2015年，呼和浩特市的马匹数量仅有不到1 500头。今后呼和浩特市的马产业治理首先应从源头治理，引进并自主培育马匹，以解决马资源紧缺问题。

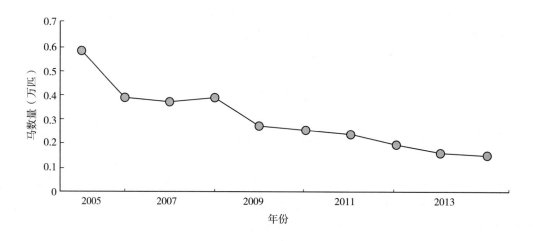

图7-2　呼和浩特市马数量统计

（数据来源：2006—2014年《内蒙古统计年鉴》）。

2. 效益下降，养马积极性受到影响　随着畜牧业和军事现代化的推进，马的农用和军用功能不断弱化，内蒙古自治区从20世纪80年代开始牧区实行草畜"双承包"责任制，在大量建设网围栏草场的情况下，马群的自由自在放牧受到了限制，给传统群牧方式发展养马业带来很大困难，无法大批量养马；传统的那达慕赛马、旅游骑乘、马产品销售等效益不佳，再加上政策影响，现代赛马发展缓慢，高标准的赛事活动很少，培育

出的赛马没有市场，养马积极性受到很大影响。

3. 缺乏可行的发展规划，科技投入较少　呼和浩特市农牧业发展规划系统中，缺乏马业的科学、完整、可行的产业化思路、整体规划、战略性措施和扶持政策，造成不同时期的市场导向不确定性；对如何发展现代马产业缺乏积极的探讨和系统研究，发展思路不清晰。此外，与其他畜种科技投入相比，在马业方面的科技投入比例很低，这无疑限制了马产业的发展。

4. 产业化程度发展滞后，没有形成规模化养殖和产业化经营　马产业综合开发和利用能力不高，缺乏对马产业有较大影响力和带动力的龙头企业，现有育马企业、赛马场、马术俱乐部和马产品加工企业，生产规模偏小，影响力和带动能力较弱，市场开拓不足，还未形成大规模商业化运作、商品化生产的局面。缺少马业展览、大型赛事、马拍卖交易以及马文化传播的平台和窗口，马业信息化服务建设滞后，产业链短，市场化程度不高，马产业的发展潜力没有得到充分发挥。

5. 生产基础薄弱，缺乏优质马匹　马业生产依然采取靠天养畜、逐水草而居的方式，生产分散，规模小，饲养管理科技含量不高。马的改良体系呈现出良种场规模小，种群退化，良种马和生产母马比重失衡，繁殖成活率低，马匹改良育种中优秀公马的数量和质量难以得到保证。因此，必须加快发展马匹规模化养殖，形成规模效应，改善马匹质量，节约养殖成本。

6. 技术人才缺乏　马业的发展，人才培养是关键。内蒙古马术学校和内蒙古农业大学兽医学院为马产业的发展输送了专业人才，但这远远不能满足现代马产业发展的需求。截至2017年年底，兽医、骑师、营养师、调教师等马产业人才仍然不足。此外，现代赛马业的经营管理缺乏也制约了马产业的发展。

四、呼和浩特市马产业发展思路

1. 加大赛马场和赛事品牌建设，推进赛马产业发展　伴随着人们物质生活水平的提高，精神层面的需求也在不断提升。赛马是表现蒙古族文化的重要体育、文化活动之一，它的发展不仅对推动草原文化的发展、满足人们精神文化生活的需要起着重要作用，而且能更大程度地促进当地经济的发展，解决就业，促进人民增收。因此，需要做到以下几点：

（1）加大基础设施的建设　除了呼和浩特赛马场、少数民族群众文化体育运动中心外，要重点规划建设2～5个功能齐全、设施完善、与国际接轨的核心赛马场，开展常态化、专业化赛马活动，并承揽举办区内外重要马竞技赛事，积极创建一批国内一流、国际瞩目的品牌赛事，提升内蒙古赛马商业价值和马业影响力。

（2）加强对外联系与合作　马产业的发展壮大必须注重与国际市场接轨。积极与国内外大型马会合作，如美国赛马会（The Jockey Club）、香港马会，建立基于赛事组织和技术共享为基础的合作关系，学习他们先进的赛事运营管理经验和培育技术，聘请赛事运营机构或团队，对赛事进行运营管理。

（3）积极开展丰富多彩的活动　通过外引内联、合资组建等模式发展马术俱乐部，结合内蒙古自治区特有的赛马文化，组织承办大型商业性赛马活动及国家级各类民族体育赛事；定期开展民族赛马、现代马术、休闲骑乘及民俗表演等，以不断发展的赛马体育产业拉动其他产业向前发展。

2. 加大马产业的宣传力度　加大宣传力度，在广播、电视、报纸开设马文化及马术表演、赛马运动专栏，通过赛事报道、名人专访、骑乘休闲、马系列产品展播、马文化艺术创作等专题，全方位展示内蒙古的马文化，同时植入赛事信息，发布赛马相关活动内容，直播、转播国际国内精彩赛事。打造内蒙古马术节、内蒙古马术联赛等具有知识产权的比赛，形成集体育、旅游、文化于一体，开发马主体福利彩票等市场化运作的赛马运动品牌，形成品牌效应。

3. 加大科研基地建设力度　为了加快推进实施马产业创新驱动发展战略、推进呼和浩特市马产业科技保障水平，可以依托内蒙古农业大学兽医学院建设科研实践基地，建立实验室，作为高层次人才创新创业的重要载体，发挥内蒙古农业大学的人才技术优势，引导人才到科研实践基地开展高水平、实用型的科技项目研究，这对促进马产业的产学研结合和科技成果转化具有重要的推动作用。

4. 建立蒙古马保种及竞技马新品系培育基地　鉴于国内对蒙古马遗传资源的研究、保护力度不够的实际，可依托马业协会建立蒙古马保种基地，采用国际最先进的保种技术，科学有效地保护和利用蒙古马遗传资源。截至2017年年底，已经建立了蒙古马三个不同类群的蒙古马保种基地：阿巴嘎旗阿巴嘎黑马保种基地、西乌旗白马保种基地和乌审旗乌审马保种基地。

此外，可以在内蒙古自治区相关部门的支持、指导和协调下，建立竞技马新品种培育基地，积极引进国外优良竞技马种（英国纯血马和萨特尔马），对现有蒙古马杂种马进行定向选育，着力培养耐力强、速度快的竞技马新品系，逐步推进呼和浩特市由传统马业向现代马业过渡。

5. 发展旅游休闲骑乘马业

（1）培育旅游休闲骑乘马业市场　呼和浩特市旅游业近年保持了快速、健康的发展势头，每年游客的增长率保持在13%左右，2016年，共接待游客3458万人次，实现旅游总收入617亿元，旅游人数、旅游收入两项指标均位居全区第一。在旅游景区组织完善马队接送、骑马、马车、马术表演等观赏项目，在旅游景区设置马文化展示场所，开发具有民族特色的马文化旅游纪念品等，促进马文化与旅游业有机结合、一体化开发，发掘民族马文化的丰富内涵，发挥悠久的草原文化优势，打造马文化特色旅游区及精品线，形成"体现草原文化、独具北疆特色"的旅游观光、休闲度假基地。

以呼和浩特市为中心，在城市周边建设马术俱乐部、马场，为城市生活提供休闲娱乐场所和体育运动场地，开拓休闲骑乘马业市场。在人流稠密的旅游景区建设小型跑马场、马术娱乐场，扩大娱乐骑乘马应用市场，宣传、普及马文化，为城市居民和往来宾客提供娱乐、休闲、体育、健身活动场所。

（2）建设旅游休闲骑乘用马繁育驯养基地　以重点旗县区为单位，整合地方畜牧业服务体系、兽医防疫体系和农牧民生产专业合作社等社会资源，发挥重点区域蒙古马种质资源优势和草地资源优势，针对旅游休闲骑乘用马市场，统一调配草场、公共投入资金等资源，以农牧民为主体，以草场权益和养驯马收益为纽带，发展现代农牧业经营组织，组建以蒙古马为基础的繁育种群，建设旅游休闲骑乘用马繁育、驯养基地，以此吸引游客。

6. 发展现代赛马产业　呼和浩特市的经济正在逐年的稳步发展，群众的收入与支出也在稳步提高，这说明人们有更多的消费选择。随着城市化进程的加快，人们对健康的重视和精神生活的需求正好与赛马的天然属性相吻合，也就促进了呼和浩特市现代赛马的发展。呼和浩特市暂时还没有属于自己的赛马职业俱乐部，赛马运动文化产业的建立正好弥补了人们对大型赛事期望的空白，也必将吸收大量消费人群，而赛马运动文化产业并不是单一形式的发展，将以多元化、产业化的管理模式生产发展，这样的管理模式不仅避免了单一消费群体的长期视觉疲劳，也加强了产业生产能力和持久力。与旅游产业结合，增加消费人群和保持新鲜感。与食品加工业和餐饮业结合，加强产业消费宽度、多种渠道经营，避免赛马产业周期性的赛事低谷。如南湖湿地和蒙古风情园中的赛马俱乐部中，人们可以认养赛马，马匹的所有权归属认养者，每匹赛马的认养费根据马匹的种类和身体形态不等，少则 5 万～6 万元，多则上百万元，并且每年还要支付饲养费，在每年的赛马赛事活动中，认养者可以以个人名义参赛，获得奖励也属于个人。这也是促进赛马产业经济发展的合理方式。发展赛马彩票业有利于资金回收，开发和保障基本条件设施的建设。这些都将使赛马运动文化产业积极地向前发展，增加产业的耐久力和抗压能力。

在与众多产业结合发展中必然会产生较大的利润，同时也会对呼和浩特市经济的稳定性起到一定的作用，并且增加政府税收和资金回笼，有利于发展呼和浩特市的经济基础设施建设。与此同时，赛马运动文化产业"链条"的发展必将吸引大批外资注入，扩大呼和浩特市的经济发展范围，增加经济输出与引进渠道。赛马运动文化产业的发展不仅对呼和浩特市经济实力和基础有所提高，还对其经济的发展起到推广和桥梁的作用。

7. 搭建内蒙古马文化和马产业发展的交流平台　自治区马业协会，应通过定期或不定期举办马业座谈会和论坛等多种形式，汇聚各方力量，广泛交流，深入探讨，为自治区马文化和马产业的发展出谋划策，探索符合我国特色的产业发展之路。对于科技含量高且外销型为主的产品生产，如结合雌激素、孕马血清促性腺激素产品生产，应引进国内外先进技术和资金，开发科技含量高、附加值高的产品。

8. 马业人才培养培训产业　改变传统人才发展思路，将人才培养、培训产业化，将人才培训服务商品化，将其作为内蒙古现代马业产业化发展的有机构成，以人才培养、培训产业促进赛马、马术和娱乐骑乘用马市场的扩张，以马匹市场化推广带动现代马业人力资源市场发展。建立马产业培训中心，对马产业中涉及的育种、繁殖、饲养管理、调教、疫病防治等相关人员进行系统的技术培训及资质认证，提高从业者专业素质。在内蒙古农业大学兽医学院和内蒙古马术学校开设马产业专业选修课程，并与国内马术学校合作，通过委培方式加快培养本土专业骑手，全力提高呼和浩特市骑手的整体骑术水平。

（1）饲养及马兽医人才基地建设　以现有高校、科研院所和马术学校为基础，推进竞技马人才的产业化、商业化运营，拓展与世界先进国家、协会的交流合作，建设面向内地及香港、澳门，以及日本、韩国市场的竞技马业人才培训基地和竞技马繁育、管理、赛事组织等科技研发基地，占据国内马业发展的科技制高点。

①马术调教师：负责帮助马主调教饲养、照看和训练马匹，使马匹在最佳状态下参加比赛，并且熟练掌握训练马匹的全部技巧。

②马兽医：能够针对运动马的特点进行各种疾病的预防、马匹麻醉与手术消毒，掌握中西医结合治疗法并能及时诊断、治疗常见的运动马疾病。

③马房管理员：在马匹调教师的指导和要求下，进行马的日常饲喂和锻炼，并对马厩及时进行清扫，熟悉马房设备设施及各种工具的使用方法；熟悉马房管理规定、日常工作流程、马房员工行为规范及工作人员的配置情况；熟悉各种马的生活习性，掌握马喂养、护理的方法；掌握马疾病预防和常见疾病的处理方法；熟悉马饲料的种类及特点；掌握不同饲料的调配方法、马匹营养配餐的方法，掌握饲料的存储与管理方法。

④助理马兽医师：针对运动马的特点进行各种疾病的预防，对运动马日常活动提出合理的保健措施，能够对运动马健康状况及时检查并能治疗常见的运动马疾病。

⑤骑手：辅助马匹调教师，骑乘驾驶马匹参加日常调教和比赛训练，能够熟练掌握各种比赛的规则要求和操作规范。

（2）繁育及商品化人才培养体系建设　联合区内科研院所，整合盟市旗县区畜牧服务机构和社会服务组织，借助地方就业培训、辅导机构力量，以旅游休闲骑乘马繁育基地为发展中心，构建旅游休闲骑乘马繁育及商品化人才培养体系；将旅游休闲骑乘马繁育及商品化人才纳入自治区农牧业与农村牧区实用性人才体系建设和农牧业科技带头人体系建设。打造服务于旅游休闲市场的专业化劳动力供给基地，带动娱乐用马市场的高水准发展。

（3）马产品产业化研发基地建设　将马产品产业化开发列为自治区科技研发项目，支持生物科技、食品科技研发的高校和科研院所开展马产品产业化研发的科技攻关。鼓励成立企业化运作的研发实体，整合全社会力量建设马产品产业化研发基地。建设规范的规模化养殖示范小区，达到国际马生物制品基地建设认证标准，为农牧民饲养提供示范和技术。

9. 扶持马产业的龙头企业，带动整个产业的发展　整合现有的一切资源，发挥优势，实行马产业的品牌战略，建立现代市场化运作模式和体系。借鉴国内外发展马业的经验和做法，建立国内先进的马产业示范基地，重点扶持几个对马产业可持续发展起至关重要作用的龙头企业，以龙头企业带动整个产业的发展。自治区马业协会要立足自身职能，多与政府相关部门沟通联系，积极开展项目前期调研、决策咨询、论证等工作，推进马产业基础设施建设步伐。争取在现有基础上，加快建设大型综合性体育休闲娱乐马术活动中心、养马基地和民族体育表演比赛场地，从而带动整个马产业的持续发展。

10. 加大基础设施建设力度　以现有赛马设施为基础，根据产业发展实际，对现有的赛马场进行改造升级，对已具备规模的赛马场按照大型赛马要求完善设施标准，使之成为大型综合性赛马活动中心。坚持"功能实用、避免重复"的思路，统筹建设养马基地、马术学校、马匹选育研究所、草原沙漠影视拍摄基地、马饲料生产加工基地及民族体育表演和比赛场地等配套设施，为马产业发展提供基础性支撑。

11. 保护和发展马文化　马文化是中国传统文化的重要核心组成部分，从中华民族传统文化诞生的那一天开始，马文化就一直伴随着中华民族的进步和发展，并起到了极大的促进和推动作用。从猎马食肉到把多余的活马驯服、饲养，再到骑乘、劳作、运输、战争、通信、科技等运用，与人类生存息息相关的方方面面都曾与马和马文化有着密切的联系。蒙古族视马为最忠实的伙伴，因为他们对马有着特殊的情感，马在蒙古族人的生活中扮演着其他动物所不能替代的重要角色。世世代代在草原上过游牧生活的蒙古民族，其生产劳动、行军作战、社会生活、祭祀习俗和文学艺术中，几乎都伴随着马的踪影。对于蒙古民族来说，马文化是一种代表着民族灵魂的文化。建立马文化博物馆，使其成为保存和传承民间马文化的重要基地。马文化博物馆建在内蒙古博物院周边，建筑面积以 3 000 ~ 5 000m² 为宜，馆内设置 8 ~ 10 个展厅，分为蒙古马发展史厅、历史文物厅、民俗文化厅、文化艺术展厅、马产品展示厅、衍生产品展示厅、马鞍制作展示厅、特色产品售卖厅等，让人们了解和体会马文化的魅力。

12. 发展马产品集散中心　呼和浩特市是内蒙古自治区的首府，是内蒙古的贸易、文化交流中心，各类贸易活动、旅游购物多聚集在此。因此，可以借助呼和浩特市的集散中心资源优势和区位优势，依托其他盟市生产的特色马产品，打造自治区马产品集散中心，不断促进马产品商品化、专业化、规模化、标准化发展，进而使集散市场逐步实现由单一的批发市场功能向集商贸流通、物流配送、信息发布、综合配套服务于一体的马产品服务业聚集区转变，推动马产品流通体系建设、提供就业岗位、增加人民收入等方面发挥出更加积极的作用，为推动区域经济快速增长做出重要的贡献。

第八章

包头市马产业发展路径

一、包头市马产业发展条件

1. 地理位置　包头市位于内蒙古自治区中部，地处渤海经济区与黄河上游资源富集区交汇处，与呼和浩特市相邻，西与巴彦淖尔市连接，北与蒙古国接壤，南濒黄河，与鄂尔多斯市隔河相望。东西接沃野千里的土默川平原和河套平原，阴山山脉横贯中部。包头是中国、内蒙古对外开放的重点发展地区；中国大陆铁路交通枢纽城市，京包铁路、包兰铁路、包西铁路、包环铁路、包满铁路、包神铁路、甘泉铁路等在此交汇，是沟通北方草原游牧文化与中原农耕文化之间的交通要冲；金融体系较为完善，交通物流通畅。

2. 草原资源　天然草场面积 157.18 亿 m^2，占总面积的 93.68%，其中，可利用草场面积 141.33 亿 m^2，占草场总面积的 90%。草场分 3 类 5 亚类 14 组 29 型，以山地草场为主，干草原类和草甸草原类草场，分布在中部山区和北部丘陵；其次是低地草甸类草场，分布在黄河沿岸等低湿地。草原盛产绵羊、山羊、牛、马、骆驼等牲畜。

3. 文化旅游条件　包头地区地处阴山南北、黄河之滨，由于其独特的地理位置和自然风光，文化旅游资源丰厚，是个人杰地灵的地方。包头地区拥有丰富的人文资源。

（1）悠久的人文历史　距今 3.5 万年前，就有"河套人"在此繁衍生息；约 1 万年前，反映内蒙古先民图腾崇拜的阴山岩画已存在；战国时期，赵武灵王胡服骑射，辟地千里，在今九原区麻池建治九原，移民屯垦，并筑长城，保卫边疆；北魏时期，在阴山之北设置六镇，其中怀朔、武川两镇在包头境内，北魏乐府民歌《敕勒歌》也源于此。清代，康熙帝两征噶尔丹，途经包头并修建藏式召庙五当召，为内蒙古地区最大的召庙；明代中期，蒙古族中兴之主阿拉坦汗，建造美岱召，该召还记录着蒙古族女政治家三娘子以土默川为政治舞台多姿多彩的传奇一生。

（2）繁荣的民族文化、游牧文化　包头市南邻黄河古道，东接敕勒川平原、北望游牧草原，与蒙古国相邻。自古孕育发展了敕勒川文化、草原游牧文化、古丝绸之路商旅文化，将农耕与游牧融合、商贸与民俗融合（万里茶道必经之地）等诸多人类文化交融发展，而马文化是包头市传统文化中的核心组成部分，是草原文化、民族文化的突出展现。

二、包头市马产业发展概况

1. 包头市马产业发展的基本情况　面对我国经济发展新常态，包头市坚持"创新、协调、绿色、开放、共享"的发展理念,按照"政府引导、农牧民主体、社会参与、市场运作"的发展思路,以现代科技创新理念为引领,以现代科学技术为支撑,产学研基地建设为基础,使马产业基础设施建设不断完善;以提升马产业发展规模和档次、完善带动农户组织制度和利益连接机制为核心,使马产业体系的体制机制在原有基础上得到创新;以体现草原文化、独具北疆特色的旅游观光、休闲度假基地的思路为主线,塑造包头市马文化旅游品牌;以马文化为代表的游牧文化渐渐深入人心,创造了璀璨的西部文明;此外,内蒙古农业大学职业技术学院为马产业的发展输送了大量专业人才,加快了包头市马文化产业持续稳定发展。

(1) 牧业基础设施不断得到完善　包头市通过新农村新牧区建设,已建成40处基础设施齐备的产业化发展园区,涵盖农牧民户2 620户,9 956人。不仅显著改善和提高了农牧民人居环境和质量,同时一并配套建设了相应的水、电、路、通信、饲草料地、农牧业机具、青贮窖、养殖棚圈等发展产业的基础设施。户均达到了住房50m², 饲草料地6 666.7m²以上、农机具1.2台套、青贮窖50m³、养殖棚96m²、饲养圈200m²、储草棚250m³以上。

(2) 牧业结构进一步优化　通过十年来实施全面禁牧,保护草原生态工程,包头市草原生态恢复已见成效的同时,畜种结构调整也取得了阶段性成效,全市畜种改良率平均达到了85 % 以上,牛羊品种改良技术得到了全面应用推广。蒙古马杂交改良培育竞技马及开发生产"策格 (酸马奶)"产品等新型产业已列入重点工程予以全力推进中。

(3) 马匹数量呈现先增后减的趋势　包头市主要发展传统马产业,其中,土默特右旗和达尔罕茂明安联合旗是两大主要区域,马匹数量合计约占全市马匹数量的3/4。近20年来,包头市的马匹数量总体呈现先递减后递增的趋势,2006 年达到最少,仅0.24万匹,之后有所增加,尤其2012 年以后,由于政府逐渐重视马产业的发展,草原骑乘、赛马等活动增多,马匹数量迅速增加,见图8-1。

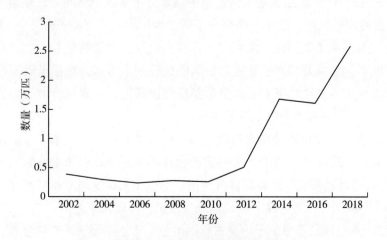

图8-1　包头市马匹数量折线图

(数据来源:2003—2019年《内蒙古统计年鉴》)

（4）西部游牧文化发展渐入人心　近年来，包头市不断举办中国游牧文化节，挖掘马文化底蕴，传承和弘扬地区民族马文化，展示草原历史、民族文化，打造包头市特色文化品牌，推动文化与旅游深度融合，繁荣少数民族地区文化产业，促进文化旅游产业发展，壮大三产服务业，带动城乡居民增收等方面已取得初步成效。这里草原文化积淀深厚，历史上匈奴、鲜卑、突厥、蒙古众多游牧民族在这里繁衍生息，多次举办草原旅游文化节等活动，弘扬草原游牧文化，加强了人文交流，创造了璀璨文明。

（5）马产业文化旅游的逐步发展　包头围绕"万里茶道""草原丝绸之路"，建设品牌景区、精品景区、美丽乡村、跨界旅游，着力构建全城旅游发展格局，努力实现自治区向北、向西开放的重要旅游目的地、塞外草原旅游文化名城、自治区观光休闲度假旅游带的三个定位，而马文化产业是旅游的重要内容，是草原旅游、万里茶道、游牧文化、中蒙俄经济互动旅游结合最紧密的旅游项目，是草原文化、民族文化的突出集中展现，是最具活动发展潜力的旅游内容，近年来，包头市不断实现马文化产业与包头市旅游产业发展的融合，带动了城乡增收，繁荣了草原文化，实现了良好的社会效益和生态效益。

万里茶道　万里茶道是继丝绸之路衰落之后在欧亚大陆兴起的又一条重要的国际商道。万里茶道从中国福建崇安（现武夷山市）起，途经江西、湖南、湖北、河南、山西、河北、内蒙古，从伊林（现二连浩特市）进入现蒙古国境内，从阿尔泰军台，穿越沙漠戈壁，经库伦（现乌兰巴托市）到达中俄边境的通商口岸恰克图。全程约 4 760km，其中水路 1 480km，陆路 3 280km。茶道在俄罗斯境内继续延伸，从恰克图经伊尔库茨克、新西伯利亚、秋明、莫斯科、彼得堡等十几个城市，又传入中亚和欧洲其他国家，使茶叶之路延长到 13 000km 之多，被称为"万里茶路"。马蹄声声，古道悠悠；足印串串，茶香缕缕。

一片"东方树叶"，历经风雨沧桑，从中国南方产茶区一路向北，穿越中、蒙、俄和中亚各国，最终到达欧洲。这是一条繁荣了两个半世纪的"万里茶道"、一条横跨亚欧大陆的国际古商道。福建武夷山、湖南安化、湖北武汉、内蒙古包头均为"万里茶道"上的重要节点城市。包头是"万里茶道"在国内最后一个节点，数千里迢遥而来的南方茶叶，最终抵达包头，来往的茶商在这里休整后走出国门，伴着驼铃声与奶茶香，一步一个脚印，走出了"大漠孤烟直"的草原茶路。

2017 年，内蒙古接待中外游客首次突破 1 亿人次大关，中俄蒙"万里茶道"旅游项目成跨境游重点。2017 年，内蒙古国际旅游合作不断升级，引领中俄蒙三国间旅游合作取得重要成果，"万里茶道"旅游联盟宣传推广纳入中国国家对外推广战略。今天，古老的"万里茶道"融入"一带一路"倡议，重焕生机、再现光华。

草原旅游　希拉穆仁草原位于内蒙古自治区包头市达尔罕茂明安联合旗。希拉穆仁蒙古语意为"黄河"，希拉穆仁草原俗称"召河"，因在希拉穆仁河畔有一座清代喇嘛召庙

"普会寺"而得名。每当夏秋时节绿草如茵，鲜花遍地，游客们可以骑着马在草原上游览风光。近年来包头市政府不断投资建设，接待设施完善，草原旅游的繁荣必将促进马产业发展壮大。

(6) 文化产业园的建成促进马文化发展 包头市百灵那达慕文化体育产业园的建设，为马文化产业发展提供了有利的条件。该产业园于 2012 年开始投资兴建，占地面积 533.34 万 m^2，主要划分为主观礼台、表演区、观赛区等功能区域，能够承接搏克、射箭、赛马、马术、布鲁等蒙古族传统体育活动和场地摩托车赛、汽车耐力赛等现代体育活动，以及苏力德祭祀、祭火、文艺表演等大型文化活动，从 2013 年开始，已成功举办了三届"中国游牧文化旅游节"和两届"满都拉－杭吉口岸文化旅游节"。2015 年，在百灵那达慕文化产业园，由包头市人民政府、瑞典海菲尔德马术公司、北京马赛文化交流有限责任公司共同参与建设的"世界牧场"中国马产业发展基地项目签约仪式，标志着"世界牧场"项目成功落户包头市。2016 年 6 月，中国马业协会将该产业园"天下第一赛道"定为"黄金赛道"，自治区体育局也将该产业园命名为"首批内蒙古体育训练综合基地"。

(7) 马产业与草原旅游业实现初步融合 希拉穆仁草原位于内蒙古自治区包头市达尔罕茂明安联合旗。希拉穆仁草原马文化产业与草原旅游已经实现初步融合，多年来希拉穆仁草原依托接待周边游客逐渐形成了享誉全国的草原旅游品牌，马匹体验骑乘，观光马术表演，成为留住游客的主要内容。在希拉穆仁草原，游客不仅可以观赏草原美景，品味草原游牧民族的豪迈心情，还可以参与隆重的"祭敖包"仪式，享用草原民族典型的风味餐饮，体会独特浓郁的蒙古民族文化风情。2015 年，希拉穆仁草原共接待旅行社组织的游客 120 万人次，人们在欣赏蓝天白云一望无际大草原美景的同时，骑乘马匹约 8 000 匹次。草原旅游与马匹骑乘已经分不开了，随着草原旅游升温，来草原旅游的游客人数会逐渐上升。

(8) 内蒙古农业大学职业技术学院为马业输送大量人才 内蒙古农业大学职业技术学院是自治区政府建立的第一所培养高等应用型技术专门人才的学府，是自治区第一所全国示范性高等职业技术学院建设单位，是内蒙古农牧业科技园区、全国科普教育基地、全国青少年科技教育基地的承办单位。学院是全国第一所开设运动马驯养与管理专业的高校。专业建立以来，已经为我国马产业培育了 253 名专业人才。这些毕业生分布于全国各俱乐部、赛马场，有的已成为部门骨干。这些毕业生对庞大的马业人才市场来说简直就是杯水车薪，远远不能满足需求。学院承担着习近平主席"国礼马"的管理与训练任务，受到中央办公厅、农业部及中国马业协会的一致认可和好评。2015 年 12 月 22 日，中国马业协会、内蒙古民族艺术剧院、内蒙古农业大学职业技术学院三家联手合作办学，签署了《内蒙古运动马学院共建框架协议》，标志着中国马业人才培养进入新的时代。学院是内蒙古自治区文化厅《千古马颂》剧目主体演员培训的基地，中国马业协会、内蒙古马业协会会员单位，与法国马业协会、英国马业协会、利物浦大学、匈牙利皇家马术学院、香港赛马会等保持着密切的合作关系。

2. 包头市马产业发展的必要性

（1）发展马产业是打造内蒙古民族文化大区品牌的需要 马的形象、马文化是内蒙古草原文化、蒙古族文化的重要标志。蒙古族被誉为"马背上的民族"。蒙古族生产、劳动、生活、运输、战争与娱乐都离不开马，被誉为蒙古族"男子三技"之一的赛马是蒙古族体育文化的核心。马头琴代表着蒙古族的音乐文化，马奶酒体现着蒙古族的饮食文化。当前内蒙古民族文化大区建设围绕着草原文化和以蒙古族为主体的浓郁民族特色而展开。草原文化、蒙古族文化成为内蒙古文化的核心和灵魂。马是草原文化的标志、是代表蒙古族信仰的符号之一，深入挖掘内蒙古的马文化底蕴是树立民族文化品牌、建设"民族文化大区"的有效途径。在建设内蒙古文化大区的过程中，需要一个具有历史背景和现实意义的标志性形象，这个形象应当是具有丰厚文化内涵的蒙古马。充分挖掘草原文化，向全中国和全世界宣传内蒙古、传播内蒙古文化需要树立"马"的形象。

（2）发展马产业是培育包头市新的经济增长点的需要 马产业主要包括体育赛马及博彩赛马业、旅游马业和产品马业三方面，自身产业链条十分丰富，饲料加工业、畜牧业、食品加工业、旅游业、制药业、教育业、交通物流业、房地产业等行业与马产业联系十分紧密。草原风光和民风民俗是内蒙古的特色旅游资源。马队接送、骑马、赛马、马术表演、驯马等已成为极具民族特色的草原观光项目。旅游业作为新兴产业有着极大的市场潜力。体育赛马及博彩赛马业可以带动育马、饲养、饲料的加工销售、护理与护理装备制造、练马、驯马、赛马、教练、设施维护、配套服务、网点建设、兽医、会员管理、赛马装备设计与制造、骑师的服装制作、专业骑师的培养等方面的服务需求。以赛马场或马术活动中心为核心区域，特别是赛马城周边，马产业将带动房地产、商业和旅游业互动发展，购物、餐饮、超市、娱乐融为一体，有效推动服务业发展。发展赛马产业进而推动服务业发展对增加国民收入、解决就业难题、提高包头市核心竞争力有着不可估量的巨大作用。

马产业除了赛马、骑乘娱乐业等相关行业外，在食品、医疗等关乎人民生活的各个方面都具有较高的利用价值。与马产业相关的马肉食品、酸马奶、马奶酒和马血生物制药的开发等行业具有极大开发潜力。在马产业领域培育出诸如蒙牛、伊利那样实力较强的企业可以优化产业格局，成为包头市经济新的增长点。

（3）发展马产业是拓展包头市就业渠道的需要 马产业是劳动密集型产业，包括饲养、护理、调教、驯马、骑师、教练、设施管理、配套服务、网点管理、兽医、彩票管理、广告发布、马会管理、安保等环节。涉及马匹培育、马匹营养、马匹保健、日常养护、骑术训练、运动服务、马术俱乐部和会员管理各个方面。可以提供大量工作岗位，吸纳就业人员，有效缓解我市的就业难题。

（4）发展马产业是寻求包头市科技创新突破的需要 包头市具有良好的生物科技基础和马种生物资源优势。基于蒙古马善于长距离持续奔跑的基因，引进国外优良马品种，培育出具有耐力强、速度快等特点的优良新型马品种，有利于改变我国没有自己的品质优良的赛马品种和世界赛马比赛中英国纯血马品种一统天下的局面。

结合地方传统方法和新的科技开发马奶保健产品和多营养产品，用孕马血清、马胃液、马脂等研制与开发孕马尿结合雌激素、马脂化妆品等高技术含量、高附加值的马产业相关产品，都具有极大的经济价值，将是我区生物科技领域又一重大创新和突破。

（5）发展马产业是保持内蒙古民族精神文化传承的需要　赛马是内蒙古自治区特别是蒙古族喜爱的运动之一。随着内蒙古自治区城镇化步伐的加快，走进城镇的内蒙古农牧民接近马和骑马的机会愈来愈少，对马背民族来说是种进步的体现也是马背文化衰弱的表现。因此，建设赛马场、提供观看和参与赛马等相关体育娱乐和健身活动的场所，有利于丰富内蒙古自治区人民精神文化生活、保持和传承蒙古族马背民族的文化。

3. 包头市马业指标评价分析

（1）构建马业集约度指标体系　本研究选取了马产业生产体系、文化体系和政策体系三个方面作为项目层，选取了马匹总数、草原覆盖率、马产业相关赛事总数、马相关医疗卫生人员比率和第三产业总值指数等 12 个指标来构建包头市马产业集约化发展的评价指标体系，见表 8-1。

表 8-1　包头市马产业发展评价指标体系

目标层	项目层	指　标	计算或统计说明	功效性
包头市马产业发展程度	马产业生产体系	马匹总数	研究区各旗县区的总马匹数	+
		运动马总数	研究区各旗县区的运动马匹数	+
		草原覆盖率	各旗县区草原覆盖面积 / 研究区草原覆盖面积	+
		牧业总值	2016 年各旗县牧业总值	+
	马产业文化体系	马文化建设场馆及公园总数	研究区各旗县区马文化场馆和公园数	+
		马产业相关赛事总数	研究区各旗县区民族马产业相关赛事和那达慕大会总数	+
		教育文化娱乐比率	研究区各旗县区马相关教育文化娱乐总数 / 研究区马相关产业教育文化娱乐总数	+
		马文化建设俱乐部总数	研究区各旗县区马文化俱乐部	+
	马产业政策体系	盟市级马相关称号总数	研究区各旗县区盟市级及以上马相关称号数	+
		马相关医疗卫生人员比率	研究区各旗县区马相关医疗卫生人员人数 / 研究区马相关医疗卫生人员总人数	+
		政府扶持资金率	研究区各旗县区马产业扶持资金额 / 研究区马产业总资金	+
		第三产业总值指数	2016 年各旗县第三产业总值指数	+

文中使用的数据资料一部分来源于 2016 年《包头市统计年鉴》，一部分来源于包头市各旗县区 2016 年统计年鉴，还有一些补充数据是实际调查获得的。

（2）包头市马业发展评价方法　TOPSIS 模型原理与模型计算步骤详见"呼和浩特市马产业评价方法"

将包头市 3 个旗县和 6 个区的 12 项马产业发展指标输入 TOPSIS 模型进行计算，按照 C_i 值的大小排序结果见表 8-2。

表 8-2　包头市各地区马业发展综合水平排序

旗县地区	达尔罕茂名安联合旗	土默特右旗	九原区	昆都仑区	东河区	青山区	固阳县	石拐区	白云矿区
C_i	0.72	0.59	0.42	0.29	0.26	0.22	0.22	0.13	0.05
排序	1	2	3	4	5	6	7	8	9

通过 TOPSIS 模型计算结果可知，按照 C_i 值大小排序，马业发展集约化程度与城镇化水平、马匹品种特性分布存在一致性。达尔罕茂名安联合旗、土默特右旗、九原区位列前三，这些地区马业发展集约化程度高。达尔罕茂名安联合旗拥有大量草原资源，如希拉穆仁草原；还拥有特色的旅游资源，如百灵庙；以及著名的满都拉口岸，是距呼和浩特市、包头市和蒙古国乌兰巴托最近的陆路口岸，也是自治区 18 个陆路口岸和对蒙古国开放的重要通道之一。这些优势有利于马产业与旅游业的融合、马文化的传播，以及进口屠宰加工贸易的扩大。土默特右旗的分值仅次于达尔罕茂名安联合旗，内蒙古农业大学职业技术学院位于土默特右旗，学院是全国第一所开设运动马驯养与管理专业的高校，专业建立以来，至 2018 年已经为我国马业培育了 253 名专业人才，促进了马产业向专业化、现代化方向发展，土默特右旗依托这样的优势可以发展现代赛马。石拐区和白云矿区分值最低，表明其马业发展集约化程度较低。

三、包头市马产业发展存在的问题

截至 2017 年年底，包头市马产业发展还存在一些不可忽视的限制因素，对调整产业结构，发展特色旅游业，创新增长点，保持经济持续稳定增长存在一定难度。具体问题如下：

1. 马匹生产方式落后，基础设施薄弱　马匹养殖规模化、集约化、标准化程度低，品种改良进程缓慢。马产业发展投资渠道、手段、主体较为单一，持续的资金投入力度不足。马产业保障和支撑体系仍不完善，不利于马产品的综合开发利用，制约着马匹价值的提升，难以满足现代马业快速发展的需要。

2. 马产业结构不尽合理　包头市现代马产业发展一片空白，例如，体育赛马、现代马术、休闲娱乐、马文化、马旅游等高附加值的产业尚在起步阶段。马肉、马乳深加工及马生物制药为代表的高新技术产业比重低、产值小，资源优势和产业潜力未得到充分发挥。马产业市场不健全，管理不完善。

3. 对现代马产业发展的认识仍显不足　包头市对马产业的认识仍停留在传统层面，缺乏系统的马产业发展规划。此外，马产业与内蒙古自治区现代畜牧业的发展，与民族文化、地域特色、旅游发展、产品开发、品牌建设等结合不够紧密，与其他产业发展的融合不足。

4. 马产业人才培养不足　专业型人才的缺乏是我国各个产业存在的普遍问题，包头市的马产业也不例外，大量的骑师、调教师、教练员、科研人员等各方面人才资源匮乏。欲使马产业实现科学、系统地发展，必须打破人才瓶颈的制约，为马产业的繁荣注入新鲜血液。

四、包头市马产业发展思路

到2025年，包头市要建成"2415"的马文化产业整体发展布局，即发展两条马产业发展主线、打造四大特色小镇、开辟一条万里茶道和建设五大人才培养基地。到2025年，将包头市马文化产业建设成为自治区马产业发展重点基地、国家级重要赛事承办地、中蒙俄等国际赛事参与地区。

1. 两条马产业发展主线

（1）马匹保种与繁育主线　马匹保种与繁育是一个被广泛关注的话题，马产业发展应积极开展蒙古马遗传资源多样性的研究及其成果的应用与推广，重点培育蒙古"草花马"，构建马匹基因库，建设马匹品种改良培育基地，引入国外纯血马改良马匹品种，培育专业化程度较高的优良马品种和实用型品种。鼓励牧民养马、育马，改进饲养管理。在牧区实行现代群牧养马，逐步向产品养马业转变。对马种和马匹进行登记、驯教和测试，积极开展赛马资格认证、拍卖交易，将赛马赛绩与牧民马匹选育工作结合起来。

在达尔罕茂明安联合旗百灵庙或召河建立草花马保种繁育基地，依托内蒙古农业大学职业技术学院科学技术手段，从目前种群中以生物学手段筛选出具有草花马潜在遗传能力的种公马和母马，繁育具有包头特色品种资源的草花马品系。建立严格的繁育技术路线和草花谱系，逐渐在遗传方面采取新技术，提高草花马遗传稳定性，逐步扩大草花种群，提高毛色遗传的可控性，实现包头特色种群马的种群稳定。

根据马产业发展特点，对马匹调驯是开发马的潜质、提升马匹价值的重要手段，在马匹主产区和经济发达地区中心城市，依托种马场、马良种扩繁场、赛马场、马术俱乐部以及内蒙古农业大学职业技术学院的基础设施条件和技术力量，建立马调教训练基地，应用科学调训方法和推广先进调训技术，引导农牧民积极开展马匹调训，提高马匹的运动性能和马术技能，大幅提升马匹附加值，充分发挥农牧区少数民族群众善于调训马匹的特长和优势，增加就业和促进增收。改变传统的管理方式，使人与马成为亲密接触的朋友，让马信赖人，使马的训练活动逐渐向高端、高雅、文化传承方面发展，科学规划设计草花马训练科目，包括马的行为训练、人马互动训练、马技能训练、马匹群体训练。保护开发蒙古自然驯马法，引用现代驯马法，打圈、备鞍、轻快步、跑步、队形、越野耐力、登山、越河、绕桶等，把草花马培养成有特点技能的高端马。

此外，良好的饲养管理是马匹发挥其速度、力量和耐力的基础。具有良好性能的马匹，在适宜的饲养管理条件下，能使马匹充分表现其工作能力。马对营养物质的需要量受其体况、运动量、品种、年龄、环境、温度等因素影响。由于马匹个体之间对饲料的采食，消化特征存在较大差异，每匹马在采食量、采食速度、对饲料成分和某种饲料的偏爱等方面都不相同。饲养人员要全面准确地掌握每匹马的特点及运动量的大小，在营养师设计的平均日粮供应基础上，饲喂时加以调整。马房规范饲养管理分为赛期饲养管理、非赛期饲养管理、生病期饲养管理、日常饲养管理四个部分。

在保种和饲养的基础上，主要繁育：

①肉用马：以内蒙古马匹及其杂种马群体为基础，引进国外重挽马品种开展规模化经济杂交，提高马匹个体产肉性能。依托现有肉品加工企业，开展马肉精深加工，提高产品附加值。

②乳用马：以本区马匹群体为基础，加强本品种选育，同时，引进和推广国外乳用马品种进行规模化杂交生产，推行半舍饲圈养，提高马泌乳性能及产奶量，建立规模化的马乳原料基地；依托现有乳品加工企业，开发酸马乳、鲜马奶粉、马奶饮料等高价值的马乳制品。

③生物制品马：以内蒙古马匹及其杂种马群体为基础，建立稳定的孕马尿采集基地，推行圈养舍饲，提高孕马养殖效益。依托包头市企业扩大孕马尿结合雌激素生产。

通过繁育和赛事逐渐完善种公马培养方案，选出种公马和繁育的基础母马，对这些马采取两方马匹登记方式，建立谱系植入芯片，严格按照行业要求和生物学繁育标准进行注册登记。没有登记注册，植入芯片的马匹严禁进入交易与赛事表演等，同时搭建草花马交易平台，规范马匹拍卖。

(2) 人才培养主线　马产业复兴，需要有人才支撑，从马匹建立保种基地育种、改良、饲养、训练、疾病防治、赛事组织管理、马匹交易登记、马文化挖掘传承都需要大批专业人才。为此，以内蒙古运动马学院为基础，强化人才培养，为民族马业发展提供人才保障。主要培养的专业人才有马术调教师、马匹修蹄师、马房管理、助理马兽医师和骑手。

2. 四大特色小镇建设

(1) 召河游牧小镇　召河草原位于包头市达尔罕茂明安联合旗东南部的希拉穆仁

镇，距离旗政府所在地百灵庙镇约80km，距离自治区首府呼和浩特市约90km，距离鹿城包头市约240km，草原面积1 000km²，人口2 000多人，平均海拔1 700m，四周丘陵起伏，绿草如茵，是内蒙古最早开辟的草原旅游点，有著名的希拉穆仁河横贯于草原。在召河建成集休闲游牧体验、游牧文化体验、骑乘体验于一体的综合性小镇。

结合游牧民族文化积淀及游牧文化遗址，以昭和希拉穆仁草原旅游为中心向周边牧民延伸，牧民同时经营旅游，辽阔的大草原、精致的蒙古包、勒勒车、放牧的牧人，会让游客身临其境、流连忘返，游客还可以在游牧人家住宿、吃手把肉、喝奶茶、饮马奶酒、体验放牧生活、看蒙古族歌舞表演等，感受牧民一日生活，体验观光、休闲、度假于一体的草原游牧之旅。

依托现有旅游设施，以红格尔敖包为中心建设草原嘉年华，嘉年华内设赛马、摔跤、射箭、滑草等娱乐活动。园内以马队和马车作为交通工具，用一杯醇香的下马酒迎接游客的到来，让游客体验蒙古族最崇高的待客之道；游客吃全羊，欣赏旧时宫廷盛大的全羊仪式；阳光明媚的午后，游客可以选择骑马、射箭、祭祀敖包、访问牧户、观看赛马摔跤等表演；晚上，可以参加让人心潮澎湃的篝火晚会。

小镇内可以建设名马展示馆，供观赏的马匹为退役赛马中获得优异成绩的赛马，马在景区内展览、表演、与游客互动，展示馆为马主的马匹繁育及马驹出售提供服务，为马增值，同时也可以增加景区收入，实现双赢。

以希拉穆仁草原的传统游牧草原文化为主题，以包头市的历史文化为背景，以游牧休闲文化与草原度假旅游完美演绎为亮点，打造中国游牧文化活态博物馆，打造包头市富有激情浪漫的游牧草原文化旅游景区。博物馆将旅游娱乐与民族文化传承保护有效结合，相得益彰；使珍贵的民族文化遗产和自然生态环境得到整体的、合理长远的保护；使传统的博物馆馆藏文物陈列走向广袤的"原生""活态"式体验；将生动真实的游牧文化信息与沉寂无语的馆藏文物瑰宝融为一体，让游客在旅游休闲、娱乐体验、尽赏美景的同时感受魅力文化。

（2）百灵庙民族赛马小镇 百灵庙始建于清圣祖康熙四十二年（公元1703年）。庙宇由5座大殿、9座佛塔和30处藏式结构的院落组成，总占地面积约8 000m²。各处殿塔雕梁画栋、廊柱林立，墙壁上彩绘着佛经里的人物故事，造型生动，构图细腻。清康熙皇帝御赐"广福寺"牌匾悬挂于大佛殿正门上方。在这些建筑中，苏古沁殿（大雄宝殿）是该寺最大的，它是三座连串逐级降低的建筑，每座殿顶置有象征佛法的塔形"甘迪尔"和东西两侧有日月相照的赤铜"甘迪尔"。在大草原上，差不多数十里外可以看到它的光辉和巨大。富有民族特色的赛马小镇位于此地，小镇有赛道、看台、马厩和马具房、马文化餐厅等，可以承接绕桶赛、圈赛、越野耐力赛马、驾勒勒车等赛事，可举办驯马、草原文化节和草原越野骑乘等旅游活动。在传统赛事的基础上结合当地马匹与改良品种的特点，创新赛事，组织像场地越野全能赛、牧人竞技赛、骑射大赛、速度赛、耐力赛等赛事。

①马术比赛：以马匹俱乐部为基础，每周组织马术比赛；以邀请赛为前提，在景区开放时间内，每月组织马术盛事，推动马术在内蒙古自治区的发展。定期组织国家级、地区级的马术邀请赛，比赛突出高标准、高水平，同时以举办赛马为契机，组织赛马选美比赛，对于优胜者给予奖金和证书鼓励，并对品质优良，血统优异的赛马在配种、繁育方面提供支持，促进国内、区域马种交流，从而丰富马种基因库，促进国内马术交流，提高中国马术竞技总体水平。通过举办这些比赛吸引客流，拉动景区及周边地区经济发展。

②马术表演：以旅游为契机，每天在景区内进行表演，将马术表演融入民俗风情中，着重突出驯马、御马、牧马等少数民族特色马术表演，不断为景区寻找新的旅游亮点，吸引游客观赏和参与。具体表演包括：马上表演，骑马高手可在马背上做各种平衡、支撑、倒立、空翻、转体、飞身上下等高雅而精彩的动作。多人多马集体表演，主要是组合出各种姿态优美的艺术造型。跑马拾哈达，其主跑道长110m，左、右各设一个摆放哈达的区段，每段摆放10条哈达。马上射击，要求骑手在马上具有平衡性、稳定性，还要眼疾手快，以准确地取胜各种比赛表演。

③马文化博物馆：在百灵庙建造马文化博物馆，对追溯民族历史、传承民族文化、发展旅游经济、体现地方特色文化有深远的意义，请设计师根据牧民生活、文化，马的发展和历史典故设计适合包头市经济发展的马特色文化馆。让游客了解包头市马产业文化的发展，了解马在人类发展中的重要作用及贡献。

④马文化餐厅：以蒙元文化为依托，展现出蒙古族建筑的宏伟、壮观、奢华，结合现代文化史打造出具有民族特色的茶马文化餐饮，游客们可以在畅游一天之后体验蒙古族特色餐饮文化。

（3）满都拉异域骑士小镇　在满都拉建成3条初级滑雪道（300～600m）、1条越野滑雪道（1 500m）和雪地娱乐区。雪场入口设雪具房和休息厅，提供咨询、雪具租赁、茶饮、快餐、滑雪教练等服务。增加冰雪旅游马业等娱乐项目，丰富体验方式，冰雪旅游马业配备雪橇、雪圈、雪爬犁等设备，体验骑马穿雪等项目，沿途设观光休息厅，开辟特定人群的滑雪项目，如雪地拓展训练区，设置"冰上拔河""步步惊心""兄弟连"等多种类型集雪地趣味娱乐和熔炼团队、提升自身能力于一体的项目。

①马博会：主要展示周边国家马匹、马具、马术服装、马工艺品等，为马匹经营者、骑手、马夫、马爱好者提供展示、交流、合作的平台，推动周边国家马产业持续、开放、共享发展。

②特色街区：建成一条长约50m的小街区，由蒙古族特色的蒙古包、勒勒车等建筑组成，为旅游者提供蒙古族特色小吃、民族工艺品、民俗观光以及其他夜间消费项目。

③影视基地：建成可容纳1 000人的4 000m²的演艺厅，挖掘游牧文化，提炼精髓，

编制剧本，招募演员培训牧民演员，排练具有游牧文化特色的剧幕，在剧幕中展现人与马的情感，更好的体现马对游牧发展进程的重要作用，更好地展现马文化、游牧文化和民族文化的发展。基地还可以吸引制作公司来此地拍摄，获得经济效益，每年都从盈利中安排专门资金，对影视城的自然植被环境风貌进行恢复，既有利于经济的可持续发展，同时有益于提升马产业文化社会价值及社会责任。在影视作品拍摄档期外，可以组织各种素质拓展活动，比如狩猎、模拟对战等方式，提高旅游的趣味性与娱乐性，实现资源的最大化利用。

（4）青马文旅嘉年华特色小镇　为充分发挥土默特右旗旅游资源优势，贯彻落实国家全域旅游及特色小镇建设相关政策，合理开发利用地区丰富的旅游资源，推动土默特右旗旅游业的快速发展。结合土默特右旗现有美岱召、大雁滩的旅游景区，在土默特右旗九峰山林场枣沟村建设青马文旅嘉年华特色小镇，全新构建"体育 + 旅游"产业生态链，主要集中打造内蒙古西部轻驾车赛区。

3. 万里茶道马队体验建设　从土右旗出发沿途设立 6 个大型驿站，即土右旗敕勒川文化、红花脑包大草原捕猎、百灵庙民族赛马、希拉穆仁牧民生活体验、白云鄂博民族工艺品、满都拉镇异域风情体验；根据各驿站不同的马文化和历史典故，完善中途驿站的旅行服务，确保每个驿站都与古代遗留的美好传说、古迹、古城等相结合，给人感觉万里古茶道的魅力。各驿站间可以骑马、徒步、驾车通行。万里茶道马队体验从土右旗美岱召起，途经石拐（五当召）、固阳（红花脑包大草原）、达尔罕茂明安联合旗（百灵庙、希拉穆仁）、白云鄂博、满都拉镇，后进入现蒙古国境内，全程约 350km。整理、优化、提炼、选定游牧文化民族发展之路，建立游牧文化骑乘精品体验带，选定具有代表性的典型区位，恢复时代的特点，完善沿途驿站设施，开展不同季节、不同线路的骑乘旅游。基本线路为土默特右旗博物馆——农业大学马文化博物馆——九峰山征战驿站。以游牧生活为主要旅游项目，体验骑马放牧、挤马奶、制马奶酒等牧民一天的生活，带动马匹的运输、繁育训练、饲草料种植、民族服饰生产与销售、房车制造等产业发展。

4. 人才培养基地　在内蒙古农业大学运动马学院原有基础上建设理论课教室及相应配套设备（120m²）、兽医室（40m²）、休息室、更衣室及配套设备（60m²）、展览室（30m²），满足马匹冬季训练的需要，保证全年的教学、生产高效运行，提升包头马产业发展质量与水平。扩大包头市在自治区马产业的影响力。提高人才培养质量，满足包头马业协会对当地牧民理论学习和实践教学的需要，扩大对外交流与合作，实现马产业的商业和文化价值。建成后有条件承办国家级各类马术比赛，对弘扬草原文化、推动包头马产业发展有积极意义。

依托内蒙古农业大学运动马学院为人才培养基地，培养适应现代马业生产、建设、管理、服务第一线的要求，具有马匹生产、经营管理和马匹疫病防治较系统的基本理论和知识，掌握从事赛马规模化科学养殖、良种繁育、疫病防治与养殖业服务的技能和能力的德、智、体、美等全面发展的高等技术应用型专门人才。具有参加马术表演、竞技、管理、服务等方面必备的基本理论和专门知识；掌握从事经营管理、竞技表演、设计规划、兽医服务等方面的专业技能；熟悉马术规范和礼仪，具备进行马术表演、服务的基本素养；通过动物疫病防疫员、饲料检验化验员等国家（或部门）职业资格认证，取得中级或以上职业资格证书。

第九章

鄂尔多斯市马产业发展路径

当前，鄂尔多斯正处于经济转型升级和产业结构调整的关键时期。从现在起到 2025 年，是鄂尔多斯市发展壮大马产业，大力弘扬马文化，培育潜在经济增长点，建成独具特色的"旅游休闲度假基地"的关键时期。当此之际，要坚持深入推进，制定与市情相适应，与经济社会发展相匹配的马产业发展规划，不断提高马产业发展水平，努力开创鄂尔多斯市现代马产业发展新局面。

一、鄂尔多斯市马产业发展条件

1. 地理位置优势 鄂尔多斯市位于内蒙古自治区西南部，地处"呼包鄂"金三角腹地，黄河"几"字弯与万里长城的怀抱中。北隔黄河与"草原钢城"包头市相望，东临自治区首府呼和浩特市，西部与包头市、巴彦淖尔市、阿拉善盟、宁夏回族自治区隔河相望，南部与陕西省榆林市接壤。鄂尔多斯市包含 2 个市辖区，分别是东胜区和康巴什区，以及 7 个旗，交通便利，四通八达，基本形成了京包、包兰线围绕周边，大准、准东、东乌铁路横穿东西，包神、包西铁路纵贯南北的铁路十字形主骨架。优越的地理位置为鄂尔多斯吸引游客提供了便利条件。

2. 草原资源丰富 鄂尔多斯草原，历史上曾经是水草美、牧业发达的地方，居住在这里的广大牧民，有着发展畜牧业丰富的经验。鄂尔多斯草原主要以硬梁草原，流动、半流动沙丘和带状草地为主，属于荒漠草原类型。中心产区地下水资源丰富。主要牧草种类有沙蒿、寸草、芨芨草、马莲、芦草、碱草、锦鸡儿、甘草、柠条、针茅、野生草木樨等。人工种植的牧草主要有草木樨、沙打旺、紫花苜蓿、杨柴等优良品种牧草，为养马提供了丰富的饲草料。

3. 动物资源多样性 鄂尔多斯除了有两千多种野生动物外，还是阿尔巴斯山羊和乌审马的重要产地。乌审马以善走对侧步而闻名，主产区为乌审旗、鄂托克前旗、鄂托克旗、杭锦旗、伊金霍洛旗，分布于全市，其中以乌审旗马具有代表性，故得名乌审马。2010 年牧业年度，全市存栏乌审马 8 615 匹，数量逐步回升。

乌审马毛色以栗毛、骝毛为主，头多呈直头，骨长，肩长，肢短，背腰平直，尻倾斜，肌肉发育良好，蹄薄而广，后肢飞节弯曲，并略呈外弧，鬃尾鬣毛较多，距毛不发达，体质结实紧凑、结构匀称，属兼用型品种。乌审马耐粗饲，又能适应当地荒漠草原环境，抗病力强。

自2012年以来，国家提倡将马产业纳入旅游产业，二者互相促进，协调发展。乌审马作为蒙古马的典型代表，对内蒙古乃至西部旅游业的发展均有较大的促进作用。

4. 旅游景区各具特色　近年来，在"结构转型，创新强市"的战略实施下，鄂尔多斯加快产业转型的步伐，提出"大旅游"的发展战略，围绕"成吉思汗长眠地，鄂尔多斯蒙古风"的城市旅游形象，主打"天骄圣地、大漠风光、民族风情、休闲避暑"四大旅游产品，着力构造"五区二线一中心"的旅游发展格局，贯彻实施"区域合作、提升五区、构造一带、放飞两翼"的旅游产品空间布局的建设原则，力图把鄂尔多斯建设成为北疆富有特色的旅游目的地。截至2015年年底，全市共有国家A级景区和工农业示范点47家，其中，包括成吉思汗陵和巴图湾两家国家AAAAA级景区和21家AAAA级景区、4家工农业示范点。

近年来，鄂尔多斯市旅游形象进一步提升，旅游产业不断壮大，极具历史文化价值的成吉思汗陵、沙漠休闲景区响沙湾，碧绿广阔的鄂尔多斯草原，国家一级保护动物——遗鸥的栖息繁殖地世珍园等旅游景区，每年吸引了自治区内外的大批游客。

5. 鄂尔多斯蒙古族马文化极具魅力　蒙古民族是马背上的民族。自古以来，蒙古民族的生产、生活都离不开马，在悠久的历史中产生了丰富多彩的马文化。马文化是以反映人马关系为内容的文化，是人类文化的分支，它包括人类对马的认识、驯养、使役，以及人类有关马的美术、文艺及体育活动等内容。鄂尔多斯马文化，是指鄂尔多斯蒙古族所传承的传统马文化。鄂尔多斯蒙古族家家户户门前竖立着印有飞马图案的天马旗幡，成为鄂尔多斯蒙古族家户的标志，显示着鄂尔多斯蒙古族的马文化传承。鄂尔多斯蒙古族马文化，不仅完整地传承了蒙古民族马文化的共性特点，也具有区别于其他地区的独特的特点。

鄂尔多斯蒙古族中，以马为内容的祝赞词和民歌非常丰富，成为马文化的重要组成部分。祝赞词包括《公马赞》《骏马赞》《马驹赞》《骒马赞》《马鞍赞》等。每项赛马中，当参赛马出发时，祝颂人按传统习俗捧起吉祥的哈达和银碗，祭洒鲜奶进行祝颂。当头马冲过终点时，祝颂人将彩带披在头马身上，并手捧哈达，用鲜奶抹画骑手和马，咏诵《骏马赞》。对骏马的赞颂，除赛马之外，马奶节、鄂尔多斯婚礼、剪马鬃、骟马等活动中处处能领略到。鄂尔多斯蒙古族民歌中，以马为题材的歌曲相当丰富，为马文化增添了丰富多彩的内容。鄂尔多斯蒙古族只要跨上骏马，心情荡漾，就要唱悠扬的民歌。

古老的鄂尔多斯民歌《圣主的两匹骏马》《乌丹河的马驹》《快走马》《云青马》《巴音杭盖》《乌仁唐乃》等广泛传唱于鄂尔多斯草原。

鄂尔多斯曾经是元朝皇官的牧马场。鄂尔多斯蒙古族养马历史悠久，形成了适合鄂尔多斯自然条件的牧马技艺与习俗。农业部曾把鄂尔多斯高原上的马命名为"乌审马"。鄂尔多斯蒙古族马具制作也保留着宫廷文化特点。马上用具一个个成为精美的工艺品，显示着鄂尔多斯蒙古族的技艺与智慧。鄂尔多斯蒙古族特别注重对乘骑的打扮，更重视对走马的装饰。所使用的马鞍子刻制各种花纹图案，镶嵌金银、骨雕或贝雕，配上精美的软垫、鞍鞯，显得华丽夺目。乘骑者也非常讲究穿戴，与马和马的装饰形成一体，显示其风采。

部分旗县以资金补贴的形式鼓励牧民养马，并组织起"走马文化独贵龙""走马俱乐部""马文化协会""马术表演队"等民间组织，开展丰富多彩的马文化活动，有力地推动了马文化的进一步发展。各地确定和培养了一批马文化传承人，一些蒙古族学校邀请传承人现场讲述马文化知识，开展骑马活动，为传承鄂尔多斯马文化做了有益的工作。被誉为"天生走马"的乌审马的重要发源地乌审旗及相关地区，采取多种有效措施传承和发扬马文化，为保护珍贵的文化遗产、繁荣民族文化而努力。

二、鄂尔多斯市马产业发展概况

1. 鄂尔多斯市马产业基地情况　截至 2017 年年底，鄂尔多斯市共建成马产业基地 12 处，达拉特旗 2 处，乌审旗 1 处，成吉思汗陵景区管委会 1 处，伊金霍洛旗 5 处和杭锦旗 3 处。

（1）达拉特旗

邦成马术俱乐部　位于内蒙古自治区鄂尔多斯市达拉特旗，成立于 2006 年，园区占地 67 万 m²。拥有美国夸特马、卢西塔诺马，安达卢西亚马等 80 匹。配备国际标准的马厩、室内马术场馆、速度赛马跑道和五星级水准的接待中心；其中马厩四栋共 200 间马房，多功能室内场馆适用于各类马术竞赛表演；速度赛马跑道为国际标准的 2 000m，训练场面积达 40 万 m²。接待中心设有器械室、健身房、更衣室、VIP 客房 50 余间，具备开展国际赛事的基本要求，重要的是还拥有深厚的马文化基础。

达拉特旗窝阔台旅游区马场　南临库布齐沙漠，北依达拉特旗展旦召乌林滩草原，倍受中外游客关注和青睐。窝阔台旅游区马场成立于 2012 年，是窝阔台景区重要的组成部分，占地面积 660 000m²，拥有马匹 150 匹，配套草场 53.33 万 m²。主要进行蒙古马保种工作，年产值 30 万元。

（2）伊金霍洛旗

蒙古源流文化产业园区马场　马场位于园区北方民国城北侧，于 2012 年 7 月建成，总投资 230 万元，总占地面积 3.2 万 m²，建筑面积 1 260m²。其中马厩 42 个，拥有

56匹马，两名专业管理人员，同时还配备了2间管理室和6间库房，用来放置饲养马匹的必备物品。

珠拉格牧家乐 位于伊金霍洛旗伊金霍洛镇布拉格嘎查，距离成吉思汗陵旅游区6km，马场面积约10 000m²，围栏为木栅栏，内设有主席台、500m的赛马跑道，部分进行了绿化，可在马场内开展射箭、摔跤、赛马等活动。游客可体验沙地摩托，也可以在马场体验骑马。

内蒙古伊泰大漠马业有限公司 是由中国500强企业内蒙古伊泰集团和大漠马业有限公司（旗下拥有国内最国际化的赛马俱乐部CHC杰士马主俱乐部）合资成立，CHC杰士马主俱乐部主席张祖德担任法人代表和董事长。公司位于伊金霍洛旗赛马场，2016年联合建成，中外合资运营马产业。注册资本为2 000万元人民币，员工60余名，拥有120余匹纯血马。

成吉思汗御马苑 伊金霍洛旗人民政府受内蒙古自治区马业协会的委托，出资承建的成吉思汗御马苑（种马养殖场），位于伊金霍洛旗札萨克镇道劳窑子村五社，距札萨克镇25km，与陕西省相邻。马场于2009年9月份开工建设，于2010年10月11日完成所有工程，并通过验收投入运行。马场总占地面积45万m²，建筑面积1 049m²。办公楼1 391m²、四个马厩7 200m²、兽医站389m²、草料库1 200m²，硬化场地49 300m²，投资总造价3 200余万元。截至2017年年底，马场共有进口种马等80匹，其中：英纯血马（美国进口和爱尔兰进口）53匹，萨达尔马5匹，迷你马5匹，克莱斯代尔马3匹，德国汉诺威马2匹。该场培育的马主要用于种马、速度赛马和马术表演。

成吉思汗双骏马术俱乐部 成立于2009年，前身是成立于2002年的鄂尔多斯市伊金霍洛旗阿拉格苏力德走马俱乐部。2009年成吉思汗陵管理委员会为了进一步弘扬成吉思汗文化，传承蒙古族马背文化，打造民族特色文化旅游品牌，组建了成吉思汗双骏马术俱乐部。俱乐部截至2017年有马60余匹、工作人员20多名，占地333.3万m²，拥有标准的马房和训练表演场所，拥有国内唯一一个以传承蒙古族传统马术为宗旨的技巧马术表演队。

（3）乌审旗 乌审旗有1个马业协会和各乡镇12个分会。马累计3 400多匹，其中繁殖母马1 154匹、种公马102匹，用于运动、娱乐项目马600多匹。每年举办各式各样的赛马活动达300场次。在重大节庆和那达慕，以马业协会和马业分会的形式召集牧民带着自己的马匹参加各种活动，一般每年的8—9月份，在察罕苏力德草原举行那达慕大会。

（4）杭锦旗

七星湖民族文化园 七星湖民族文化园总占地面积7.5万m²，马匹数量20匹，采用国际标准赛道，赛道宽30m、全长2 000m，主席台252m²，可容纳500人观看，总投资300万元。

鄂尔多斯草原旅游区马场服务中心 鄂尔多斯草原旅游区位于鄂尔多斯市杭锦旗境内，占地面积近106.7万 m²，视野面积开阔，是一处集旅游、休闲、娱乐、度假于一体，以草原自然景观和民族文化为依托的国家AAAA级旅游景区。兴建于2004年的鄂尔多斯草原旅游区经过10余年的运营，现已发展成为鄂尔多斯市重点旅游项目扶持单位，也是杭锦旗的窗口企业。2014年，景区接待游客量12.2万人次，旅游接待量和旅游综合收入呈逐年上升趋势。景区特设立马场服务中心，面积300m²，马场面积500 m²，马匹150匹。开展射箭、骑马、赛马等项目。

希日摩仁马产业马养殖训练基地 位于鄂尔多斯市杭锦旗伊和乌素苏木希日摩仁嘎查，投入资金400万元，马匹300匹，占地面积100万 m²。基地主要进行赛马、驯马、马文化交流等活动。

2. 马群结构和马匹分布情况 2017年内蒙古自治区马匹拥有量在全国排第三位，达到64.37万匹，占全国马匹总量近18.7%。由于历史传统和生活习俗原因，鄂尔多斯市并不是马肉、马乳主要产地和消费地区，却一直是区内运动和娱乐用马大市。近年来，鄂尔多斯市马匹数量基本保持稳定，截至2017年年底，全市共有马匹13 303匹，其中，拥有运动马2 657匹、娱乐骑乘用马1 263匹，主要分布在乌审旗、杭锦旗、鄂托克旗和鄂托克前旗。从统计数据看，这四地马匹拥有总量约占到鄂尔多斯市马匹总量的93%，在全市马匹规模化养殖中居于统治地位（表9-1）。

3. 马品种资源情况 鄂尔多斯市马品种资源单一，市内马匹主要为乌审马，属蒙古马四大品种之一，具有体质干燥、性情温驯、反应灵敏、适合在沙漠地区骑乘及驮运等特点。乌审马曾一度由20世纪60年代的30 000多匹锐减至2 000余匹，直到进入21世纪以来，鄂尔多斯市以乌审马为基础，与锡林郭勒马、伊犁马、纯血马等优秀马种杂交来提高乌审马规模和质量。现代乌审马品种既保持了传统乌审马的耐寒、善走对侧步、适应驮乘等优点，又吸收了上述良种马的优良结构和性能，是很好的骑乘、走马品种。截至2017年年底，达拉特旗、鄂托克前旗等地引进国外马种7种160余匹，引国内马种6种260余匹，用于赛马和配种繁育，乌审马也迎来了崭新的发展机遇，见表9-2。

4. 马产业企业情况 见表9-3、表9-4。

（1）达拉特旗邦成马术俱乐部有限公司 成立于2013年，位于内蒙古自治区鄂尔多斯市达拉特旗，北与草原钢城——内蒙古最大的城市包头隔河相望，南接陕西北部重要的煤炭基地，处于内蒙古经济最为发达的"呼包鄂"金三角腹地。该区不但自然资源丰富，一向以"扬眉吐气"（羊绒、煤炭、矿土、天然气）著称；且交通条件便利，紧邻包西、包胜等高速公路，距离鄂尔多斯机场和包头机场都较近；更重要的是还拥有深厚的马文化基础，在内蒙古乃至全国小有名气。占地面积33万 m²，员工45人，拥有进口马80匹，主要经营马术教学、赛事、培养教练及骑手，年产值100万元。

表 9-1　2017 年年底鄂尔多斯市马匹基本情况

旗区	运动马数量（匹）	娱乐骑乘用马（匹）	马匹拥有量（匹）	马匹总量全市占比（%）
达拉特旗	140	20	165	1.2
乌审旗	400	400	3 355	25.2
杭锦旗	1 381	200	3 454	26
鄂托克旗	304	36	2 547	19.1
鄂托克前旗	382	57	3 022	22.8
伊金霍洛旗	50	550	760	5.7
合计	2 657	1 263	13 303	—

数据来源：内蒙古统计数据。

表9-2 鄂尔多斯市各旗县区马品种资源具体情况

旗区	序号	马品种名称（含引入品种和新品系）	数量（匹）	基本特点	主要用途	是否建立保护区、保种区或保种场
	1	美国夸特马	40	运动表现力极强、爆发力比较好	参赛、教学	是
	2	安达卢西亚马	10	体型好、运动能力强	马术表演、教学	是
	3	卢西塔诺马	10	体型好、运动能力强	马术表演、教学	是
达拉特旗	4	英纯血马	40	速度快、爆发力好	杂交、繁殖	否
	5	乌审马	120	耐力好、速度快	蒙古马保种	否
	6	呼伦贝尔白马	20	耐寒、耐粗饲	蒙古马保种	否
	7	杂交马	170	耐寒、耐粗饲、耐力好、速度快	育种、骑乘、娱乐	否
东胜区	8	乌审马	75	耐寒、适应鄂尔多斯高原气候	城区周边旅游、观光用马	否
	9	乌审马	3 300	耐旱、抗病力强、耐用	供应马奶及娱乐用途	否
鄂托克旗	10	苏高血马	55	体格强壮、速度快	赛马、配种	否
	11	伊犁马	25	较之纯进口马匹价格低、应激反应基本消除、体格强壮、速度快	赛马、配种	否
	12	乌审马	3 861	耐粗饲又能适应当地荒漠草原环境、抗病力强、适合走马比赛	比赛、旅游、制作奶产品	否
	13	新疆焉耆马	23	走马	比赛	否
鄂托克前旗	14	美国纯血马	2	短距离速度快。赛马跑速历来居世界最高纪录，其走法准确、步幅大、较快而有弹性	配种	否
	15	俄罗斯奥尔洛夫快步马	14	性情温驯而活泼、繁殖性能好，对严寒气候适应性强，并能很好地适应我国不同的风土环境	配种	否
	16	蒙古国蒙古马	9	耐劳、不畏严冷、生命力极强	配种	否

（续）

旗区	序号	马种名称（含引入品种和新品系）	数量（匹）	基本特点	主要用途	是否建立保护区、保种区或保种场
杭锦旗	17	乌审马	3 000	具有适应性强、耐粗饲、易增膘、持久力强和寿命长等优良特性	赛事、观赏、休闲、骑乘、马产品生产、加工	否
伊金霍洛旗	18	英纯血马	354	速度快、耐劳	赛事和马的良种培育	是
	19	乌审马	1 109	具有适应性强、耐粗饲、易增膘、持久力强和寿命长等优良特性	赛事和马的良种培育	是
	20	三河马	112	奔跑速度快、挽力大、持久力强	赛事和马的良种培育	否
	21	小矮马	10	小巧玲珑、天资聪颖、性情温驯	表演和观赏	否
乌审旗	22	乌审马	2 445	乌审马作为蒙古马四大品种之一，历史悠久，具有耐粗饲又能适应当地荒漠草原环境、抗病力强、短小精干、清秀机敏、很有灵气、戈壁沙地行走如飞，具有体制干燥、性情温驯，适合在沙漠地区骑乘及驮运等特点	骑乘、娱乐、驮运	是
	23	杂交马	200	耐寒、耐粗饲、耐力好、速度快	育种、骑乘、娱乐	否
准格尔旗	24	迷你马	2	个子矮小、性情温驯、可作宠物马	娱乐	否
	25	蒙古马	27	肌肉型、耐力强、可以拉动重物	拉游客乘车	否
	26	大洋马	2	性格温驯、速度快	游客乘用	否
	27	杂交马	1	耐力强	耕地	否
	28	泰国纯血马	3	速度快、耐力强	赛马	否
	29	美国纯血马	7	速度快、耐力强	赛马	否

数据来源：内蒙古统计数据。

表 9-3 鄂尔多斯市马产业企业具体情况统计

序号	企业（合作社）名称	基本情况	经营方向	所在旗县区	占地面积（m²）	员工数（人）	年产值（万元）
1	达拉特旗邦成马术俱乐部有限公司	成立于2012年，拥有进口马80匹	马术教学、赛事、培养教练及骑手	达拉特旗	33万	45	100
2	内蒙古窝阔台旅游开发有限公司	成立于2011年，拥有马匹150匹，配套草场53.33万m²	蒙古马保种	达拉特旗	66万	8	30
3	鄂托克前旗成吉思汗八骏马协会	饲养乌审马公马1匹，母马8匹，草场66.67万m²，水地1.33万m²	繁殖、去势、驯马、赛马、展览（马鞍、马鞭等）、马文化传承、承办那达慕大会	鄂托克前旗	66.7万	4	3
4	鄂尔多斯市蒙古马（乌审马）品种保护协会	联户60户，共乌审1200余匹。租赁草场2000万m²，以乌审马为主饲养，组建核心群1个，包括87匹乌审马，引进新疆焉耆走马23匹	组织比赛、旅游业、弘扬马文化、马奶加工	鄂托克前旗	2000万	6	60
5	鄂托克前旗阿拉腾嘎达素马文化协会	马饲养户自行组织的民间组织，包括140余户养殖户。共饲养乌审马2100匹，其中母马400匹，引进俄罗斯、蒙古国种马1700匹，引进国种公马18匹	共饲养乌审马，举办比赛、承办那达慕、庆视性活动中的赛马比赛、敖包等，公司正在鄂托克前旗筹备发展马奶产业	鄂托克前旗	牧户散养		
6	鄂尔多斯鄂托克前旗阿拉格苏勒德马文化协会	训练基地20万m²，协会共饲养乌审马600匹，其中公马400匹，母马200匹，引进俄罗斯种公马5匹，国进口种公马1匹	组织比赛、发展旅游业、弘扬马文化、马奶加工	鄂托克前旗	牧户散养	8	100

（续）

序号	企业（合作社）名称	基本情况	经营方向	所在旗县区	占地面积（m²）	员工数（人）	年产值（万元）
7	杭锦旗希日摩仁马业专业合作社	牧马70匹，成员20户，35人	策格（酸马奶）加工	杭锦旗伊和乌素苏木	牧户散养	5	74.6
8	杭锦旗银马镫养殖专业合作社	牧马26匹，成员5户，20人	策格（酸马奶）加工	杭锦旗伊和乌素苏木	牧户散养	3	20
9	内蒙古可汗御马苑有限责任公司	占地53.33万 m²，员工20人	赛事和马的良种培育，英纯血马	伊金霍洛旗	53万	20	
10	内蒙古伊泰大漠马业有限责任公司	占地80万 m²，员工50人	赛事，马的良种培育，英纯血马115，小矮马4	伊金霍洛旗	80万	50	
11	鄂尔多斯蒙古源流文化产业园区管理委员会	占地2万 m²，员工5人	影视拍摄，马队迎宾，英纯血马24，蒙古马36	伊金霍洛旗	2万	5	
12	准格尔旗金营养殖场	2015年注册	养殖，乡村旅游	准格尔旗	200万	5	20
13	准格尔旗丁鼎农牧业科技发展有限责任公司		养殖，乡村旅游	准格尔旗	8.9万	6	20

数据来源：调研统计数据。

表9-4 鄂尔多斯市马产业基地具体情况统计

序号	基地名称	所在旗县区	基本情况（软硬件方面）	主要经营方向	马品种构成	马数量（匹）
1	达拉特旗邦成马术俱乐部有限公司	达拉特旗	园区占地86.6万 m²，训练场地66.67万 m²，拥有一座专业级室内马术馆，2 000m户外速度赛道	训练、教学、赛事	美国夸特马、卢西塔诺马、安达卢西亚马等	80
2	内蒙古窝阔台旅游开发有限公司	达拉特旗	马场占地66.67万 m²，其中草场53.33万 m²	蒙古马保种、游客骑乘	乌审古走马、呼伦贝尔走马、英纯血马、杂种马	150

（续）

序号	基地名称	所在旗县区	基本情况（软硬件方面）	主要经营方向	马品种构成	马数量（匹）
3	鄂尔多斯市走马御马苑	鄂托克前旗	办公室200m²，宿舍200m²，马厩2000m²，草场，活动场地113.33万m²	马匹繁育	美国进口纯血马、乌审马	81
4	伊和乌素苏木希日摩仁嘎查	杭锦旗	建有赛马场等设施	赛马、驯马、马文化活动	蒙古马	300
5	鄂尔多斯草原旅游景区	杭锦旗	建有赛马场、开展射箭、骑马等项目	马匹饲养、骑乘及疫病防治	蒙古马	150
6	内蒙古司汗御马苑有限责任公司	伊金霍洛旗	占地53.33万m²，员工20人	赛事、马的良种培育	英纯血马	200
7	内蒙古伊泰大漠马业有限责任公司	伊金霍洛旗	占地80万m²，员工50人	赛事、马的良种培育	英纯血马、小矮马	119
8	鄂尔多斯蒙古源流文化产业园区管理委员会	伊金霍洛旗	占地2万m²，员工5人	影视拍摄、马队迎宾	英纯血马、蒙古马	60
9	乌审马产业基地	乌审旗	共有马匹2 445匹，其中能繁殖母马1 154匹，种公马102只，用于运动、娱乐项目马600多匹；有马文化协会10家，骑手500多人，每年举办各式各样的赛马活动达300场次	进行乌审马的保种、培育和扩繁	乌审马	2 445

数据来源：内蒙古统计数据。

（2）达拉特旗窝阔台旅游区马场　窝阔台系一代天骄成吉思汗的第三子，亦称"鄂格德依""格克地"。窝阔台生于1186年，成年后随父征战，屡立战功，为元朝的建立立下了丰功伟绩。据史料（《伊盟古迹志略》）记载，"窝阔台墓俗谓之达拉特哀金，亦名之曰格克地哀金，实即元太宗窝阔台之墓地也。在上丹召（展旦召）之西北，达拉王府之西南，距王府约三十里，离召约五里许。"有鉴于此，数百年来，达拉特旗展旦召乌林特拉墓地就供奉着窝阔台汗的陵寝，并延续至今，成为蒙古族世世代代祭祀这位伟大英灵的地方。

窝阔台旅游景区南临库布齐沙漠，北依达拉特旗展旦召乌林滩草原，形成了集祭祀文化、沙漠旅游、草原观光于一体的绚丽多姿的旅游景区，备受中外游客关注和青睐。窝阔台旅游区马场成立于2012年，是窝阔台景区重要的组成部分，占地面积66万 m^2，拥有马匹150匹，配套草场55.33万 m^2。主要进行蒙古马保种工作，年产值30万元。

（3）佑腾农民专业合作社　位于鄂尔多斯市东胜区，是由8户农民组成的专业合作社，占地面积80万 m^2，主要经营蒙古马出租，供周边旅游区使用，年产值20万元。

（4）成吉思汗八骏马马业协会　位于鄂尔多斯市鄂托克前旗，占地面积66.7 m^2，拥有66.67万 m^2 草场、1.33万 m^2 水地。饲养乌审马公马1匹、母马8匹。协会主要从事马的繁殖、去势、驯马、赛马、展览马具（马鞍、马鞭等）、马文化传承、承办草原那达慕大会等活动，年产值3万元。

（5）鄂尔多斯市蒙古马（乌审马）品种保护协会　位于鄂尔多斯市鄂托克前旗，占地面积2 000万 m^2，联户60户，以乌审马为主共饲养1 200余匹。租赁草场0.2万 m^2，组建核心群1个，包括87匹乌审马，引入新疆焉耆走马23匹。主要从事组织比赛、发展马旅游业、弘扬马文化、经营马奶加工业务，年产值60万元。

（6）阿拉腾嘎达苏马文化协会　阿拉腾嘎达苏马文化协会位于鄂尔多斯市鄂托克前旗，协会为马饲养户自行组织的民间组织，包括140余户养殖户。共饲养乌审马2 100匹，其中，母马400匹、公马1 700匹，引进俄罗斯、蒙古国种马18匹。协会主要从事举办比赛、承办那达慕、敖包等庆祝性活动中的赛马比赛，现正在筹备发展马奶产业。

（7）阿拉格苏勒德马文化协会　是鄂尔多斯市首家由民间团体注册登记，以保护和发展马文化为己任、以走马为主、以跑马和马奶产业为副业的民间团体，于2002年秋季在鄂尔多斯市鄂托克前旗马拉迪开发区成立。协会自创建以来，在各级党政领导和广大农牧民的支持和关怀下，已拥有马匹1 000多匹，其中乌审马600匹，引进俄罗斯种公马5匹、美国进口种公马1匹。拥有会员70多名和30 000 m^2 的训练场所。该协会是"鄂尔多斯学会"会员单位，也是"中国鄂尔多斯马文化保护基地"的一支年轻、有活力、独具表现力和开创精神的马文化劲旅，年产值达100

万元。

5. 马产业科技支撑体系建设情况　从科技服务体系看，鄂尔多斯马业技术服务主要依靠当地公共畜牧兽医系统提供。在马的繁殖方面绝大多数仍然采用传统的群牧自然交配，马的人工授精技术力量薄弱。兽医防疫方面，经过多年的建设，市、旗、乡三级动物防疫网络体系已基本形成，特别是近年来依托动物疫情监测站建设、旗县级动物检疫监督设施建设、乡镇畜牧兽医站基础设施建设等项目支持，进一步改进了各级动物防疫机构的工作环境及防疫条件，防疫手段日趋完善，防疫水平日益提高。从技术研发看，在鄂托克前旗成立了蒙古马保护性繁育基地，基地与内蒙古农业大学展开合作，通过引进优良马品种资源，对乌审马进行杂交改良试验，截至2017年年底，蒙古马繁育基地年繁育能力达到200匹／年。同时借鉴先进的运动马性能测定技术，能够较为客观量化评价运动马运动性能，初步改变了传统的运动马主观定性评价为主的落后方法。

6. 马产业涉及人才情况统计　据统计，鄂尔多斯市马产业相关从业人员达到2 000人，其中，马主达到890人，骑手有636名，主要分布在乌审旗、杭锦旗、鄂托克旗、鄂托克前旗4地。马产业从业人员结构来看，马主大多数仍为牧户或普通养马者，很大一部分马主除了扮演训练师外，还扮演骑手角色，在很多赛马比赛中屡有斩获，见表9-5。

表9-5　鄂尔多斯市马产业人才情况统计

旗　县	马主（名）	训练师（名）	马医师（名）	专业骑手（名）
达拉特旗	25	5	2	9
乌审旗	175	175	3	175
杭锦旗	150	85	5	200
鄂托克旗	60	4	3	2
鄂托克前旗	480	65	7	230
伊金霍洛旗	—	1	1	20
合计	890	335	21	636

数据来源：调查统计。

7. 鄂尔多斯市马产业指标分析

（1）构建鄂尔多斯市马业集约度指标体系　本研究选取了马产业生产体系、经济体系、文化体系和政策体系四个方面作为项目层，选取了马匹总数、马产业相关赛事总数、马相关医疗卫生人员比率和马相关产业收益率等22个指标来构建马产业集约化发展的评价指标体系，见表9-6。

下篇

内蒙古盟市马产业发展路径

表 9-6　鄂尔多斯市马产业集约度指标体系

目标层	项目层	指　标	计算或统计说明	功效性
鄂尔多斯市马产业发展程度	马产业生产体系	马匹总数	研究区各旗区的总马匹数	+
		运动马总数	研究区各旗区的运动马匹数	
		马匹拥有量	研究区各旗区的马匹拥有量	
		娱乐运动马总数	研究区各旗区的娱乐运动马匹数	
		草原覆盖率	各旗区草原覆盖面积 / 研究区草原覆盖面积	+
	马产业文化体系	马文化建设场馆及公园总数	研究区各旗区马文化场馆和公园数	+
		马产业相关赛事总数	研究区各旗区马产业相关赛事和那达慕大会总数	+
		教育文化娱乐比率	研究区各旗区马相关教育文化娱乐总数 / 研究区马相关产业教育文化娱乐总数	+
		马产业马主人才总数	研究区各旗区马主人数	+
		马产业训练师人才总数	研究区各旗区训练师人数	+
		马产业马医师人才总数	研究区各旗区马医师人数	+
		马产业专业骑手人才总数	研究区各旗区专业骑手人数	+
		马文化建设俱乐部总数	研究区各旗区马文化俱乐部	+
	马产业政策体系	盟市级马相关称号总数	研究区各旗区盟市级及以上马相关称号数	+
		马相关医疗卫生人员比率	研究区各旗区马相关医疗卫生人员人数 / 研究区马相关医疗卫生人员总人数	+
		政府扶持资金率	研究区各旗区马产业扶持资金额 / 研究区马产业总资金额	+
	马产业经济体系	马相关产业收益率	研究区各旗区马相关产业收益 / 研究区马相关产业总收益	+
		农牧区常住居民可支配收入	研究区各旗区农牧区常住居民可支配收入总数	+
		第三产业总值指数	研究区各旗区第三产业生产总值指数	+
		牧业总值	研究区各旗区牧业总数	+
		城镇化率	研究区各旗区常住城镇人口 / 研究区各旗区常住总人数	—
		地区人均 GDP 总值指数	研究区各旗区人均 GDP 值 / 研究区总 GDP 值	+

（2）马产业发展评估方法　将鄂尔多斯市 8 个旗县区的 22 个马产业发展指标输入 TOPSIS 模型进行计算，按照 C_i 值的大小排序结果如下（表 9-7）：

表 9-7　鄂尔多斯各地区马业发展综合水平排序

旗县地区	伊金霍洛旗	达拉特旗	乌审旗	鄂托克前旗	杭锦旗	鄂托克旗	准格尔旗	东胜区
C_i	0.65	0.47	0.45	0.33	0.285	0.281	0.16	0.157
排序	1	2	3	4	5	6	7	8

通过 TOPSIS 模型计算结果可知，按照 C_i 值大小排序，民族马业发展集约化程度与城镇化水平、马匹品种特性分布存在一致性。伊金霍洛旗、达拉特旗、乌审旗位列前三，这些地区民族马业发展集约化程度高。伊金霍洛旗属东胜区，拥有鄂尔多斯国际赛马场，举办过许多大型的现代马赛事，有发展现代赛马的基础；达拉特旗距离伊金霍洛旗较近，紧邻包头，呼市，具有较好的区位优势。达拉特旗邦成马术俱乐部，在内蒙古乃至全国地区都有较大名气，可以实行会员制度，发展现代马业；乌审旗是传统乌审马之乡，可发展民族马业，进行走马繁育，走马比赛。东胜区、准格尔旗综合水平最低，表明其马业发展集约化程度较低。

8. 鄂尔多斯马文化的发展概况　蒙古族马文化的推广与应用对促进我国各民族人民相互了解和团结，对继承和弘扬民族传统文化起重要作用。经鄂尔多斯文化局挖掘、整理和申报，2007 年，鄂尔多斯马文化被列为首批市级非物质文化遗产保护名录。内蒙古自治区鄂尔多斯市无论是公园、广场，还是街道、社区，以"马"为创作元素的建筑、雕塑随处可见，为城市点缀了马元素，营造了浓郁的民族氛围。

9. 乌审旗马产业发展概况　马产业可开发利用的产品和项目种类很多，产业发展主要有马术、休闲娱乐骑乘、赛马、产品马业 4 种模式。为了配合现代马业文化传播的需要，2015 年乌审旗马业协会与鄂尔多斯市乌审旗蒙古马养殖专业合作社在乌审旗苏力德苏木塔兰乌素嘎查的查干河西岸，合作成立了马文化博物馆，博物馆一年四季免费供牧民、师生、公务员、经商者、旅游者、研究者观展，每日观展时长达 10h。马文化博物馆是全面完整地收藏、保护、传承"乌审马"几千年历史文化价值和传统遗产的绝佳地方，是以乌审马文化为核心的集旅游、休闲娱乐、工艺制作于一体的文化旅游单位。

（1）乌审走马的发展及规模　乌审旗是"乌审走马"的发源地。元朝在这里设置了全国 14 个官办牧场之一的察汗淖尔牧场，迁来 3 000 户牧民养马，使得这里的牧马业空前繁荣，竞技走马蔚然成风，赛马评级，比赛规则，鉴别标准日臻完善，逐步形成富有地域特色、极具影响力的竞技体育比赛方式。时至今日，乌审草原上仍有不少牧人沿袭千年遗风，崇尚走马竞技，热心马文化研究及走马驯养技艺，成立各类马文化协会，开展各种各样的走马比赛和马文化技艺切磋交流活动。2017 年，乌审旗的走马良马种群已经初具规模，走马数量达 1 000 匹，走马数量和质量逐年提高，2020 年走马数量达到 3 500 匹。为了加快乌审马改良进程，切实提高马匹改良技术支撑，必须坚持本土马配种改良，引进国外优良走马品种种公马，不断改善培育环境，全力提高走马繁育质量，提高改良的优质化程度，把鄂尔多斯市逐步打造成马业发达城市的走马供应地。

（2）乌审走马的传承保护发展情况　为了壮大乌审马产业，弘扬乌审走马文化，并使这个非物质文化遗产被更好的传承和保护，乌审旗政府支持并组织起"走马文化独贵龙""走马俱乐部""马文化协会"等民间组织，开展丰富多彩的走马文化活动，有力地推动了走马文化的进一步发展。并且确定和培养了一批"走马文化"传承人，一些蒙古族学校邀请传承人现场讲述"走马文化"知识，开展骑马活动，为保护珍贵的非物质文化遗产、繁荣"走马"文化而努力。

10. 传统马具、熟皮制作技艺传承人　手工制作实用器物，自古有之。尤其是生活在蒙古高原上的游牧民族，他们可利用的动植物资源异常丰富，如森林里的植物、草原上的花卉、动物的皮毛均可制作各种手工器物，也包括编织马鞭子。在漫长的历史发展进程中，包括染色、图案、纹样在内的装饰手段，都在不同程度上美化着草原牧人制作的各种手工器物。在现代社会，手工制品难能可贵。散落在蒙古草原上的民间艺人，他们每一个人身上都有自己独特的工艺技法和款式纹样。熟皮是游牧民族文化的重要组成部分，熟皮后制作的皮制品在蒙古族手工艺中有着不容忽视的地位，具有自己独特的审美特征和文化内涵。辔头（包括络头、马衔、马镳、笼头花和缰绳）、鞍具（包括鞍桥、鞍垫、鞍花、马镫、鞍韂、梢绳、肚带等部件）、绊索、马鞭、马汗板、套马杆在内的全套马具，随着游牧文化的发展，也或早或晚在草原上悄然勃兴。

鄂尔多斯市乌审旗嘎鲁图镇萨如拉嘎查的牧民格希格达来是乌审旗传统马具制作技艺及传统熟皮制作技艺代表传承人。今年七十多岁的格希格达来老人制作马具长达五十余年。制作的马具极富蒙古族传统马具的韵味，鄂尔多斯蒙古族马具制作还留有宫廷文化特点，整个制作过程几乎是从头到尾，全部为手工制作，突出体现了蒙古族手工工艺的技术特点。因为马具的制作材料包括皮子、铁、铅、铜、铝、木头、骨头、织品等多种材料，还要有熟皮子、金属加工、木匠、手工雕刻等多种技艺，因此，它要求一位制作马鞍具的工匠，不仅要掌握多种材料的制作加工技艺，还要熟悉各种材料的性能和品相。

鄂尔多斯蒙古族马具制作民间手工技艺蕴含着蒙古族牧民们特有的精神价值、思维方式、想象能力和文化意识，体现着蒙古族人民的生命力和创造力。一个民族手工艺技法的传承，在这些默默无闻的蒙古族民间艺人手中默默地流传下去，见证着马具文化的延续。

三、鄂尔多斯市马产业发展的制约条件与有利因素

1. 鄂尔多斯市马产业的制约因素　近年来鄂尔多斯市养马业有了一定的发展，但还存在一些困难和问题。制约鄂尔多斯市马产业发展的因素有马文化挖掘深度不高，马匹

优质化、规模化程度不高，基础设施及配套设施与国际标准差距较大，马业职能分散，马产业人才培养不足以及未形成可持续发展马业的思路和规划等。

（1）马文化挖掘不深　马产业还没有形成扩散植入效应。当前，全市马文化发展主要依靠官方或半官方层面的专家交流和研讨，对于马文化的群众集中普及仍然是一项空白，大多数人对马产业的认识仍然停留在役用年代，对赛马活动认知仍然立足于旁观角度，马产业巨大的经济效益和社会效益不能被人民普遍发现和认识。

（2）马匹优质化、规模化程度不高　鄂尔多斯市的马匹数量虽保持稳定，但是总体数量和兄弟盟市相比仍然偏少，马匹没有形成以先进科技手段为支撑的规模化育养，马匹优质化程度不高。马匹规模化、产业化发展压力持续增加，因此，必须加快发展马匹规模化养殖，形成规模效应，改善马匹质量，节约养殖成本。

（3）基础设施及相关配套距离国际标准差距较大　基础设施及配套设施投入不足，导致其标准与国际标准有较大距离，并且种马引进的相关投入不足。由于历史原因，鄂尔多斯在马业发展方面投资较少，赛马基础设施面临维护或功能提升费用不足等问题。马匹改良种马的数量和质量、马的改良体系呈现出良种基地规模小、种群退化等不利局面。加强基础设施建设投入，坚持引进来和自我研发相结合，缩小与国际标准的差距。

（4）马业职能分散　赛马业经营管理、马主、马医师、专业骑手等人员配备不足，特别是骑手的专业化程度不高。由于推动新兴马产业发展是一项系统工程，鄂尔多斯市旅游局、体育局和畜牧局存在一些职能交叉；一些旗县虽然成立了马术协会，但是作用仍然有限，社会性马业场所数量偏少，远不能适应新兴马产业的发展要求。今后马业的经营要实行专业化管理，各级政府部门应科学划分职能，强化马业协会对马产业发展的协调和指导作用。

（5）马产业人才培养不足　鄂尔多斯市马产业相关从业人员达到 2 000 人，马主达到 890 人，骑手有 636 名。从马产业从业人员结构来看，马主大多数仍为牧户或普通养马者，很大一部分马主除了扮演训练师外，还扮演了骑手角色，缺乏大量的骑师、调教师、教练员、科研人员。赛马业经营管理、马主、马医师、专业骑手等人员配备不足，特别是骑手的专业化程度有待提高。

（6）没有形成可持续发展马产业的总体规划和思路　鄂尔多斯市现代马产业发展起步较晚，与现代畜牧业的发展结合不够紧密，与民族文化、地域特色、旅游发展、产品开发、品牌建设等融合不够。与其他产业发展的融合不足，未形成产业链条。缺乏科学、完整、可行的产业化思路、整体规划、战略性措施和扶持政策，未来还有待进一步研究。

2. 鄂尔多斯市发展马产业的有利因素

（1）具有深厚的马文化根基　马曾经作为人类的天然盟友，在漫长的历史演进中扮演了关键角色。时至今日，马的精神传承还在延续，大型祭祀、婚礼文化活动中马是不可或缺的元素。有"马背上民族"之称的蒙古族，常年与马打交道，与马有着天然的亲近，不仅掌握独特的育马、驯马技术和技巧，而且识马性、懂马意、解马语。每年各地的那达慕大会,赛马、马术表演活动已经成为不可替代的看点和亮点。城市雕塑、道路桥梁中马的印记随处可见,体验骑马、观赏赛马已成为城市居民内在精神追求。

(2)具有独特的区位优势 鄂尔多斯市与宁晋陕等省区毗邻,处于最适合牧草生长和马匹生存繁衍的地理位置,历来是马资源丰富地区之一,也是周边省区重要的马匹供应地。鄂尔多斯传统而独特的马文化在西北地区处于明显优势,境内交通十分发达,多条高速和铁路干线直通外界,国内主要城市直飞航线全部开通,是西北地区重要的交通枢纽和旅游目的地,依托独特的自然、人文、区位等优势,进一步推动马产业发展,不仅能拓展相邻省区庞大消费群,还能吸引外省资金投入,市场前景十分广阔。

(3)具有较强的产业发展潜力 成吉思汗文化体育产业园、蒙古源流文化产业园、鄂尔多斯文化产业园的集中兴建为马产业发展提供了文化引领和载体平台。各繁育基地为民间赛马和旅游区培育优质马匹成为常态,天骄育马苑拥有100匹高端马,每年可稳定培育良马30~50匹;鄂尔多斯走马御马苑培育能力达67匹/年。截至2017年年底,鄂尔多斯市的良马种群已经初具规模,走马数量达1 000匹,占内蒙古自治区走马总数的80%以上,走马数量和质量逐年提高。

(4)具有优良的产业服务设施 近年来,鄂尔多斯市依托深厚的马文化旅游资源和一流的场地设施条件,大力推动马匹繁育、赛马和马文化发展。成吉思汗陵、苏泊罕草原、响沙湾、秦直道等历史自然景观为人所熟知。特别是近年来全市先后建成成吉思汗陵那达慕会场、伊金霍洛旗赛马场(共有100个马房、200个马厩)等赛事场地和蒙古马改良基地、天骄御马苑、走马御马苑、达拉特旗邦城马匹基地等马匹繁育基地,可全面满足马匹饲养、交流各项要求,整体达到自治区领先水平,具备承办全国性赛事的能力。

(5)具有举办大型赛事组织经验 2011年以来,鄂尔多斯成功举办国际马文化节、绕桶马术世界杯选拔赛、全国马术三项比赛锦标赛、首届中国马术大赛、国际那达慕大会等一系列知名赛事,组织能力和办会水平受到各界广泛好评,赛事品牌影响力明显提升。

四、鄂尔多斯市马产业发展思路

1. 马产业发展原则

(1)坚持政府引导和市场运作相结合 鄂尔多斯市马产业的培育和发展应以经济利益为驱动力,政府起引导作用,企业为主体,龙头企业示范引领,走市场化运作道路。马匹繁育基地、马道等设施建设运营,赛马组织承办,均要通过市场化手段推动和发展。

(2)坚持大众参与、万众创新 加大对鄂尔多斯市马文化知识的普及力度,创新普及形式,强调大众融入,倡导大众型马文化,把马产业发展同提高国民素质、发展全民健身运动结合起来。加大马产业在旅游景点的项目设置、产品设计、服务推广等旅游环节的嵌入力度,将马产业与旅游业结合起来。推动竞技马匹和娱乐骑乘马匹繁育基地化发展，将马匹繁育与竞技赛马、娱乐骑乘结合起来，竞技赛马和娱乐骑乘逆向拉动马匹保护与繁育。

（3）坚持部门联动、协同推进发展　从发展现状看，鄂尔多斯市马匹资源主要分布在市级以下旗县，庞大的观众群和一流的产业基础设施相对集中在中心城区，推进马产业发展必须坚持分旗县、分部门推进原则，科学规划马匹繁育、赛马、休闲骑乘产业布局，形成三者之间相互支持、相互协同、相互促进的现代马业格局。

2．马产业发展方向、总体目标和主要任务　按照因地制宜、相对集中、重点突破的区域布局原则，鄂尔多斯市马产业要集中在道路便利、牧场优良、设施完善及有优良景区的地区，以鄂托克前旗、达拉特旗、中心城区等为重点发展区域。

（1）发展方向　结合区域优势和基础条件，以深厚的马文化底蕴为依托，以市场为导向，着重发展竞技赛马、骑乘娱乐、良马繁育等产业，加快完善马产业基础设施，着力统筹产业体系协调发展，以完善带动农户组织制度和企业利益连接机制为保障，创新马产业体系的体制机制。大力开展、组织竞技赛马活动，参加国内或国际各类赛马活动，以打造地方品牌赛事和承办国际国内大型赛事、开展马术表演、拓展旅游体验等为发展途径，推动马文化和旅游业深度结合，实现马产业跨越式发展。

（2）总体目标　以建立养马示范户为马匹繁育途径，加强马匹繁育基地与养马示范户合作衔接，到 2025 年，全市马匹规模达到 3 万匹。其中，走马御马苑、天骄御马苑、邦城繁育基地、马术俱乐部的竞技运动马匹存栏总量达到 6 000 匹；各旅游景点娱乐骑乘用马达到 4 000 匹；建成养马示范户 100 家，蒙古马保种基地、乌审旗马匹培育基地及养马示范户的马匹存栏量达到 1.3 万匹。马匹的规模化饲养数量达到 2.3 万匹，占到马匹总量的 76.7 %。通过马匹繁育基地建设，进一步推动全市马产业发展，把我市建成马文化集中展示区、蒙古马重要保护区、走马主要供应区和现代马业崛起活力区。

马文化集中展示区　深入挖掘马文化内涵，扩大马文化对外交流，搭建马文化主要承载平台，推动鄂尔多斯市成为自治区马文化示范基地。定期举办马业论坛。加快推进马文化主题公园、马术培训基地和马术俱乐部建设，到 2025 年左右要在全市范围内建成大型马文化博物馆 1 个，马术俱乐部数量达到 6～8 家。

蒙古马重要保护区　保护蒙古马遗传基因，增强乌审马群繁殖。以鄂托克前旗蒙古马保种基地和乌审旗马匹培育基地为载体，以建设养马示范户为繁育途径，与内蒙古农业大学或者国内先进科研院所展开深度合作，全面提高优质纯种乌审马的繁殖水平，每年可提供蒙古马等地方良种马 2 000 匹、杂交良种马 2 500 匹。

走马主要供应区　坚持本土马配种改良，引进国外优良走马品种种公马，不断改善培育环境，加快乌审马改良进程，切实提高马匹改良技术支撑，全力提高走马繁育质量，提高改良的优质化程度，把鄂尔多斯市逐步打造成马业发达城市的走马供应地。2025 年走马数量达到 5 000 匹。

现代马业崛起活力区　加快马业人才培养，到 2025 年鄂尔多斯市优质骑手达到 500

名以上、具备向市外输出骑手的能力。逐步开展竞技赛马，推进赛马业规范化、规模化发展，2025年要在全国范围内具备一定影响力。推动旅游休闲与马产业发展相结合，制定分阶段推进计划，2025年建成1条运动马道和3条以上旅游观光马道，力争使赛马娱乐成为重要的旅游品牌。

（3）主要任务

推动马匹优质化育养　一是以蒙古马保种基地和乌审旗马匹繁育基地为基础建设地方马保种、扩繁和杂交繁育基地；以天骄御马苑、达拉特旗繁育基地为基础，繁育竞技运动马（走马、速度赛马）；以走马御马苑基地繁育娱乐骑乘用马。二是逐步建立马匹登记制度，采取"请进来、走出去"的方式，引进专家定期对全市的马匹繁育人员进行饲养、防疫、繁育培训，选拔优秀人才到科研院所、繁育基地进行代培学习，逐步组建鄂尔多斯市的竞技运动马和娱乐骑乘用马繁育队伍。三是与锡林郭勒盟、通辽市建立马匹引进合作机制，采取租借等形式大力引进一批市场需求量大的马匹，满足全市短时间内的用马需求；由国外引入3～4个竞技运动马和2～3个娱乐骑乘用马品种，筛选最佳杂交组合，生产符合市场需求的竞技运动马和娱乐骑乘用马，逐步形成区域马匹种群。四是引进、建立、发展竞技运动马和娱乐骑乘马繁育龙头企业，通过"公司＋农户"的模式繁育运动马。一方面，由马匹繁育企业将小马驹出售给农牧民代养，并签订代养协议，提供技术支持，2年后以高于出售价格回收，并通过本地马匹交易平台进行拍卖、销售；另一方面，加强对农牧民马匹繁育与马匹饲养技术的培训，引导有条件的农牧民繁殖、培育走马等竞技运动马品种，在节约养马成本的同时，增加农牧民收入。

加强基础设施建设　一是根据产业发展实际，对旗县现有的简易赛马场进行改造升级，对已具备规模的赛马场按照大型赛马要求完善设施标准，使之成为大型综合性赛马活动中心。坚持"功能实用、避免重复"的思路，统筹建设马匹交易中心、饲草料基地、马文化主题公园等配套设施，为马产业发展提供基础性支撑。二是适度发展社会性马业场所，加快成吉思汗体育文化产业园内的马文化博物馆的建设进度。通过外地引进、合资组建等模式再发展2～4家大型马术俱乐部。三是加强马道建设，在中心城区、重点景区开辟运动马道和观光马道，沿途驿站串联，设有蒙古包住宿、农（牧）家乐餐饮和特色演出，并提供马匹饲养、检疫等服务，带动种植、影视制作等相关产业共同发展。

加强马业机构和人才队伍建设　一是组建马业机构，整合工作职能。组建鄂尔多斯马业协会，承担全市赛马、马论坛、马产业研究等大型活动和马匹保护培育等协调管理事项。旗县马术协会承担马匹日常训练和管理、组织大型马术比赛等职能，定期举办常规性的赛马大会，逐步积累运营和管理经验。建立马产业发展基金，为马产业发展提供资金筹集和融资支持。支持企业组建鄂尔多斯马产业发展投资有限公司，作为市内各级营利性赛事的主要承办运营方。二是加快马产业人才集聚。将马产业人才纳入鄂尔多斯"1＋8"人才政策体系中，享受相关政策待遇，促进市外优秀骑手、马训练专家、马医师在鄂尔多斯市集聚。在鄂尔多斯生态学院等有条件的院校开设马产业专业选修课程，并与国内马术学校合作，通过委培方式加快培养本土专业骑手，全力提高鄂尔多斯市骑手的整体骑术水平。

推动赛马活动有序开展 一是规范民间赛马。本着"适度干预、多数参与、顺势引导"的原则，统筹因时间冲突的旗区那达慕及各类赛马活动，最大限度发挥民间赛马对竞技赛马的基础性作用。二是制定赛马方案。根据现有法律法规和鄂尔多斯市实际，科学合理制定竞技赛马方案。三是发展竞技赛马项目。组织各旗区赛马协会、马主、马术运动爱好者举行鄂尔多斯赛马大赛，比赛分为速度赛和走马比赛两个项目。积极与大型马会合作，建立基于赛事组织和技术共享为基础的合作关系，聘请赛事运营机构，对赛事进行运营管理。同时要加大宣传推广工作力度，在广播、电视开设马文化及马术运动专栏，通过策划名人访谈、骑乘休闲等专题，全方位展示鄂尔多斯市的马文化，同时植入赛事信息，发布赛马相关活动内容，直播、转播国际国内精彩赛事。

3. 旅游业推动马产业发展 近年来，鄂尔多斯市旅游业呈现多渠道投入、多元化发展势头，旅游客源市场逐步扩大。结合鄂尔多斯旅游与马业的实际情况，开发以马为要素的多元文化旅游休闲项目，将旅游与马产业融合发展势在必行。2012年全市旅游接待人数达到592.9万人次，旅游总收入达到125.4亿元，2016年，旅游接待达到892万人，旅游总收入达到221.3亿元，马文化旅游产业收益有很好的基础和提升空间（表9-8）。旅游产业效益的提升很大程度取决于能否借助新的吸引点"留得住游客"。如果说贯穿城市与乡村的高速网络是"快行系统"，那么发展旅游马产业就是以"都市慢生活"为特征、供市民和游客休闲的"慢行系统"。通过发展休闲娱乐、观赏、生存体验、竞技4种具有鄂尔多斯市特色的马文化旅游类型，以及相关民族工艺品和纪念品开发、蒙古特色服饰制作、饮食加工等来提升马文化旅游产业的经济效益。

从客源结构来看，鄂尔多斯市旅游市场现状以近距离游客为主，国内客源市场占绝对优势。具体特征为：以国内近、中程客源地游客为主。在自治区内，以鄂尔多斯市本地游客、自治区内的呼和浩特、包头游客为主体；在自治区外，以京津、山西、河北等地的游客为代表，东部经济发达地区客源较多，且多通过呼和浩特、包头、银川、榆林等周边城市的旅游组织进入鄂尔多斯市；海外旅游市场中，以邻近的蒙古国、日本、韩国游客为主，港澳台游客也较多，其次是俄罗斯、美国、新加坡等国。

综上所述，鄂尔多斯市旅游业的发展，将带动其他产业协同发展，形成产业链条，前景广阔，壮大鄂尔多斯市经济，激发新的经济增长点。

表9-8 马文化旅游产业

类　型	项目代表	发展依托	特征与定位	相关产业
休闲娱乐类	景区骑乘	城市（马队迎亲、娶亲）；成陵、苏泊罕草原、响沙湾、恩格贝、上海庙草原大舞台、鄂托克前旗文化旅游村等	市民、游客参与；作为景区特色内容面向普通游客	服饰制作、广告制作、骑马装备制作、民族工艺品和纪念品制作

（续）

类　型	项目代表	发展依托	特征与定位	相关产业
观赏类	马背表演、马术表演	中心城区马术培训基地、娱乐骑乘用马繁育基地；马主题公园、苏布尔嘎马术基地等	游客观看；作为与景区链接的马术表演观赏基地	职业培训、广告、骑手服饰制作
生存体验类	线路马背旅游、饮食习俗	观光马道及运动马道；马上狩猎；特色蒙餐馆	游客参与；中高端旅游群体	广告、民族服饰制作、骑马装备制作、饮食加工、旅游房地产
休闲类	马文化博物馆、马匹繁育基地	中心城区马文化博物馆、马主题公园、走马御马苑、天骄御马苑、蒙古马保护基地	普及知识，游客观看了解；普通大众	职业培训、广告制作、民族工艺品和纪念品制作

4. 赛马业推动马产业发展　大力发展竞技体育产业，特别是赛马业，依据内蒙古鄂尔多斯市大型赛马和马术表演活动实际情况，推广国际赛事规则，促进赛马活动的有序开展。一是规范鄂尔多斯民间赛马。本着"适度干预、多数参与、顺势引导"的原则，统筹因时间冲突的旗区那达慕及各类赛马活动，最大限度发挥民间赛马对竞技赛马的基础性作用。二是集合相关专家、企业俱乐部、赛马爱好者，赛马协会制定设计实用的、客观的、科学的鄂尔多斯赛马方案。三是成立鄂尔多斯赛马管理委员会。全面参与监督管理，保障观众、马主、骑手、承办运营方、马场等相关方利益。采取"有奖观赛、抽奖促销"等方式，与大型商场、超市合作发售赛马大赛门票，探索"积分"奖金制度，市场化运作赛事。四是发展鄂尔多斯竞技赛马项目。组织各旗区赛马协会、马主、马术运动爱好者举行鄂尔多斯赛马大赛，比赛分为速度赛和走马比赛两个项目，大力发展具有鄂尔多斯特色的乌审马走马大赛，积极与大型马会合作，建立基于赛事组织和技术共享为基础的合作关系，聘请赛事运营机构，对赛事进行运营管理。同时要加大宣传推广工作力度。在广播、电视开设马文化及马术运动专栏，通过策划名人访谈、骑乘休闲等专题，同时植入赛事信息，发布赛马相关活动内容，直播、转播国际国内精彩赛事，全方位展示鄂尔多斯市的马文化，培育市场认同度，加强走马与赛马的联动关系。

5. 乌审马培育推动马产业发展　以现有的鄂尔多斯走马御马苑、鄂尔多斯天骄御马苑、邦城培育基地、乌审旗马匹培育基地为基础，不断完善配套设施，扩大草场规模，加强草场保护，利用先进科技手段探索乌审马改良繁育，提高供种能力，使蒙古马的这一品种资源传承下去。一是对鄂尔多斯现存的2 600多匹乌审马进行严格筛选和鉴定，选出性状最接近传统乌审马的种公马和基础母马，建立繁育基本种群和严格的繁育体系。根据遗传进展和预期育种指标，进行横交固定，最终选育出具有传统优良性状的乌审马种公马和种母马。二是挖掘乌审马独具特色的马术表演和比赛项目，如走马、绕桶、驾战车等，制定赛事规范、行业细则。三是借助乌审马的品牌优势与鄂尔多斯优势资源的完美嫁接，挖掘乌审马优质资源的创新利用，开辟鄂尔多斯市马产业跨越式发展的新局面。

6. 马文化推动马产业发展 鄂尔多斯市应突出地域特点和优势，着力马文化产业发展，以马文化产业发展为龙头带动地区文化长远发展，促进体育、旅游、地域经济和相关产业投资的互动运作，打造马文化品牌。将鄂尔多斯市文化旅游局、马术俱乐部，以及马术爱好者、企业、社会大众参与并入协同发展，从专业化和民主化的层面上来指导与协调，本着文化先导，产业协同，市场推进，群众普及的原则，整合各方资源，挖掘、保护和开发中国的马文化资源，科学化量化分析，普及推广马主题的娱乐形态和健康生活方式，指导马文化产业投资和产业发展，在民族马文化和时尚马文化的任务上树立大旗，为了鄂尔多斯市马文化与马产业的传承和发展贡献力量。

7. 鄂尔多斯市马产业发展的效益 通过现代马产业发展，未来鄂尔多斯市的马匹数量将大大增加，促进一、二、三产业协同发展，优化产业结构，壮大鄂尔多斯市经济。同时带动农牧民增收，创造就业机会，实现社会稳定。

(1) 创造巨大的经济效益 旅游产业效益的提升很大程度取决于新的吸引点"留得住游客"。通过发展休闲骑乘、民俗生活、篝火晚会、套马表演等体验项目，以及相关马文化工艺品和纪念品开发、马鞍、骑乘服饰制作等来提升马文化旅游产业的经济效益。

截至 2017 年年底，我国内地"马彩"业还未开放，单纯靠赛马赛事，国内马场普遍呈现出收益有限、利用率低的状况，很难维持马场的正常运营。面临未来"马彩"可能开放的机遇，应加大在软硬件上投入，通过各种方式培育市场氛围，积极延展马场功能、发展俱乐部和其他关联产业来达到运营的经济效益。

(2) 产生社会公益效益 养马业的发展，促进饲草、饲料的研发加工销售业，改善牧区的整体经济结构，提高综合竞争实力；促进马匹贸易成为全市新的经济增长点，将之打造为造福当地的致富工程，增加当地财政收入和农牧民收入，促进社会稳定。马场作为社会公益性设施，通过举办赛事，发展公益事业，极大的提升项目乃至区域的知名度。

(3) 良好的生态效益 马尿和马粪肥力较高，可作为有机肥料加以利用。项目生产过程中对马尿进行密闭收集，集中排放于封闭的马尿存贮池内，提供给农民作为农家肥，或用排污车拉运至草场林带用于灌溉。通过马产业综合开发建设、养殖、饲草料种植、产品加工，逐步形成产业化生产基地，实现较好的生态效益。

第十章

乌兰察布市马产业发展路径

近年来，内蒙古马产业有了新的发展势头，包括传统马业、现代竞技马业等全面发展，从政策、经济、教育、实践等层面，各单位组织、个体进行了多样化、创造性的探索。关于我国马产业发展的研究也不断增多，包括研究者和相关从业者都在积极努力地探索民族马业发展的新路径，对乌兰察布市的马产业研究和总结如下，希望对本市及内蒙古自治区马产业发展提供相应的发展思路和方向。

一、乌兰察布市马产业发展条件

1. 区位优势 乌兰察布市地处中国正北方，内蒙古自治区中部，包括集宁区、丰镇市、察哈尔右翼前旗、察哈尔右翼中旗、察哈尔右翼后旗、四子王旗、商都县、化德县、卓资县、凉城县、兴和县，共 11 个旗县市区。乌兰察布市东部与河北省接壤，东北部与锡林郭勒盟相邻，南部与山西省相连，西南部与首府呼和浩特市毗连，西北部与包头市相接，北部与蒙古国交界。

乌兰察布市地理位置优越，内蒙古自治区所辖 12 个盟市中，乌兰察布市是距我国首都北京市最近的城市，是内蒙古自治区东进西出的"桥头堡"，北开南联的交汇点，是进入东北、华北、西北三大经济圈的交通枢纽，也是中国通往蒙古国、俄罗斯和东欧的重要国际通道。

2. 交通优势 截至 2010 年，乌兰察布市境内有京包、集二、集通、集张、大准等铁路，营运的铁路途经该市 8 个旗县市区，覆盖率达到 73%。通往法兰克福的国际货运列车"如意"号始发乌兰察布市。呼和浩特市至张家口市客运快速通道和集二线扩能改造项目，使乌兰察布市融入首都一小时经济圈。境内东西方向有丹拉、二广两条高速公路，南北方向有 110 国道、208 国道和呼满省际大通道交汇，呼和浩特市到北京的应急沙石路已建成通车。新建的京新高速公路（G7）、准格尔至兴和重载高速公路、呼和浩特至白音察干高速公路、乌兰察布至呼和浩特一级公路以及 110 国道改扩建项目、东绕城高速公路使乌兰察布形成一个高速公路环线。从 2017 年 1 月 10 日起，乌兰察布市机场开通航线达到 7 条，通航城市为北京、天津、西安、杭州、郑州、成都、深圳、哈尔滨、重庆、大连、海口、鄂尔多斯等 12 个，基本实现通达全国主要城市的航线网络格局。

3. 草原资源 乌兰察布市地处内蒙古自治区中部，土地总面积 54 500km²，总人口 287 万人，是一个以蒙古族为主体，汉族居多数的少数民族地区。全市草原总面积为

350.09 亿 m²，可利用面积为 309.55 亿 m²，草场面积占全市面积的 63.4%。各旗县市区草原因自然条件不同，草原植被类型丰富多样，共有 6 个大类、13 个亚类、91 个草场型。草场类型包括温性草甸草原类、温性典型草原类、温性荒漠草原类、温性草原化荒漠类、低地草甸类、温性山地草甸类。全市天然草地分 V 等 4 级，草原平均植被盖度 37%，天然草地生物单产 26 万 kg/m²。

4. 旅游资源 "乌兰察布"一词来源于蒙语，即"红色的山崖"之意，地处中国内蒙古自治区中部，地域辽阔、自然风光宜人。拥有美丽的国家 4A 级风景区——格根塔拉草原旅游区，还有辉腾锡勒草原、火山岩地貌考古旅游区、苏木山森林公园、凉城环岱海、老虎山生态公园和黄旗海、黄花沟等景区，同时飞来石、平安洞、永兴湖等也是不容错过的景点，每年吸引大批游客。

（1）格根塔拉草原旅游区　格根塔拉草原旅游区是国家首批命名的"AAAA 级"旅游景区，是乌兰察布市及自治区主要草原旅游景点之一。

格根塔拉位于杜尔伯特草原深处，距自治区呼和浩特市 140km，柏油路宛如一条黑色的丝带一直延伸到旅游点。属国线景点，自 1979 年向中外游客开放以来，共接待 50 多个国家和地区的旅游者 4 万多人，国内游客 20 多万人次。格根塔拉旅游点每年 8 月 15 日至 8 月 25 日，都要举办旅游那达慕，这个时候也是避暑的极好时光。

这里有辽阔的草原。夏秋两季，绿草如茵，牛羊肥壮，气候凉爽，幽静宜人。游客在这里可以身着蒙古袍，脚蹬蒙古靴，跨上追风的骏马，乘上稳健的骆驼在草原上漫游；可以在篝火的映衬下，欣赏蒙古民族歌舞；可以在热情的敬酒歌声中，品尝醇厚清香的马奶酒，清香扑鼻的手把肉。

（2）辉腾锡勒草原旅游区　辉腾锡勒汉语的意思为"寒冷的山梁"，俗称"灰腾梁"。辉腾锡勒草原，是世界上典型的我国少有的高山草甸草原。

辉腾锡勒旅游区位于内蒙古自治区乌兰察布市中部，察哈尔右翼中旗科布尔镇南，总面积 600km²，平均海拔 2 100m，植被覆盖率 85% 以上。

这里既有游牧草原苍凉的格调，又有江南水乡明媚的秀色。每到旅游季节，整个草原蓝天白云、绿草如茵、野花点点、毡包座座、牛羊片片、牧歌悠扬、奶香飘香，绘成一幅美轮美奂的草原风情画。更为神奇的是，广阔的草原上分布着星罗棋布的大小湖泊，古人称九十九泉。这是史前火山活动的地址遗存。

主要活动项目有敬奶酒、献哈达、赛马、摔跤、射箭、骑马、马术表演、民族歌舞、篝火晚会等。还有手把肉、烤全羊、烤羊腿（背）、炒米、奶茶、奶酪、奶豆腐、奶酒等风味蒙餐。

5. 历史悠久的民俗文化资源　战国时期，乌兰察布区域的大部分是赵国和匈奴的领地。秦并六国后，又在原来这里的赵地设置云中、代郡、雁门三郡。秦亡后，匈奴乘中原楚汉相争，无暇他顾之机，大举南进，这里的大部分地区为匈奴所占有。

西汉时，匈奴还在现乌兰察布市四子王旗境内建立了最高的政府机关——中部单于庭。

北魏前夕，拓跋、鲜卑在盛乐（和林格尔土城）设立北都，建立代政权，续据匈奴故地。

隋唐时期，突厥在今和林格尔境内建大利城进行管辖。宋朝至清朝，这里都是北方少数民族契丹、女真、鞑靼、瓦剌、蒙古相继生息之地。1627—1636年间（清朝天聪年间）开始正式命名为乌兰察布盟。2003年，撤销乌兰察布盟和县级集宁市，设立地级乌兰察布市。

现代马球是乌兰察布市草原儿女最热爱的运动之一，也是草原那达慕大会的比赛项目，是传播蒙古族文化传统的重要载体。

二、乌兰察布市马产业发展概况

乌兰察布市是内蒙古自治区的畜牧业大市，天然草场面积343.52亿 m^2，可利用草场面积为309.55亿 m^2，草场面积占全市面积的63%，天然草场主要以平原荒漠草原类为主体，主要分布于四子王旗北部。其次是丘陵典型草原类。再次是分布于后山地区的平原型草原类和平原草原荒漠草原类。牲畜以羊、牛、马、驼为主，年出售商品牲畜500多万头（只）。

1. 马品种资源和分布概况　据统计显示，乌兰察布市以蒙古马、土种马和改良马为主，仅有少量的英纯血马引入。乌兰察布的马匹主要分布在以四子王旗、察哈尔右翼后旗为主的少数民族聚居区，多以当地草原为基础。截至2016年，全市共有马匹16 415匹，四子王旗的马匹数量最多，7 530匹占全市45.8%；位列第二的是察哈尔右翼后旗，马匹数量为3 500匹；商都县、凉城和察哈尔右翼前旗的马匹数量较少，总计不到全市数量的1/4。具体情况如图10-1所示：

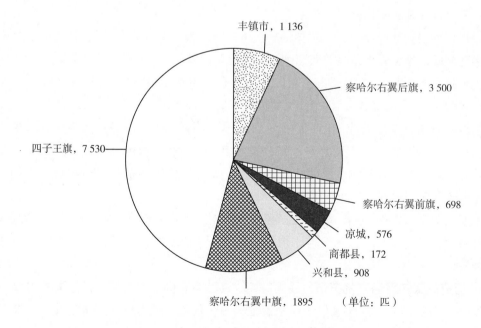

图10-1　2016年乌兰察布市各旗县马匹数量分布

（引自《乌兰察布统计年鉴2017》）

2. 乌兰察布市马产业指标分析

（1）构建马产业集约度指标体系　本研究以马产业生产体系、文化体系、政策体系和经济体系四个方面作为项目层，以马匹状况、赛事情况、从业人员、生态环境等 22 个指标为切入点，对乌兰察布市 11 个旗县市区的马产业发展水平进行定量测度，以期揭示乌兰察布市马产业发展程度空间特征，厘清乌兰察布市马产业发展概况和存在的问题，凝练马产业发展的优化战略及具体实操措施。乌兰察布市马产业发展评价指标体系见表10-1。

表 10-1　乌兰察布市马产业发展评价指标体系

目标层	项目层	指　标	计算或统计说明	功效性
乌兰察布市马产业发展程度	马产业生产体系	马匹总数	研究区各旗县市区的总马匹数	+
		俱乐部、合作社等比赛马比率	研究区各旗县市区的比赛马比率	+
		马匹拥有量	研究区各旗县市区的马匹拥有量	+
		娱乐运动马总数	研究区各旗县市区的娱乐运动马匹数	+
		马饲草料基地面积率	各旗县市区马饲草料基地面积率	+
		马文化建设场馆及公园总数	研究区各旗县市区马文化场馆和公园数	+
	马产业文化体系	马产业相关赛事总数	研究区各旗县市区马产业赛事和那达慕大会总数	+
		教育文化娱乐比率	研究区各旗县市区马相关教育文化娱乐总数 / 研究区马相关产业教育文化娱乐总数	+
		赛事比率	研究区各旗县市区赛事比率	+
		马产业训练师人才总数	研究区各旗县市区训练师人数	+
		马文化建设场馆率	研究区各旗县市区马文化建设场馆率	+
		马产业专业骑手人才总数	研究区各旗县市区专业骑手人数	+
		马文化建设俱乐部总数	研究区各旗县市区马文化俱乐部	+
	马产业政策体系	盟市级马相关称号总数	研究区各旗县市区盟市级及以上马相关称号数	+
		马相关医疗卫生人员比率	研究区各旗县市区马相关医疗卫生人员人数 / 研究区马相关医疗卫生人员总人数	+
		政府扶持资金率	研究区各旗县市区马产业扶持资金额 / 研究区马产业总资金	+
		马相关产业收益率	研究区各旗县市区马相关产业收益 / 研究区马相关产业总收益	+
	马产业经济体系	第三产业增长率	研究区各旗县市区第三产业增长率	+
		第三产业总值指数	研究区各旗县市区第三产业生产总值指数	+
		牧业总值	研究区各旗县市区牧业总数	+
		草原旅游产业收益率	研究区各旗县市区草原旅游产业收益率	+
		地区人均 GDP 总值指数	研究区各旗县市区人均 GDP 值 / 研究区总 GDP 值	+

文中分析的数据资料部分来源于 2016 年《乌兰察布统计年鉴》，部分来源于乌兰察布各旗县 2016 年统计年鉴，部分数据实际调查获得。

（2）马产业发展评价方法　马产业发展集约化程度与城镇化水平、马匹品种特性分布存在一致性。四子王旗、凉城县和兴和县位列前三，马产业集约化程度高，察哈尔右翼中期、卓资县等地 C 值较低，马产业集约化程度低。四子王旗马匹数量最多，有一定的草原旅游基础，有利于马产业发展；凉城风景秀丽，可以开展现代马球赛事；兴和县距离京津冀经济圈最近，有良好的交通优势和区位优势，天气凉爽，可以据此开展避暑旅游赛马。

三、乌兰察布市马产业发展存在的问题

近年来，乌兰察布依托当地草原，利用交通地理优势，结合当地草原旅游等开展了以马文化、娱乐骑乘为代表的马文化服务，马产业有了一定发展。但马产业在迎来新的发展机遇同时，依然面临着诸多困难，存在一定的问题。

1. **传统马产业难以为继**　"围封转移""春季禁牧舍饲"等放牧制度取代传统放牧制度、机械化代替畜力以及草场承包到户后，受养马比较效益低和一家一户草场规模过小的影响，以传统群牧方式发展养马业已经不现实，牧民之所以仍然养马更多的仅仅是对马的热爱。而与此同时，发展现代马业，开展竞技比赛由于受有关政策限制条件尚不具备，多数赛马场所闲置，培育出的赛马没有市场，传统马业向现代马业转型面临很大困难。

2. **产业化程度低**　尽管乌兰察布市对如何发展马产业做了一定的探索和研究，但依旧存在市场萎靡、规模小、马产品档次低、生产效益不高等问题，生产、加工、销售的结合度欠佳，尚未能形成大规模商品化企业带动马业发展的局面。

3. **没有成熟系统的战略规划**　在变革加速的时代，如果过于依赖计划、惯例或经验，将会严重阻碍企业发展的步伐，战略规划的制定显得尤其重要。但是，仍没有从上至下地对马产业清晰的认识，相关部门缺乏对马产业的重视。决策层没有形成系统可执行的战略规划、相关行业的自行探索、牧民的马文化信仰都不足以促进马产业市场化，规模化。

4. **马业开发刚刚起步，条块分割制约发展**　长期以来，农牧局、改良站、体育局、文化局等部门的职能都涉及马产业，职能重叠，不利于马产业的健康顺利发展。同时，对于蒙古族马文化的保护与弘扬、蒙古族民族赛马赛事的整理优化、马具服饰的设计制作和马产品的规模化、标准化、商业化开发仍处于起步阶段。如酸马奶具有非常好的保健治疗效果和功能，但是仅个别合作社生产酸马奶提供给蒙医医院或销售到外地，大部分酸马奶都是牧民自产自销，没有形成规模化、标准化生产。

5. **草原旅游马业缺乏活力**　草原旅游马业是乌兰察布市马产业的核心，近年来随着草原旅游业的发展和旅游人次的提升，乌兰察布的草原旅游业也进行了不同程度的探索，民族马术表演、那达慕等赛事是草原旅游的重要环节，各地区的牧民、旅游服务组织也探索了各式各样的表演和体验活动，吸引了不少游客，同时也促进了当地牧民的养马积

极性, 一定程度上促进了马产业的发展。但从总体上看, 草原旅游马业仍然处于初级阶段, 存在许多问题。

(1) 马匹的品种退化 由于缺乏科学的品种培育计划, 对马匹品种保护没有足够的意识, 马匹品种的选育散乱, 造成一定程度的马匹品种退化。本土的蒙古马具有很强的耐寒耐粗饲、耐力好等优点, 也是本地草原民族文化的重要标志。因此在与纯血马等品种杂交培育的同时, 也要注重保护本地马匹的优良品种。

(2) 表演内容缺乏创意 当地草原旅游区大多提供赛马、搏克、马术等相关表演, 这些传统的民族马术表演将草原民族的生活娱乐活动等展现给游客。但是这些表演往往缺乏新意和艺术感。这些表演是一个向世界各地游客展示我们本土游牧民族生活习俗、文化风味的重要平台, 也是我们草原旅游中的一个重要的文化服务产品。随着社会历史的发展, 有很多表演需要新的演绎方式, 使现代人更容易理解, 因此我们需要创新表演内容, 提高游客的参与度, 更多地站在外来游客的角度思考, 如何将我们的本地文化更形象生动地传递给他们。

(3) 对提升草原旅游服务品质的参与性不强 本地的马匹在参与草原旅游的过程中仍然是粗放的, 没有将其打造成为一种特色鲜明的文化产品, 我们必须认识到马匹从传统的役用到当今的旅游产业中, 其地位和角色已经发生了重大的转变, 必须深刻意识到由传统的畜力到现在的"演员", 马已经成为一种文化产品, 而不仅仅是牲畜, 因此我们需要更多的文化创意将本土的蒙古草原民族文化与马产业进行结合, 才能提高马匹在草原旅游中的地位和品质。

四、乌兰察布市马产业发展思路

乌兰察布的马产业发展要适应全区的马产业发展布局, 与其他各盟市建立良好的合作机制, 充分发挥自己的特点和优势, 才能建立有乌兰察布特色, 适应市场, 有持续活力的产业业态。

乌兰察布市地处两大集成区的交错地带, 应充分发挥其地理位置的优势, 结合自身特点, 以民族赛马、现代马球、草原旅游休闲马业、饲草料为主要产业, 建立以集宁为中心的"察哈尔右翼前旗－集宁－四子王旗"都市马产业经济圈。

1. 从政策上确立马产业发展的战略规划 从政策层面建立马产业发展战略规划, 坚持政府引导, 出台更加有效的支持政策, 抢占发展机遇。结合乌兰察布市实际, 用系统的规划指导本市的马产业发展, 使马产业的发展更加专业化, 更加系统化, 更有自身特点, 更加高效, 进而推动马产业新兴产业成为经济社会发展的新引擎, 积极构建创新型现代化马产业发展体系。

2. 加大招商引资力度 紧紧抓住乌兰察布市马产业具有优势的重点区域, 扩大开放, 充分发挥乌兰察布市的资源优势、区位优势和后发优势, 整合、调动各种招商引资的资源和力量。通过全方位参与和大投资项目的引进，有助于马产业聚集、升级，形成新经济增长极。察哈尔右翼前旗和四子王旗的马匹数量较多，应利用引入资金重点发展民族赛马、草原旅游休闲马业及饲草料产业；集宁区重点发展现代马球产业，建立相关合作社。

3. 加大基础设施建设力度　与其他盟市相比，乌兰察布市马产业基础设施建设发展不足，需加大力度，加强基础设施建设，为本市马产业发展提供良好的发展条件。以现有赛马设施为基础，根据产业发展实际，对现有的赛马场进行改造升级，对已具备规模的赛马场按照大型赛马要求完善设施标准，使之成为大型综合性赛马活动中心。坚持"功能实用、避免重复"的思路，统筹建设养马基地、马术学校、马匹选育研究所、草原沙漠影视拍摄基地、马饲料生产加工基地及民族体育表演和比赛场地等配套设施，为马产业发展提供基础性支撑。借鉴国内外发展马业的经验和做法，建立国内先进的马产业示范基地，重点扶持几个对马产业可持续发展起至关重要作用的龙头企业。建设综合类的运动马驯养管理和骑术学院；提高马厩、运动场、训练场馆建设水平，逐步实现向社会开放和商业化运作。到2025年建设2～3个国际水平的赛马场，建成1所高水平的骑术学院。

4. 重点发展旅游休闲骑乘马业

（1）培育旅游休闲骑乘马业市场　组织完善马队接送、骑马、马车、马术表演等在旅游景区的观赏项目，在旅游景区设置马文化展示场所，开发具有民族特色的马文化旅游纪念品等，促进马文化与旅游业有机结合、一体化开发，发掘民族马文化的丰富内涵，发挥悠久的草原文化优势，打造马文化特色旅游区及精品线，形成"体现草原文化、独具北疆特色的旅游观光、休闲度假基地"。

以发展较好的城市为市场开发对象，在城市周边建设马术俱乐部、马场，为城市生活提供休闲娱乐场所和体育运动场地，开拓休闲骑乘马市场。在人流稠密的旅游景区建设小型跑马场、马术娱乐场，扩大娱乐骑乘马应用市场，宣传、普及马文化，为城市市民和往来宾客提供娱乐、休闲、体育、健身活动场所。

（2）建设旅游休闲骑乘用马繁育驯养基地　以重点旗县为单位，整合地方畜牧业服务体系、兽医防疫体系和农牧民生产专业合作社等社会资源，发挥重点区域蒙古马种质资源优势和草地资源优势，针对旅游休闲骑乘用马市场，统一调配草场、公共投入资金等资源，以农牧民为主体，以草场权益和养驯马收益为纽带，发展现代农牧业经营组织，组建以蒙古马为基础的繁育种群，建设旅游休闲骑乘用马繁育、驯养基地。

在繁育、驯养基地加大劳动力专业技能培训力度，扩大劳动力产业技术的覆盖范围，提高市场知名度，将基地打造成为支撑内蒙古旅游休闲骑乘马业，面向北方生态、民族文化旅游休闲度假，面向城市养育马休闲市场的优良马匹育种、繁殖、商品马销售、养驯马技术、专业劳动力输出基地。

5. 打造网络与实体结合的交易市场体系　以自治区整体为窗口，建设连接基地所在盟市的中心城市和基地旗县，联通基地企业和农牧民与市场的电子商务网络，通过电子交易方式，构建"网上交易、网下配送"的产销对接模式；借助互联网快速、直接、有效的信息优势，创办各具特色的马产品供销网，努力打造实体市场交易与网上市场交易相结合的马产品市场交易体系，进一步拓宽乌兰察布市马产品的销售渠道。

6. 以格根塔拉草原、辉腾锡勒草原为中心，推动草原旅游转型升级 格根塔拉草原与辉腾锡勒草原是乌兰察布市的两大重量级草原旅游中心，乌兰察布市的马产业的发展，必须依赖这两大草原旅游的发展。今后这两大草原需要全力推进马产业与草原旅游的深度融合，创新创造更加生动形象、有吸引力的马背文化产品，更好地将具有当地特色的游牧文化展示给八方游客。

7. 以集宁区为核心，推进现代马球赛事 马球是中国人传统的马术团体赛事，马球在中国古代叫"击鞠"，始于汉代，现代马球是乌兰察布市草原儿女最热爱的运动之一，也是草原那达慕大会的比赛项目，是传播蒙古族文化传统的重要载体。集宁区风景优美，适合建设马球赛事推广基地，开展现代马球赛事。

第十一章
锡林郭勒盟马产业发展路径

一、锡林郭勒盟马产业发展条件

1. 区位优势　锡林郭勒盟地处内蒙古高原锡林郭勒草原中部，素有"草原明珠"的美誉。总面积 203 000km²，辖 9 旗 2 市 1 县和 1 个管理区，即锡林浩特市、二连浩特市、多伦县、正蓝旗、镶黄旗、正镶白旗、阿巴嘎旗、太仆寺旗、苏尼特左旗、苏尼特右旗、东乌珠穆沁旗、西乌珠穆沁旗和乌拉盖管理区。总人口 103.6 万，其中蒙古族占 30.5%，是典型的边疆少数民族聚居区。边境线长 1 098km，有二连浩特和珠恩嘎达布其两个对蒙常年开放陆路口岸，是我国通往蒙古、俄罗斯及东欧各国的重要大陆桥。地处东北、华北、西北交汇地带，能有效融入环渤海经济圈和东北经济圈。

因此从区位来说，毗邻京津唐，中国马都设立在锡林郭勒，既能充分利用和开发我国传统养马区的发展，又能满足区外人员感受旅游乘马和草原观光，符合中国特色和产业结构调整升级。

2. 草原资源　锡林郭勒盟草原面积辽阔，天然草原面积为 1 593.34 亿 m²，占全盟总土地面积的 97.2%，可利用面积 1 443.57 亿 m²，占天然草原的 90.6%。其辖境在国内相当于河北省面积，国外相当于新西兰草场面积，是为内蒙古主要畜牧业基地之一，也是全国地区级养草食畜规模最大、典型性很强的地区。草场类型以典型草原为主，还有部分草甸草原，半荒漠草原。典型草原主要分布于锡林部勒盟中部，是锡林郭勒草原的主体，地形以平原和低山丘陵为主，可利用面积 893.3 亿 m²，占全盟可利用草场的 50.6%。全盟优质牧草 158 种，占总种数的 23.5%，中等以上 337 种，占 50.2%，低质牧草较少，多数适口性良好。饲用植物尚有药用植物 400 多种，主要有黄芪、杏仁、枸杞和沙棘。沙棘有塞外灵芝之称。药用植物还有黄芩、甘草、防风、远志、知母、秦艽、赤芍、苦参、麻黄、泽名等。水草丰美的牧场为养马提供了天然的饲料资源。

3. 马文化底蕴深厚　锡林郭勒盟马文化底蕴深厚。从历史角度讲，锡林郭勒草原是蒙元帝国的龙兴之地，留下了许多与马有关的历史与典故。太仆寺旗从元代开始就设"太仆寺卿"，专门负责管理皇家御马，建立皇家御马的繁殖、培训基地。镶黄旗、正镶白旗等也是清代皇家牧场，具有养马、育马的悠久历史。从群众基础上讲，蒙古民族素有"马背民族"之称，生来具有爱马、崇马的心理和习俗，对马始终有着一种特殊的感情，由此积淀了绚丽多彩的"马背文化"，成为锡林郭勒盟马业发展的不竭动力。打马鬃、剪马尾、打马印是草原人民的传统节日。婚庆、祝寿、"祭敖包"、大小"那达慕"中,赛马是不可缺少的项目。驯马、赛马的技艺,赞马、颂马的赞词和民歌,以及马头琴的传说,在草原源远流长。

4. 旅游资源丰富 根据国家旅游局最新颁布实施的《中国国家标准——旅游资源分类、调查和评价》,全盟已知旅游资源单体共 180 余处,分属 8 个主类、27 个亚类和 67 个基本类型。旅游资源的类型和单体数量都比较丰富,民俗和历史遗迹方面的旅游资源尤其突出,在全国同类地区和内蒙古各盟市中都占有重要地位。根据评价结果显示,全盟共有 23 个优良级旅游资源单体,占全部资源单体的 13%,包括 2 个特品级旅游资源(锡林郭勒草原和元上都遗址),2 个四级旅游资源(金莲川草原、汇宗寺和善因寺),19 个三级旅游资源。比较重要的旅游资源有:锡林郭勒草原、元上都遗址、汇宗寺和善因寺、浑善达克沙地、锡林浩特市、二连浩特市、恐龙化石遗址、宝德尔楚鲁天然石雕群、锡林河、乌拉盖河、乌拉盖水库、乌拉盖山、呼日查干淖尔、呼痕淖尔、蒙古汗城、赛汉塔拉旅游娱乐园、贝子庙、查干敖包庙、山西会馆、宝格都乌拉、西乌珠穆沁游牧区、洪格尔高勒风景区等。锡林郭勒盟的旅游资源优势可概括为五大方面:典型草原生态,独特蒙古族风情,辉煌上都遗址,亚欧通道国门,华北避暑胜地。2018 年,全盟接待游客 1 600 万人次,实现旅游收入 400 亿元。

二、锡林郭勒盟马产业发展概况

1. 锡林郭勒盟马产业基本情况

(1) 马匹数量情况 锡林郭勒盟自古以来就是我国养马的重要地区之一,由图 11-1 可见,锡林郭勒盟马匹数量随着我国经济的发展和马匹的用途发生着变化。从锡林郭勒盟的马匹数量上看,大致是先激增、后衰减的过程。从 1949 年初的 11.62 万匹到 1975 年的 76.62 万匹,锡林郭勒盟的马匹数量迅速增长,主要是因为 1949 年的军事发展需要和 1949 年后牧民拥有了稳定的生活生产环境;1975 年到 1978 年,马匹数量锐减,1978 年到 1997 年,马匹数量只发生了较小幅度的减少,从 1998 年开始到 2007 年,马匹数量又经历了一次剧减,甚至在 2004 年减少到了 10 万匹以下,这个减少的趋势主要源于工业化的进程取缔了马在农业生产和交通运输中的重要地位;2009 年以后,马匹数量出现了增长态势,主要源于奥运会的承办,马术活动重新被认识,国内出现了一批赛马、养马爱好者,另外国家的鼓励政策也起到了一定的推动作用。

从总体上看,虽然 2005 年后锡林郭勒盟的马匹数量有了增长态势,但是我们也可以从图中发现,增长的速度还比较缓慢,截至 2017 年年底总量也仅仅达到建国初期的水平。

锡林郭勒盟各旗县马匹存栏量分布不均衡,其中东乌珠穆沁旗、西乌珠穆沁旗、阿巴嘎旗 3 个旗县马匹数量较多,占全盟马匹数量的 60%,马业发展基础较好。其他 9 个旗县及乌拉盖管理区马匹数量较少，占全盟马匹数量的40%，见图11-2。

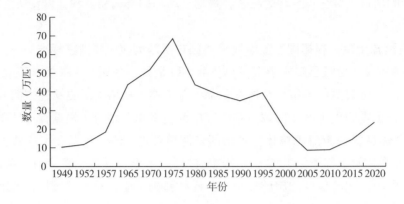

图 11-1　锡林郭勒盟马匹数量变化

（数据来源于《锡林郭勒盟统计年鉴》1994—2020年）

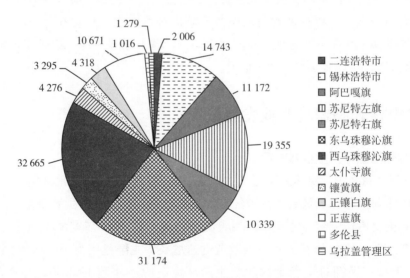

图 11-2　2017 年锡林郭勒盟各旗县马匹存栏量

（引自《锡林郭勒盟统计年鉴 2018》）

（2）马品种（类群）资源情况　锡林郭勒有着"中国马都"的美誉，犹如一颗明珠熠熠夺目，这里孕育着北方特有的骏马良驹，展现着锡林郭勒独有的马文化。锡林郭勒盟的马匹品种主要以蒙古马、锡林郭勒马为主。其中，乌珠穆沁马是锡林郭勒盟拥有的蒙古马中最重要的类群之一。近年来还相继发现了阿巴嘎黑马、苏尼特马等具有一定特色的蒙古马群体。阿巴嘎黑马和乌珠穆沁白马，与克什克腾百岔铁蹄马、鄂尔多斯乌审马并称内蒙古四大名马。1987 年内蒙古自治区对锡林郭勒马进行了品种验收命名，宣告育成。

乌珠穆沁白马　乌珠穆沁马为蒙古马典型马种，产于锡林郭勒盟东、西乌珠穆沁旗，以兼用型为主，其中包括一部分走马（对侧步马）。乌珠穆沁白马具有体形优美、聪明睿智、耐力十足的特性，品相和毛色均堪称稀世绝品，是成吉思汗时期宫廷专属的御马。2012 年，乌珠穆沁白马的繁衍地西乌珠穆沁旗被授予"中国白马之乡"称号。每匹马年可产鲜奶 300～400 kg。

阿巴嘎黑马　原名僧僧黑马，有悠久的历史，其相关文字记载可以追溯到 13 世纪前，原产于锡林郭勒盟阿巴嘎旗北部边境苏木，主要分布在阿巴嘎旗、锡林浩特市、苏尼特左旗等地，具有耐粗饲、易牧、抗严寒、抓膘快、抗病力强、恋膘性及合群性好等特点，素以体大、乌黑、产奶量高、抗逆性强而著称，成年母马青草期平均日产鲜奶 5kg 以上，乳脂率为 1.5%。2009 年，阿巴嘎黑马被确定为中国新的优良畜禽遗传资源。

苏尼特马　苏尼特马主要产于锡林郭勒盟苏尼特草原，具有适应性强、耐粗饲、易增膘、不畏寒冷、持久力强、寿命长、能适应粗放的饲养管理、生命力极强、能够在艰苦恶劣的条件下生存等优良特性。该马属于兼用型品种，具有短距离速度快和长距离持久力好的特点，成年母马青草期平均日产鲜奶 3.5kg 以上，乳脂率为 1.2%。

锡林郭勒马　产于内蒙古自治区锡林郭勒盟东南部，以白音锡勒牧场和五一种畜场为中心产地。锡林郭勒马是以卡巴金马、苏高血马、顿河马为父本，以蒙古马为母本，采用育成杂交而成。属于乘挽兼用型，在体质外貌上表现为体质干燥结实，结构匀称，胸部发达，四肢结实，毛色主要为骝、黑、栗毛。对干旱草原适应性强，恋膘性好，发病率低，繁殖性能良好。锡林郭勒马作为培育品种广受好评，二连浩特口岸截至 2017 年年底已有 4 批次共 23 匹锡林郭勒马顺利出口到蒙古国。

20 世纪 50 年代由苏联引进的轻型马众多，锡林郭勒种畜场用阿哈尔捷金马进行人工授精，1955 年人工授精改良蒙古马达 200 匹，20 世纪 60 年代苏联重挽马、阿尔登马引入后在白旗额里图、蓝旗饮马井等地出现部分重挽马的后代。随着锡林郭勒盟一些马术俱乐部与育马场的兴建，当地也已引入少量纯血马。2017 年锡林郭勒盟马品种资源具体情况见表 11-1。

表 11-1　2017 年锡林郭勒盟马品种资源具体情况

序号	马品种名称（含引进品种和新品系）	数量（匹）	基本特点	主要用途	是否建立保护区、保种区或保种场
1	蒙古马	181 922	体格不大，身躯强壮，四肢坚实有力，体质粗糙结实，头大额宽。抗寒，抗旱，耐粗饲，抗病力、持久力强	提供役用、乳、肉、皮、血等生产、生活必需品，并用于赛马、竞技表演、民族马术等	否
2	阿巴嘎黑马	13 237	具有耐粗饲、易牧、抗严寒、抓膘快、抗病力强、恋膘性和合群性好等特点，素以体大、乌黑、悍威、产奶量高、抗逆性强而著称	肉乳兼用、骑乘用	是

（续）

序号	马品种名称（含引进品种和新品系）	数量（匹）	基本特点	主要用途	是否建立保护区、保种区或保种场
3	锡林郭勒马	5 000	锡林郭勒马是以当地蒙古马为母本，主要以卡巴金马、苏高血马、顿河马及少数三河、阿哈尔捷金马品种为父本，采用复杂杂交而育成的新品种	养殖、娱乐	否
4	混血马	2 900	以英纯血马为父本、蒙古马为母本培育的改良马，改良品种为半纯血马	运动、娱乐	否
5	卡巴金马	346	步伐稳健、机敏，而且还具有在浓雾和黑暗中寻找道路的能力	养殖、娱乐	否
6	半纯血马	400	以英纯血马为父本、蒙古马为母本培育的改良马，改良品种为半纯血马	运动、娱乐	否
7	纯血马	184	遗传稳定，适应性强，种用价值高，是世界公认的最优秀骑乘马品种，对改良其他品种特别是提高速力有效	骑乘、繁育、竞技表演	否
8	汗血马	62	体型饱满优美、头细颈高、四肢修长、皮薄毛细，步伐轻灵优雅、体形纤细优美	速度快、耐力强，适应赛马	否
9	阿拉伯马	68	活跃及富有耐力，阿拉伯马的头型独特，尾巴高耸	骑乘、表演	否
10	德保马	27	稀有马种、最矮马之一	表演	否
11	费里斯兰马	7	最帅的马	盛装舞步比赛	否
12	奥尔洛夫马	3	繁殖性能好、温驯	走马比赛	否
13	安达卢西亚马	3	最优秀的马种之一	舞步、花式骑术演出	否
14	渤海马	2	适应能力强	农业生产	否
15	温血马	1	有出色的气质	最高级的运动	否
16	其他	1 000			否
合计		205 162			

数据来源：调研统计。

（3）马业协会和马术俱乐部　近年来，锡林郭勒盟依托丰富的马文化资源和马业基础条件，不断强化马文化挖掘，马产品开发及马业管理等工作，推动了锡林郭勒盟马业快速发展。特别是将旅游业与马业发展有机结合起来，逐步叫响了"中国马都"品牌称号，以"马"为核心的马产业得到快速发展。

随着马文化与旅游业发展的深入融合，各地纷纷加强了对马业发展的管理，截至

2017年年底，全盟旗县市（区）组织成立马业协会（合作社）137个，加入协会会员6 352人、马匹29 080匹，其中，牧民马业协会（合作社）达到97个，马奶协会（合作社）11个。具有代表性的是太仆寺旗的皇家御马协会、东乌珠穆沁旗的乌珠穆沁马文化协会、白音锡勒草原马术俱乐部（100匹）、"牧马人艾里"马业协会（500匹）。马业协会、俱乐部等社会组织覆盖全盟初具规模，具体见表11-2。

表11-2 锡林郭勒盟马企业具体情况统计

序号	企业（合作社）名称	基本情况	经营方向和主要产品	所在旗县区
1	二连市塔木沁塔拉蒙古马牧民专业合作社	2013年成立，5户，草场面积666.67万 m²	养殖、旅游业，马奶	二连市
2	二连市胡林达克蒙古马专业合作社	2013年成立，5户，草场面积1333.34万 m²	养殖、马文化、旅游业，马奶	二连市
3	内蒙古驯马师协会	2016年成立	驯马、马术	二连市
4	二连浩特策格马术俱乐部	2017年成立	马文化、马产业	二连市
5	内蒙古纳木尔乳用马培育有限公司	2016年成立，注册资金100万元	马奶、马奶制品	二连市
6	内蒙古草原纯血马培育有限公司	马存栏612匹。其中，爱尔兰和美国纯血马200匹，高半血锡林郭勒马412匹，配种马360匹	培育新锡林郭勒马	锡林浩特市
7	锡林浩特市根钢哈日养殖牧民专业合作社	兽医室、鲜奶室120㎡，280匹马	马奶	锡林浩特市
8	锡林浩特市阿吉乃马业专业合作社	兽医室24m²、配种间30m²、冷配设备1套。半纯血种公马1匹、苏重挽马乳肉兼用种公马1匹、卡巴金马40匹	良种马养殖	锡林浩特市
9	锡林浩特市红马之乡马业专业合作社	40匹半纯血马	马养殖	锡林浩特市
10	锡林浩特市护旗德马业专业合作社	2013年10月成立	马养殖、育肥、销售	锡林浩特市
11	锡林浩特市鑫晟泉马业牧民专业合作社	60匹卡巴金马	马养殖、马奶	锡林浩特市
12	锡林浩特市艾岁马养殖牧民专业合作社	马存栏270匹	马奶	锡林浩特市
13	阿巴嘎旗萨如拉塔拉蒙古马专业合作社	注册资金74.58万元，2010年7月成立，位于洪格尔高勒镇萨如拉塔拉嘎查	选育赛马方向，良种马	阿巴嘎旗
14	阿巴嘎旗阿日哈拉马业专业合作社	注册资金220万元，2015年4月成立，位于那仁宝拉格苏木巴彦锡力嘎查	选育赛马方向，良种马	阿巴嘎旗
15	阿巴嘎旗僧僧泉阿巴嘎黑马养殖专业合作社	注册资金269.4万元，2010年11月成立，位于巴彦图嘎苏木阿日宝拉格嘎查	选育良品种马方向，阿巴嘎黑马品种	阿巴嘎旗

（续）

序号	企业（合作社）名称	基本情况	经营方向和主要产品	所在旗县区
16	阿巴嘎旗僧僧黑马养殖专业合作社	注册资金155万元，2013年10月成立，位于巴彦图嘎苏木阿日宝拉格嘎查	繁育乳马方向，阿巴嘎策格（马奶）	阿巴嘎旗
17	阿巴嘎旗巴彦德力格尔马业养殖专业合作社	注册资金400万元，2012年3月成立，位于查干淖尔镇巴彦德力格尔嘎查	繁育乳马方向，阿巴嘎策格（马奶）	阿巴嘎旗
18	东乌珠穆沁旗呼楞哈拉马业专业合作社	2008年3月成立，成员户5个，位于呼热图淖尔苏木哈日根图嘎查	驯马、赛马、引进纯血马，主要产品菜马、马奶（策格）	东乌珠穆沁旗
19	东乌珠穆沁旗翁根萨日勒马业专业合作社	2008年8月成立，成员户7个，位于呼热图淖尔苏木巴彦查干嘎查	驯马、赛马、引进纯血马，主要产品菜马、马奶（策格）	东乌珠穆沁旗
20	东乌珠穆沁旗苏力德马业专业合作社	2009年9月成立。成员户12个，位于满都宝力格镇巴彦布日都嘎查	驯马、赛马、引进纯血马，主要产品菜马、马奶（策格）	东乌珠穆沁旗
21	东乌珠穆沁旗萨麦马奶业专业合作社	2010年12月成立，成员户7个，位于萨麦苏木图木图村	驯马、赛马、引进纯血马，主要产品菜马、马奶（策格）	东乌珠穆沁旗
22	东乌珠穆沁旗格登锡力马产业专业合作社	2011年11月成立，成员户5个，位于乌里雅斯太镇达布希拉图嘎查	驯马、赛马、引进纯血马，主要产品菜马、马奶（策格）	东乌珠穆沁旗
23	东乌珠穆沁旗查干苏里德马业专业合作社	2012年3月成立，成员户5个，位于道特淖尔镇哈达图嘎查	驯马、赛马、引进纯血马，主要产品菜马、马奶（策格）	东乌珠穆沁旗
24	东乌珠穆沁旗查嘿木尔马业专业合作社	2012年4月成立，成员户5个，位于满都宝拉格镇满都宝拉格嘎查	驯马、赛马、引进纯血马，主要产品菜马、马奶（策格）	东乌珠穆沁旗
25	东乌珠穆沁旗阿都钦马产业专业合作社	2012年5月成立，成员户8个，位于乌里雅斯太镇巴彦图门嘎查	驯马、赛马、引进纯血马，主要产品菜马、马奶（策格）	东乌珠穆沁旗
26	东乌珠穆沁旗伊拉塔马业专业合作社	2012年9月成立，成员户5个，位于乌里雅斯太镇哈拉盖图嘎查	驯马、赛马、引进纯血马，主要产品菜马、马奶（策格）	东乌珠穆沁旗
27	东乌珠穆沁旗扎嘎拉太马业专业合作社	2012年10月成立，成员户5个，位于嘎达布其镇巴彦吉拉嘎嘎查	驯马、赛马、引进纯血马，主要产品菜马、马奶（策格）	东乌珠穆沁旗
28	东乌珠穆沁旗呼和都勒马业专业合作社	2013年7月成立，成员户6个，位于萨麦苏木杰仁宝拉格嘎查	驯马、赛马、引进纯血马，主要产品菜马、马奶（策格）	东乌珠穆沁旗

序号	企业（合作社）名称	基本情况	经营方向和主要产品	所在旗县区
29	东乌珠穆沁旗吉胡郎图马业专业合作社	2013年9月成立，成员户7个，位于嘎达布其镇罕乌拉嘎查	驯马、赛马、引进纯血马，主要产品菜马、马奶（策格）	东乌珠穆沁旗
30	东乌珠穆沁旗巴音哈斯马业专业合作社	2014年2月成立，成员户5个，位于嘎海乐苏木巴彦高勒嘎查	驯马、赛马、引进纯血马，主要产品菜马、马奶（策格）	东乌珠穆沁旗
31	东乌珠穆沁旗查干霍博马业专业合作社	2015年1月成立，成员户5个，位于嘎海乐苏木额仁高毕嘎查	驯马、赛马、引进纯血马，主要产品菜马、马奶（策格）	东乌珠穆沁旗
32	东乌珠穆沁旗大盈马业专业合作社	2015年12月成立，成员户6个，位于呼热图淖尔苏木呼图勒敖包嘎查	驯马、赛马、引进纯血马，主要产品菜马、马奶（策格）	东乌珠穆沁旗
33	苏尼特左旗浩瀚宝马专业合作社	该合作社养殖马存栏1 000余匹；年均销售额达10万元，2016年纯收入达3万元	经营马奶，制作酸马奶	苏尼特左旗
34	苏尼特左旗葫芦森萨日勒畜牧专业合作社	成立于2014年3月，主要经营牛羊养殖、繁育、销售及马文化发展等	马文化	苏尼特左旗巴彦淖尔镇呼和淖尔嘎查
35	苏尼特左旗枣红马文化产业发展专业合作社	该合作社成立于2013年8月，是巴彦乌拉苏木赛罕塔拉嘎查部分牧户组成的，以蒙古包毛毡、绳工具加工、快马、走马为主要经营产业	快马、走马为主要经营产业	苏尼特左旗巴彦乌拉苏木
36	苏尼特右旗阿拉腾宝日拉马养殖专业合作社	2012年8月成立，注册资金105.5万元	出售马奶酒、马皮、马鬃、马鞭，蒙古赛马苏尼特宝日拉马的繁殖	苏尼特右旗
37	苏尼特右旗查干呼舒蒙古马养殖专业合作社	2010年5月成立，注册资金60万元	马奶、驼奶销售；出售良种马、饲草料	苏尼特右旗
38	苏尼特右旗锡林杭盖蒙古马养殖专业合作社	2014年2月成立，注册资金80.8万元	马匹饲养、繁殖；马文化传播；马奶酒	苏尼特右旗
39	苏尼特右旗都呼木兴达牧业专业合作社	2016年4月成立，注册资金150万元	马奶、驼奶销售；出售良种马、饲草料销售	苏尼特右旗
40	镶黄旗皇家骑士蒙古马养殖专业合作社	2011年成立，成员户5个，草场面积106.67万 m²	养殖、马文化、旅游业、马奶	镶黄旗

（续）

序号	企业（合作社）名称	基本情况	经营方向和主要产品	所在旗县区
41	镶黄旗呼日敦高勒马业专业合作社	2009年成立，成员户15个，草场面积13.33万 m²	养殖、马文化、旅游业，马奶	镶黄旗
42	镶黄旗巴音呼布尔蒙古马养殖专业合作社	2011年成立，成员户6个，草场面积80万 m²	养殖、马文化、旅游业，马奶	镶黄旗
43	镶黄旗阿栋海牧尔发展马文化专业合作社	2012年成立，成员户5个，草场面积50.67万 m²	马术、马文化，马奶	镶黄旗
44	镶黄旗敖宝音塔拉蒙古马养殖专业合作社	2011年3月成立，注册资金45万	养殖、马文化、旅游业，马奶	镶黄旗
45	镶黄旗巴音布日都蒙古马专业合作社	2012年成立，成员户6个，草场面积53万 m²	养殖、旅游，马奶	镶黄旗
46	镶黄旗八骏马马文化发展专业合作社	2011年成立，成员户4个，草场面积52万 m²	马文化，马奶	镶黄旗
47	镶黄旗安达养殖蒙古马专业合作社	2012年成立，成员户3个，草场面积54万 m²	马义化，马奶	镶黄旗
48	镶黄旗察哈尔马业专业合作社	成员户5个，草场面积55.33万 m²	养殖、马文化，马奶	镶黄旗
49	镶黄旗上都蒙古马养殖专业合作社	2011年成立，成员户6个，草场面积53.33万 m²	养殖、马文化，马奶	镶黄旗
50	镶黄旗乌林宝尔马业专业合作社	2012年成立，成员户5个，草场面积32万 m²	养殖、马文化，马奶	镶黄旗
51	内蒙古东骏文化传媒有限责任公司	2011年开始筹建，有马产业基地1处，马具博物馆1个	马文化研究学习，旅游、赛牧场及马文化基地	多伦县

数据来源：调研统计。

（4）马保种及培育基地　自治区马业协会分别在锡林浩特市、西乌珠穆沁旗、阿巴嘎旗成立了三个不同类群的蒙古马保种基地、乌珠穆沁白马保种基地和阿巴嘎旗黑马保种基地。建成锡林郭勒白音锡勒良种马培育基地、草原马场（竞技型的锡林郭勒马新品系培育基地）、太仆寺旗皇家御马苑等马匹培育基地。

以马繁殖基地为依托，加强繁育、改良和提纯复壮等现代繁育技术，大力培育蒙古马的品质、品牌；适度引进国外、国内优秀运动马品种，改良提高地方马生产性能，着力培育高品质的运动马；逐步淘汰低质、低值、低效的马匹，推动蒙古马进入高品质竞赛马行列。

（5）马产业龙头企业　中蕴马产业发展有限公司依托强大科技研发优势，经过前期精准市场调研，开发面向全球市场的全产业链产业化产品，共计六大系列600多个产品，开创了全球马系列产品的多项世界第一。产品涵盖马系列健康食品、马系列日化制品、马系列生活用品、马系列文化用品、马系列生物制品、马系列医疗制品等，将形成世界上最大的马系列产品研发、生产、销售平台。

为弘扬蒙古马精神，公司大力传承和发扬马文化，开展马文化产业输出，逐步完成涵盖马主题文化产品开发、马主题展览演出、马竞技与赛事、马文化特色小镇四大文体模块，开发马主题艺术品、马主题摄影作品、马主题书法作品、马主题影视作品、马主题文学作品以及马文化特色小镇、马演出、马竞技等共计 100 多个产品系列，并逐步完成马文化产品产业化运作与全球推广，充分挖掘和提升马文化产品的商业价值。

公司以科技创新为驱动，以市场需求为导向，开展马业新技术研发与孵化，集合世界最新科研成果，运用于马产业发展实践，推动马产业技术升级，在马改良、马繁育、马防疫、马胚胎移植、马菌群培育、马产品检测、马科学软件、马科学论文及马产业大数据等领域开发产品约 30 个产品系列，建立世界级科技孵化与交易中心，丰富马科学技术在研、学、产、用四维战略实施体系下的世界范围推广。

（6）设施建设情况　见表 11-3。

表 11-3　锡林郭勒盟各地马产业基地及设施建设情况　　（单位：个）

旗县区（名称）	马产业基地、设施情况								
	总数	马企业或合作社	马业、马术协会	马术俱乐部	马术培训基地	赛马场	马匹繁育基地	马文化博物馆	马文化主题公园
二连浩特市	9	4	2	1	1	0	1	0	0
锡林浩特市	11	7	1	0	0	1	2	0	0
阿巴嘎旗	15	13	1	0	1	0	0	0	0
苏尼特左旗		3							
苏尼特右旗	12	12							
东乌珠穆沁旗	24	20				1	3		
西乌珠穆沁旗	18	17					1		
镶黄旗	13	11	0	0	0	0	0	1	1
正镶白旗	3	3	0	0	0	0	0	0	0
太仆寺旗	2	2			1	1	1	1	
正蓝旗	1		1						
多伦县	3	1		1				1	
乌拉盖管理区									
合计	111	93	5	2	3	3	8	3	1

数据来源：调查统计。

（7）人才培养情况　　锡林郭勒盟立足马产业资源优势及特色文化旅游资源，充分发挥马主题文旅项目、赛事活动的引领带动作用，积极推动马主题文旅产业与一、二产业融合发展，构建锡林郭勒盟现代马文旅产业体系。锡林郭勒盟马业发展虽然呈现了蓬勃发展的态势。但发展水平和发达国家还有相当大的差距，制约的主要瓶颈是马业人才。发掘、弘扬灿烂的草原马文化，保护开发优秀的马种质资源，促进传统马业与国际快速接轨，实现自治区社会经济又好又快发展，急需大批专业的马业人才。

2016年8月，锡林郭勒职业学院成立了马术学院，并于同年9月招收第一批马术专业的中职学生72人，采用蒙汉双语教学。2017年秋季招收高职运动训练专业（马术方向）学生。为使每一名学生发挥各自特长，将专业分为场地障碍、速度竞赛马、马术耐力赛、马上技巧表演四个专业方向，并对学生进行了专项测试，根据测试结果进行专业方向分流。

依托锡林郭勒职业学院草原生态畜牧兽医学院、生物工程研究院、检测和风险评估中心，组建集马的饲养、诊疗、蒙古马血统谱系研究、马匹改良等功能于一体的马产业服务团队，既培养了本土人才，又服务了区域经济。

（8）赛事的承办与参与　　传统的马文化活动如"那达慕"大会，"祭敖包"等，在各旗县、各苏木广受欢迎。2009年锡林郭勒传统那达慕大会在锡林浩特市南12km处的希日塔拉草原盛装开幕。来自全区各盟市及日本、俄罗斯、蒙古国等国家的近千名运动员在大会的3日内里参加搏克、赛马、射箭、喜塔尔等多项民族传统体育竞赛。每年其他主要活动有：骑着马儿过草原（包括速度、表演、障碍赛等）、马业协会及"牧人之家"举办的长距离速度赛、饮马奶酒大赛。

组织开展的全国绕桶邀请赛、全国速度赛马邀请赛、蒙古马耐力赛、走马赛等专业比赛，为发展锡林郭勒盟赛马业积累了经验。锡林浩特市成立了"阿都沁艾力"马业协会及首个专业马术表演队、马球队和马术俱乐部。同时随着马文化与旅游业发展的深入融合，各地纷纷加强了对马业发展的管理，太仆寺旗成立了皇家御马协会，东乌珠穆沁旗成立了乌珠穆沁马文化协会。与马相关的展示场所主要有：锡林郭勒赛马场（150匹）、马文化博物馆、白音锡勒草原马术俱乐部（100匹）、"牧马人艾里"马业协会（500匹）。

兴建中国马都广场旅游核心区（主要包括国际标准室内外赛马场、环山耐力赛道等特色项目），太仆寺旗等地各类大小型马场也相继建成投入运营。在组织好每年300多场次草原那达慕及赛马（远距离越野赛马、走马、跑马、颠马、套马、驯马、吊马等）活动的基础上，先后举办"中国·锡林郭勒FEI国际马术耐力赛""中国马术大会""全国马术绕桶赛""挑战吉尼斯世界纪录800匹蒙古马阿吉乃大赛"等大型赛事，通过重点媒体直播转播，以及观赛游客的口碑相传，大大提高了"中国马都锡林郭勒"的对外形象和知名度，形成传统赛事与现代赛事相容的良好态势。

（9）马产品

马奶酒 是蒙古族人民日常生活中最喜欢的饮料食品。每年七八月份，勤劳的蒙古族妇女将马奶收贮于皮囊中，加以搅拌，数日后便乳脂分离，发酵成酒。马奶酒性温，有驱寒、舒筋、活血、健胃等功效。被称为紫玉浆、元玉浆，是"蒙古八珍"之一。

策格 蒙医制作"策格"（酸马奶）防病治病的传统已有千年的历史。"策格"有鲜明的地域民族特色、醇厚绵香、口感回味悠长，还有无可取代的上乘保健功效，对慢性病的预防治疗有特殊的功效。

马肉制品 马肉在国际市场上盛销不衰，在欧美许多国家及日本、韩国、菲律宾等国大受欢迎。马肉已经成为我国哈萨克族、蒙古族等少数民族人们日常生活不可缺少的肉食品，在食用方式上许多国家和民族除了喜欢吃鲜马肉烹饪之外，还有多种多样的加工制品，如割肉、冷冻肉、马肉干、马肉松、熏马肉、熏马肠、酱马肉、蒸马肉、马肉香肠、灌肠、腊肠、罐头、马肉米线等。同牛肉、羊肉、猪肉相比，马肉具有高蛋白、低脂肪的特点，因此深受广大消费者的青睐。马的品种、饲养方式、年龄和部位不同，马肉的化学成分也有一定差异。一般重型马、原始的地方马品种，肉中脂肪含量较轻型马高，蛋白质含量低；采用舍饲精料育肥的马比纯牧马脂肪含量高，蛋白质含量低；随年龄增长，脂肪含量增加，蛋白质降低；不同部位间，依肩胛部、后肢部、背部、肋腹部顺序，蛋白质含量逐渐降低，脂肪含量逐渐升高。

其他马产品 精致马皮是制作皮椅面皮箱面的上等材料，也可制作皮带、皮包、皮鞋、皮夹克等。马鬃和马尾拉力强，弹性好，耐磨、耐热、耐寒，有焗油抗酸磨蚀的特性，主要用于制作刷子、工业滤布、高级服饰的衬布、马头琴等各种弦乐的弓弦等。马骨可制成高档工艺美术品和马骨泥、骨胶等，马蹄壳可加工制成蹄壳粒出口。马肠可制成肠衣，用于灌制肠类制品。马肺、气管等脏器可制成饲料，马胃液是提取生物活性物质的最理想原材料之一。

2. 锡林郭勒盟马产业指标分析

（1）构建民族马业集约度指标体系 本研究以马产业生产体系、经济体系、文化体系和政策体系四个方面作为项目层，以马匹状况、赛事情况、从业人员、生态环境、从业发展耦合协调效应为切入点，对锡林郭勒盟13个旗县（市、区）的马业发展水平进行定量测度，以期揭示锡林郭勒盟马产业发展程度空间特征，厘清锡林郭勒盟马产业发展概况和存在的问题，凝练马产业发展的优化战略及具体实操措施。

马产业是一个全产业、多维业态的综合体，承载着牧区＋都市生产、生活、娱乐、旅游、生态环境、民族文化多维空间职能，是产业结构调整、构建新的经济增长点的理想业态。马产业集约化发展水平，应综合考虑社会效益、经济效益、生态效益与文化价值，即牧区产业空间及都市市场承载相关产业发展、就业人口素质与规模、相关投入、收入与产出等协同一致性，以及政策扶持力度与基础设施完善程度、生态环境可持续性。研究中从马产业生产体系、经济体系、文化体系和政策体系等方面，加以构建马产业集约化发展的评价指标体系，详见表11-4。

表11-4 马产业发展评价指标体系

目标层	项目层	指　　标	计算方法	功效性
锡林郭勒盟马产业发展程度	马产业生产体系	各地马匹总数	各地马匹数 / 研究区总马匹数	+
		各地马匹增长量	各地马匹增长数 / 研究区马匹总增长数	+
		各地良种马匹增长量	各地良种马匹增长量 / 研究区总马匹增长量	+
		各地良改畜马匹增长量	各地良改畜马匹增长量 / 研究区良改畜马匹总增长量	+
		各地草原覆盖率	各地草原覆盖面积 / 研究区草原覆盖面积	+
	马产业文化体系	各地马文化建设场馆及公园总数	各地马文化场馆公园数 / 研究区马文化场馆公园总数	+
		各地第三产业从业人员总数	各地第三人员产业数 / 研究区第三从业人员总数	+
		各地马产业相关赛事总数	各地马产业相关赛事数 / 研究区马产业赛事总数	+
		各地国家级旅游景区总数	各地国家旅游区数 / 研究区国家旅游区总数	+
	马产业政策体系	各地盟市级马相关称号总数	各地盟市级马相关称号数 / 研究区总称号数	+
		各地政府马相关政策出台率	各地相关政策数 / 研究区总政策数	+
		各地政府扶持资金率	各地马产业扶持资金额 / 研究区马产业总资金额	+
	马产业经济体系	各地马相关产业收益率	各地马相关产业收益 / 研究区马相关产业总收益	+
		各地地区人均GDP总值指数占比	各地人均GDP / 研究区总GDP	+

　　文中分析的数据资料部分来源于2016年《锡林郭勒盟统计年鉴》，部分来源于锡林郭勒盟各旗县2016年统计年鉴，部分数据为实际调查获得。

　　（2）马产业发展评价方法　　锡林郭勒盟马产业发展集约化程度、水平空间特征，与中心城市的距离、城镇化水平、马匹品种特性分布存在一致性。锡林郭勒盟属于中心城市，具有诸多要素集成优势，其马产业的发展具有明显的优势和代表性；西乌珠穆沁旗、阿巴嘎旗距离锡林郭勒盟最近，又拥有特色马匹品种资源与数量优势，资源要素相对集中，其马产业发展集约化程度也比较高；正镶白旗、正蓝旗距离中心城市远，马产业发展要素缺失，几乎没有发展马产业的可行性；太仆寺旗、多伦县距离锡林郭勒盟较远，可是，距离京津冀较近，良好的外围区位及资源禀赋，发展马产业的空间与前景潜力很大；其他旗县空间距离较远，没有独特优势，要素不足，马产业发展集约化程度相对较低。

三、锡林郭勒盟马产业发展存在的问题

根据上述分析可知，锡林郭勒盟的马产业在区位、草场、历史传统、马文化等方面拥有良好的发展基础，被誉为"中国马都"。但是，由于过度放牧草原生态恶化，统筹规划缺失，马的养殖成本增加，收益降低，牧民养马积极性受到挫伤，具有优良品质的蒙古马品种退化严重、种群急剧减少，具有民族传统特点的马术活动日趋式微。马匹粗放式饲养管理、资源配置不合理、产业驱动力不足加剧了马产业复苏可持续发展的"资源瓶颈"，具体表现为以下几个方面。

1. 马匹数量大幅下降，马种退化严重 锡林郭勒盟牧区饲养马匹方式仍然以放牧为主，经营模式简单粗放。饲养成本较高，在自然放牧条件下的繁育成活率较低，一般仅为 30%～40%。蒙古马杂交滥配现象严重，选育及保护措施跟不上，纯种数量大幅减少，品种资源仍有退化趋势。随着经济社会发展和农业方式的转变，马匹的役用功能逐渐消失以后，马产业发展未能符合市场需求，养马业经济效益低，农牧民养马积极性不高。当前以马文化为主体的草原旅游业才刚刚兴起，牧民对现代马业的认知还不够深，总体养马经济效益有待提高。近年来诸多原因使得锡林郭勒盟的马匹存栏量波动较大。全盟马匹存栏量已由 1975 年的 76.62 万匹下降到 2008 年的 10.24 万匹，下降了 86.6%。对于乌珠穆沁马等蒙古马类群缺乏重视，未建立起有效的选育及保护措施，导致马品质进一步退化。

2. 马匹利用途径尚未完成转型，养马经济效益不高 锡林郭勒盟部分地区，马匹的役用功能逐渐消失以后，马匹新的用途尚未完全开发，正处于转型初期，养马经济效益降低。

3. 产业化程度较低 马的运动性能与国内外优良运动马品种差距较大，马匹价值低；马文化等高附加值的产业尚在起步阶段，马科技产品深加工等高新技术产业化比重低、产值小、资源优势和产业潜力未得到充分发挥，马产业一二三产业融合不够，马的全产业链产值增速较慢。各地马业协会与牧民的利益联结，作用发挥不够。

4. 市场开拓不足 对马业产品的宣传推荐力度不够，人们对马产品的认识不深，市场和消费群体有限。由于对马奶制品的保健与医疗功效研究和宣传力度不够，马奶的销路不畅。商业赛马和体育赛事偏少，赛马、马术表演等运动开展不足，大型马赛事活动偏少，马业的高端消费群体还没有引入，消费气氛还不够浓重。

5. 科研投入不够 从目前情况看，从事马产业的企业普遍规模小，市场竞争力差，企业融资和生产许可审批困难，需要政府的大力扶持。从相关产品的研发看，马产品的加工仍以传统手工艺制品为主，缺乏相关技术标准，质量参差不齐，高端产品开发力度不够。

6. 人才培养方面存在困难 马产业专业人才，尤其是马文化类人才培养缺乏统一标准。截至 2017 年年底全区开设马产业相关专业的学院仅有内蒙古农业大学职业技术学院

开设的畜牧兽医（运动马驯养与管理方向）和锡林郭勒职业学院开设的马术专业，且只有锡林郭勒职业学院的马术专业是属于体育运动方向的。区外开设马术专业的仅有武汉商学院等4所学校。虽然是一个极具潜力的专业，但截至2017年年底尚未建立统一的专业标准。

四、锡林郭勒盟马产业发展思路

1. 锡林郭勒盟马产业发展策略层次结构　锡林郭勒盟马产业的发展，从总战略目标、目标分解、产业发展、制约因素到具体方针措施是一个多层次的决策问题（图11-3）。

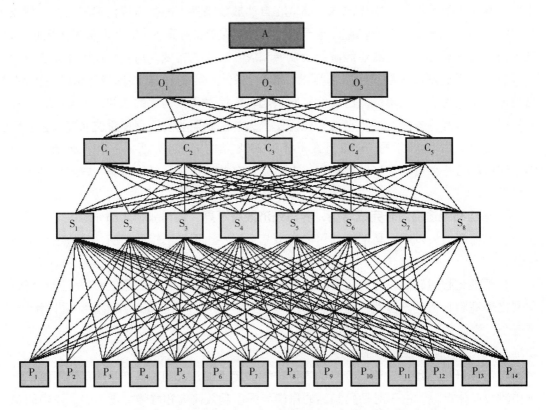

图11-3　锡林郭勒盟马产业发展战略决策分析层次结构模型

总战略目标（A）：锡林郭勒盟马产业发展优化战略。

目标分解（O）包括：O_1- 提高地区品种的马匹数量和参赛次数；O_2- 提升马产业发展的社会和经济效益；O_3- 提升马产业发展的政策保障机制。

马产业发展（C）包括：C_1- 马匹数量和参赛优化配置战略；C_2- 强化马业发展定位，多规合一战略；C_3- 马产业分级分类配置战略；C_4- 马产业政策创新战略；C_5- 草场、文化、旅游产业协同挂钩战略。

制约因素（S）包括：S_1- 生态恶化，破坏草场；S_2- 马匹资源闲置；S_3- 赛事设置利用空间布局不合理；S_4- 马产业经济产出效益低；S_5- 牧民养马保障机制短缺；S_6- 马匹养殖成本高，多方利益博弈难以均衡；S_7- 赛事社会化参与的制度约束；S_8- 休闲旅游和文化产业支撑不足。

方针措施（P）包括：P_1- 创新马业特色发展机制；P_2- 强化品种保护和开发；P_3- 优化空间发展布局；P_4- 积极搭建产业集群平台；P_5- 规划引导产业要素形态；P_6- 强化马业规划与旅游和文化发展融合对接；P_7- 引导人才和科研与马业发展匹配，探寻"产教融合"良性机制；P_8- 统筹政策保障和保护体系；P_9- 构建马业特色资源协同发展平台；P_{10}- 创新上下游产业发展规划机制；P_{11}- 构建马业、旅游、文化的协同发展机制；P_{12}- 建构多层次的民族马业发展制度体系；P_{13}- 完善马业相关产业发展机制；P_{14}- 完善市场配置和经济效益分配机制。

2. 锡林郭勒盟马产业发展路径

（1）打造马产业品牌　优化空间资源配置，拓展旗县空间向外延拓展，创新特色资源协同机制和政策措施体系，释放旗县创新能动性。培养各旗县的传统特色，资源互补形成区域优势，打造阿巴嘎旗的黑马之乡，西乌珠穆沁旗的白马之乡，太仆寺旗御马文化之乡，镶黄旗蒙古马文化博物馆，东乌珠穆沁旗蒙古马"生物博物馆"，奈林高勒牧马部落和马文化新村，正镶白旗千马部落等特色马产业。最终形成地方有特色、区域有优势、局部能自主发展、全局能宏观调控的锡林郭勒盟马业品牌。

（2）建立赛马运行机制　探索牧民、马主、俱乐部、赛事组织、政府利益联结机制，从而推动马术表现形式和赛事模式的创新，规范马匹拍卖交易，提高观赏性、娱乐性及经济性。增强吸引力和可持续发展的动力。通过"骑着马儿过草原""御马文化节""草原大赛马"等节庆品牌进行宣传和造势，为传承和弘扬马文化、提高锡林郭勒盟马业知名度和影响力做一些基础性工作，带动当地马业发展。大力发展竞技马业，推动运动马培育基地建设。加大赛事品牌建设，支持举办全国性、国际性的重大赛事，创办一批国内一流、国际瞩目的品牌赛事，将锡林郭勒盟打造成为国内乃至中亚主要的马竞技赛事区。建立分类分级赛马制度，改革马经济规则和场地设置，突出蒙古马优势和特点，将民族和国际赛马赛事规则结合，打造特色赛马赛事。建立巡回赛马制度，构建现代赛马组织运行体系，推动群众性赛马常态化，成为全国重要的马匹竞技基地。

（3）加大养马、育马力度　保护地方马匹品种，加快品种纯化与繁育，建立稳定的马品种群体是马产业发展的基础。建立马匹品种自然保护区、蒙古马原种场、蒙古马种公马站、良种蒙古马繁殖基地，制订严格的繁育技术路线，确保马匹纯化，恢复品种传统优良性状和种群。

积极开展蒙古马遗传资源多样性的研究及其成果的应用与推广，构建蒙古马基因库，建设蒙古马品种改良培育基地，坚持"洋土并用"，引入国外纯血马改良蒙古马品种，培育专业化程度较高的优良马品种和实用型品种，用于出口、赛马、娱乐、旅游骑乘、主题活动、大型影视节目用马及马产品开发等，提高养马、育马质量和经济效益。鼓励牧民养马、育马，改进饲养管理。在牧区实行现代群牧养马，逐步向产品养马业转变。对马种和马匹专门进行登记、驯教和测试，积极开展赛马资格认证、拍卖交易，将赛马赛绩与牧民马匹选育工作结合起来。

（4）加大科研和产品开发力度　统筹马产品加工和市场资源开发，促进马奶、马油、马肉、马血清等产品的生产开发利用，制定出相关卫生、加工、质量标准。协调医疗、教学单位，研究马产品医疗、保健、美容功效，促进产品开发。加强全盟马产业教学、科研、医疗的引导和监督。鼓励大众以马资源开发为载体，实施创新创业计划，建设成为全国重要的马产品基地。

创新马产品的开发与利用，延长产业链条，实现马产业的规模化、市场化、商业化。依据马乳、酸马奶、马血清等非常高的医用价值和保健价值，建立"公司 + 牧户 + 养马合作社 + 养马大户 + 基地"等模式，建立现代产品研发、生产、包装、营销等完善的产业体系，实现马产品走出去、创品牌、见效益。逐渐发展成为锡林郭勒盟支柱产业。

马肉的开发　马肉具有高蛋白、低胆固醇、高不饱和脂肪酸、营养素搭配合理的特点。研究证实，马肉有扩张血管，促进血液循环，减低血压的作用，老年人长期食用，可预防老年人动脉硬化、心肌梗死、高血压等症状，同时对结核病人有医用及补充营养的作用，现逐渐受到消费者青睐。随着马肉的营养价值逐渐被人们所认识和接受，马肉制品越来越多地走上百姓餐桌。马肉在欧美许多国家和日本，已经成为人们日常生活中不可缺少的食品，《商业周刊》的统计数据显示，欧洲人每年吃掉高达 80 000t 马肉。内蒙古生产的马肉，在国内外久负盛名，根据国际市场消费量日益增大的状况，在锡林浩特的周边地区，发展体型大、生长快、产肉多的肉用马出口，确实是一项大有可为的事业。

结合雌激素的开发　结合雌激素是从孕马尿中提取的一种具有生物活性的天然复合激素类物质。以它为主要原料生产的可直接用于人类的药品，主要用于治疗妇女更年期综合征，预防老年骨质疏松和心脏病，降低循环血脂水平，皮肤抗皱等。

随着科学的进步，人类寿命延长，老龄化人口增多，对此类药需求与日俱增，市场潜力巨大。在孕马尿中，结合雌激素平均有效含量约为 100mg/kg，可提纯获得约 65mg 纯制品。因含量低，提纯获得率不高，则每年药厂需要大量的孕马尿原料。仅加拿大阿尔伯达州，每年就有 60 多个马场集中 7 500 匹怀孕母马收集马尿，每匹每个怀孕期仅卖马尿平均收入 2 080 美元，马尿价格约 20 元 /kg。由于我国马匹数量大，相对集中在新疆、内蒙古等局部地区，且饲养管理、人工成本低，近年来，美国、德国、加拿大、中国台湾等厂家都纷纷到我国马匹集中的地区，抢购孕马尿原料，用低于国外几倍的价格收购原料，提纯加工后高价售出。2017 年，国际上纯制品价格约为 4 500 元 /g。由于提纯技术难度大，专利技术受到保护，我国马场多是收集马尿原料，以 4～5 元 /kg 的价格卖给境外厂商。每匹马每个怀孕期马尿收入平均 3 500 元。国内已有几家企业研发了提纯加工工艺并申请有关药品的生产。我国适用人群超过 2 亿人，市场需求巨大。如新疆新姿源生物制药有限责任公司，主要研发、生产、销售结合雌激素原料药、乳膏剂、片剂等，该公司生产、经营的雌激素系列产品成为新疆新源县极具发展前景的支柱产业，对马产业的综合发展产生了积极的作用。

马奶的开发 马奶性味甘凉，含有蛋白质、脂肪、糖类、磷、钙、钾、钠、维生素 A、维生素 B_1、维生素 B_2、维生素 C、肌醇等多种成分。具有补虚强身、润燥美肤、清热止渴的作用。马奶成分与牛奶相似，故功效与牛奶相同。马奶性味甘凉，善清胆、胃之热，能疗咽喉口齿疾病。具有调节人体生理功能，提高人体免疫力及防治疾病，不饱和脂肪酸和低分子脂肪酸对预防高胆固醇血症、动脉硬化有良好作用。酸马奶疗法是蒙医一种传统医疗方法，现代医学也十分关注酸马奶的医疗保健作用。临床研究表明，饮用酸马奶以后，具有显著的降血脂作用（总胆固醇平均下降 28%，甘油三酯平均下降 31%)，对心肌劳损、心动过缓、室性早搏、室性心动过速疗效显著，总有效率为 48%，对冠心病的总有效率可达 93.7%。内蒙古锡林郭勒盟蒙医研究所每年的夏秋季都用酸马奶来治疗高血压和肺结核病，都达到了很好的治疗效果，尤其对心血管疾病的有效率达到 90% 以上。内蒙古国际蒙医医院设立了"酸马奶医疗中心"，专门治疗心血管系统病、消化系统病和结核病等慢性消耗性疾病。俄罗斯等国家也建立了酸马奶疗养院，用酸马奶来治疗肺结核病。德国马奶研究中心的营养学家康尼尔博士指出，马奶的营养价值在各类乳品中是最高的，它含有丰富的维生素和矿物质，容易被人体消化吸收。而且，马奶中脂肪含量占 1.5% 左右，是牛奶脂肪含量的一半。由马奶发酵酿成的马奶酒，不但清凉可口，富有营养，还能起到滋脾养胃、除湿、利便、消肿等作用，对治疗肺病效果更佳。因此，欧洲把马奶酒饮疗法作为临床疗法之一。

截至 2017 年年底，市场上除传统手工作坊式生产的散装酸马奶制品外，已有企业利用现代加工技术生产出了可长久保存的罐装产品，使这一具有浓郁民族特色的产品真正变成了商品，可工厂化生产并远销到国内外。

精制马脂的开发 精制马脂是从马体脂肪组织中经萃取精制等工艺获得的产品。其不饱和脂肪酸、必需脂肪酸含量高达 60% 以上，且脂肪酸配比合理。富含维生素 A、维生素 E 等营养成分，是典型的营养型油脂。具有抗衰老和软化血管的作用。对心血管、高血压、动脉硬化等病状有明显的预防和治疗作用。可用于医疗保健品的制造。同时，精制马脂对人体皮肤渗透力强、涂展性好、皮肤吸收快、护肤养颜，可取代羊毛脂用于美容化妆品。另外，精制马脂也可用于高级液体洗涤剂、皮革加工护理助剂、纺织助剂及精密仪表的润滑剂、防锈剂和缓蚀剂等。在日本，马脂化妆品因数量稀少，价格昂贵，仅贵族才有能力消费。在欧洲市场仅有少量的精制马脂保健胶囊。

截至 2017 年年底，国内已有企业采用高新技术开发出了马脂萃取精制技术，并已注册了专利。利用精制马脂研发的马脂护肤化妆品和护发用品市场试销后，反映很好，已有不少商家要求订货，市场潜力巨大。2003年8月成立的新疆普瑞特马业生物科技有限公司，是一家专业从事马业畜牧研究、开发、生产型的科技企业，生物马脂加工是该公司自行研制的高新技术项目，拥有独立的知识产权，公司已开发的生物马脂形成两大系列产品：一是生物马脂化妆品共16个品种；二是特殊营养胶囊 $\alpha-$ 亚麻酸、共轭亚油酸等三个品种。由于国内外尚无成规模的马脂原料生产、加工企业，因此精制马脂产品还未形成规模化的批量生产，市场是有需无货。

马血的开发 马血可制成食品添加剂、血红蛋白粉、止血粉等医疗用品。孕马血清是珍贵的药物原料，孕马血清促性腺激素是从怀孕母马血清中提取的一种生殖激素。主要用于动物的诱导发情、超数排卵、提高繁殖力。由于孕马血清促性腺激素功能特殊，目前在国内外广泛使用，产品畅销不衰，价格不断上涨，需求量不断增加，发达国家早已将其列入制剂目录及药典，孕马血清促性腺激素的供应在国内外都因孕马血清资源有限，生产量始终无法满足市场需要。

（5）深入挖掘马文化 积极筹建以马文化为主题的项目，集中展现锡林郭勒草原养马历史、马的品种、名人名马、马铸造的奇迹、民间马术运动、马摄影精品、马古董、马雕塑、马具和马艺术品等内容，挖掘和弘扬蒙古族马文化，大力弘扬蒙古马精神，突出民间特色、民族特色和人文特色，组成民族特色深厚、大众参与感强、观赏性强、娱乐性强、安全性高、可实施的马艺术文化活动，为锡林郭勒盟现代马业的发展做必要的文化铺垫。

深入挖掘、整理、创新民族马文化，树立民族文化自信。培育马产业价值体系，加强马产业内涵建设，赋予马产业新使命，增强马产业集约发展的内在驱动力。逐渐将锡林郭勒从"草原明珠"的形象中升华出来，助推实现马文化与马业高级耦合协调发展，利于马产业集约化升级。

（6）积极建设高端马业市场，打造贸易之都 锡林郭勒盟各级马会与全国各地马会建立联系，为锡林郭勒盟向全国马术俱乐部销售马匹搭建桥梁。各级马会积极建设马交易市场和马拍卖交易中心，开展马匹拍卖交易活动，为马匹拍卖交易搭建平台。政府引导和激活马业市场，"以卖定产"，使锡林郭勒盟成为全国最大的马匹输出基地。

（7）完善政策体系 建立完善的政策体系，是马产业集约化发展的重要保障。按照全产业链安全运行的内在要求，就马匹品种保护、繁育、训练、参赛、拍卖、产品开发、饲草料种植加工、民族马具服饰生产、民族文化旅游等方面，出台扶持政策，建立完善的法律法规。

总之，锡林郭勒盟要充分利用马产业发展的基础案件及"一带一路"建设的区位优势，对马产业发展的必要性和可行性进行充分论证，制订马产业发展升级策略（图11-4），把锡林郭勒盟建设成为马文化及现代马业发展强区。

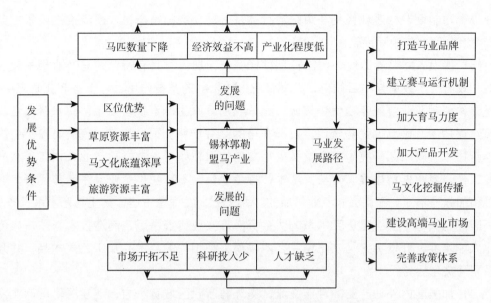

图 11-4 锡林郭勒盟马产业发展升级策略

3.锡林郭勒盟马产业发展政策建议 突破发展难点，出台持续的财政扶持政策。加大优质马匹购置、养殖基地建设、养殖大户发展、马匹调教技能培训等；拨付专项资金，支持专业相关院校基础能力建设，加大马产业人才培养、马业技能培训等；制订相应措施，提升马产业养殖的抗风险能力；加大优质蒙古马繁殖推广力度，并给予扶持、补贴。

科学规划，强化马产业持续开发支撑力。制订《锡林郭勒盟马产业发展规划》，明确现代马产业发展目标，全面提升马产业层次，打造马产业链条，大力发展现代育马产业、饲草料产业、体育运动产业、调教训练产业、旅游休闲产业、文化产业等，培育壮大一批马产业重点企业，构建现代马产业体系，促进传统优势资源转换、优秀民族文化传承、劳动力转移就业及农牧民增收，有利于民生持续改善及社会和谐稳定。

（1）进一步发挥马文化优势，加快发展马产业 培育民族特色的马文化旅游品牌。创编蒙古族特色的马文化产品和节目，创办各类马产业博览会、马产业马文化论坛，搭建交流合作平台和发展会展旅游；利用其传统手工艺制造技术，加工生产马专用装备，出版与马有关的书籍、影视作品，开发艺术品、工艺美术品等，延伸扩展马文化产业，丰富马文化旅游资源。

（2）建设核心赛马场，建立分类分级赛马制度，推广国际化赛事规则 建设几个与国际接轨的核心赛马场，在具备马文化体育活动基础的市、旗县配套建设赛马场。建立分类分级赛马制度，推广国际化赛事规则，培育赛马企业；加大赛事品牌建设，支持举办全国性、国际性的重大赛事，创办一批国内一流、国际瞩目的品牌赛事，将锡林郭勒盟打造成为国内乃至亚洲主要的马竞技赛事区。积极争取利用体育彩票公益金，建立分类分级赛马制度，构建现代赛马组织运行体系，推动赛马常态化，逐步推进内蒙古自治区传统赛马赛事与国际接轨。

（3）加大人才培养力度，树立特色标杆院校，加大对具有特色的马产业相关专业的扶持 政府给予政策与项目倾斜，发挥专业人才培养的基石作用，打牢马产业研究平台，依托锡林郭勒职业学院专业优势资源，充分利用草原生态畜牧兽医系、马术系、食药检测风险评估中心等单位优势资源，发挥在马的品种培育、饲料加工、疫病防控、生物工程等新技术、新工艺研究、推广及弘扬马文化的引领作用。做好马产业人才培养和产品研发工作。着力做精做强"赛马、马术"特色项目，不断强化专业人才培养优势，逐步完善和加强马术专业在社会和专业领域的"话语权"，发挥蒙古语言文化与艺术系、齐·宝力高国际马头琴学院、电影艺术系的优势资源，实现传统手工艺制造技术与蒙古族传统文化人才培养，开发传统马文化精品艺术表演、马相关的艺术品及工艺美术品，并开展一系列马文化活动。

（4）加强国内外马产业的合作交流，提升马产业区域竞争力，继续深化马产业发展的国际性、开放性 与我国香港、广东、武汉及自治区其他盟市建立密切合作关系。另外，根据马产业发展国际化的趋势，加大与蒙古国、英国、德国、法国等国家的相关部门及院校的合作力度，探索人才培养、人员培训、学术交流、竞技比赛等，进一步与国际接轨。

（5）加速发展马术训教产业 充分发挥各少数民族群众擅长驯马的优势，驯养适应专业比赛的运动马和休闲需要的骑乘马、表演马等，提高马匹价值并带动就业。充分利用优势资源大力开展青少年马术培训，以马术专业学习、马术短期培训、马术夏令营、中外马术学校联合办学等多种培训模式，普及推广马术。

第十二章

通辽市马产业发展路径

一、通辽市马产业发展条件

通辽市是国家重要的畜牧业生产基地，也是科尔沁马的原产地，养马历史悠久，在20世纪90年代之前，蒙古马一直是以蒙古族为主体的通辽农牧民赖以生存的生产生活资料，也是主要的交通役用工具。现如今，随着生产力的发展，经济社会的进步，通辽市传统马业处于萎缩阶段，但是伴随着"8·18哲里木赛马节"逐年增加的影响力，通辽市借助旅游业大力打造的当地特色马文化、赛马、马术、休闲娱乐等马产业项目正在兴起。

1. 区位优势　通辽市，位于内蒙古自治区东南部，东与吉林省接壤，南与辽宁省毗邻，西与赤峰市、锡林郭勒盟交界，北与兴安盟相连，是内蒙古自治区东部和东北地区西部最大的交通枢纽城市，是环渤海经济圈和东北经济区的重要枢纽城市，是全国和自治区蒙古族人口最集中的少数民族地区。

作为重要的交通枢纽城市，境内有9条铁路线交汇，通辽火车站是全国40个枢纽站和14个大型货物编组站之一；境内有7条省道、国道和高速公路，与北京、沈阳、长春等中心城市，天津、大连、营口、秦皇岛等港口城市，满洲里、二连浩特等边境口岸城市互连互通；通辽机场现已开通14条航线，可直达北京、天津、上海、重庆、哈尔滨、杭州、成都等15个大中型城市，霍林郭勒机场2017年已实现通航运营，逐步开通了霍林郭勒至广州、深圳、哈尔滨、锡林浩特、阿尔山、满洲里的航线。

2. 草场资源优势　通辽市总土地面积595.35万hm²，其中耕地面积91.4万hm²，沙地面积178.6万hm²，分别占总面积的15.4%和30.0%。草原面积341.95万hm²，可利用面积312.14万hm²，占草原总面积的91.3%。已垦草原面积142.27万hm²，分别占总土地面积和草原面积的23.9%和41.6%，其中已列入基本农田11.8万hm²，退牧还草工程6.67万hm²，退耕还林工程6.53万hm²，其他生态治理工程27.6万hm²，纳入2004—2010年已垦草原退耕还草工程85.87万hm²，合计138.47万hm²，分别占已垦草原总面积的8.3%、4.7%、4.6%、19.4%、60.4%和97.3%。土壤有钙土、风沙土和灰色草甸土等10个种类，植被类型以丛生禾草草原为基本类型。

3. 地区政策优势　国务院出台的《关于进一步促进内蒙古经济社会又好又快发展的若干意见》提出了建设草原文化旅游大区、培育民族特色文化产业等一系列政策措施，自治区党委、人民政府高度重视马产业及与马产业紧密联系的旅游、文化、体育产业的发展，相继出台了旅游业和文化产业中长期发展规划，加大了政策倾斜和资金投入力度，设立了文化和旅游专项发展基金，成立了内蒙古马业协会和内蒙古马业发展基金会。通辽市在"中国马王之乡"科尔沁左翼后旗组建了内蒙古自治区第一家盟市级马术协会——科尔沁马术协会，使通辽市马产业发展步入了新阶段。

通辽市作为北方农牧业交错地区的典型城市，2016年，农业部发布《关于北方农牧交错带农业结构调整的指导意见》（简称《意见》），有利于通辽市借助地区优势实现在畜牧业和饲草产业上的发展。《意见》指出，力争通过5～10年时间，北方农牧交错带基本构建牧农林复合、草果田契合、一二三产融合的产业体系，基本建立投入减量、生产清洁、资源节约、循环再生的发展新模式，基本形成蓝天白云相连、绿草果树相映、黑白花牛群相间的生产生态新景观。此类地区畜牧业增加值占农业增加值的比重达到50%左右，农牧民家庭经营性收入来自畜牧业和饲草产业的比重超过50%。

4. 旅游资源优势　通辽市拥有丰富的旅游资源，从北至南，草原、绿洲、沙漠及点缀其间的湖泊、山峰数不胜数，景色瑰丽。其中大清沟国家自然保护区、莫力庙水库、珠日河旅游区、科尔沁草原、"8·18赛马节"已成为通辽旅游的标签，鲜明的民族特色、灿烂的人文历史、绮丽的自然风光，这些都深深吸引着全国游客。

二、通辽市马产业发展概况

1. 通辽市马品种（类群）资源状况　近几十年来，通辽市先后引入了三河马、顿河马、苏高血马、阿尔登马等各类优良品种的种公马，对当地蒙古马采取级进杂交和复杂杂交方式进行改良，根据对自治区西部新疆、西藏、甘肃、宁夏等地的马市场需要情况的分析，先后购进俄罗斯种公马、汗血种公马、新西兰纯血马，与存栏的纯血马进行杂交改良，逐步培育出适合草原气候和生产特点的乘挽兼用型新品种。主要有以下4种：蒙古马×三河马（级进2～3代）；蒙古马×三河马×苏高血马；蒙古马×苏高血马（或顿河马级进或复交二代）；蒙古马×三河马（苏高血马、顿河马）×阿尔登马（俄罗斯重挽马）。由于在育种过程中有重型种马参与，所以少数科尔沁马表现偏重。马品种主要有蒙古马（本地品种）、纯血马（种公马）、苏高血马（种母马）、半血马（纯血马的杂交后代），具体情况见表12-1。

表12-1　通辽市马品种资源具体情况

序号	马品种名称（含引进品种和新品系）	数量（匹）	基本特点	主要用途
1	地方品种	25 065	养殖户散养、性格温驯	役用、改良母本、肉用
2	三河马	881	繁育稳定、体质结实、结构匀称、持久力强	繁殖、比赛

序号	马品种名称（含引进品种和新品系）	数量（匹）	基本特点	主要用途
3	蒙古马	13 599	敏锐而温驯、易于调教、繁育稳定、速度快、体形矮小，身躯粗壮，四肢坚实有力，体质粗糙结实，毛色复杂，以青、骝和兔褐色为多，耐劳、耐寒、耐粗饲，耐力持久	繁殖、比赛、役用
4	苏高血马	758	体型细高	繁殖、比赛
5	新西兰马	1		繁殖、骑乘比赛
6	阿拉伯马	1		繁殖、比赛
7	汗血马	6		繁殖、比赛
8	弗里斯兰马	2		繁殖、比赛
9	纯血马	58	速度快	繁殖、比赛
10	美国混血马	1		繁殖、比赛
11	英国纯血马	18	速度快，遗传性能好	繁育、赛马
12	布琼尼马	20	繁育稳定、速度快	用于参加比赛
13	高血马	25	繁育稳定、速度快	用于参加比赛
14	犁耕马	45	繁育稳定、速度快	用于参加比赛
15	阿拉伯、日本纯血马	38	国际良种马，赛马骑乘型，奔跑快，高大，体型轻瘦，体躯呈圆桶形，饲养标准要求高	比赛、骑乘、改良、繁殖
16	半血马	2 102	国际良种马，赛马骑乘型，奔跑快，高大，体型轻瘦，体躯呈圆桶形，饲养标准要求高	比赛、骑乘、改良、繁殖
17	德保矮马	10	矮小、温驯	旅游，可供老人和孩子骑乘
18	澳大利亚纯血马	5	头小、腿细、肌肉发达、速度快	种公马、比赛
19	繁育马	24	半血统母马、当地较好的母马	繁育母本

数据来源：调研统计。

通辽市马的定型品种为"科尔沁马"，属于能够适应草原气候和生产特点的乘挽兼用型新品种，具有适应性强、耐粗饲、抗病力强等优点。科尔沁成年公马（乘挽型）体高 151.95cm，体长 154.27cm，胸围 175.85cm，体重 427kg。科尔沁成年母马（乘挽型）体高 143.7cm，体长 145.97cm，胸围 168.87cm，体重 389.15kg，毛色以黑、栗、骝色为主。科尔沁马绝大多数个体表现体型匀称、头中等清秀、颈肌丰满、背腰平直、前胸丰满、前裆宽、四肢结实端正、关节明显、蹄质坚实等特点。一般表现前躯发育良好，后躯较差。

通辽市马品种改良采取自然交配与常温人工授精相结合的方式，多数散养户通过与周边良种种公马进行自然交配的方式进行改良，部分地区和有一定规模的养殖户在旗县、苏木乡镇家畜改良部门人工授精技术员的指导下，采取常温人工授精进行改良。

2. 通辽市马匹的数量变化及分布　2016 年，通辽市马存栏 18.2 万匹，其中科尔沁区 3.36 万匹、开鲁县 2.99 万匹、科尔沁左翼中旗 2.1 万匹、科尔沁左翼后旗 2.87 万匹、奈曼旗 1.9 万匹、库伦旗 0.95 万匹、扎鲁特旗 3.8 万匹、霍林郭勒市 490 匹、开发区 1 700 匹。品种上，蒙古马和科尔沁马共 18 万匹，占马匹总存栏的 99%，三河马存栏 880 匹，英纯血马等引进品种和引进品种改良马近 1 400 匹，具体情况见表 12-2。分布上，科尔沁马主要以高林屯种畜场为中心产地，分布在其周围的农区、半农半牧区，同时科尔沁地区也是我国历史著名的蒙古马出产区。变化趋势上，近十年以来，全市马存栏量总体呈下降趋势，由 2006 年的 26.5 万匹下降到 2016 年的 18.2 万匹，下降了 31.3%。各旗县市区马品种资源具体情况见表 12-2。

表 12-2　各旗县市区主要马品种资源统计情况

旗县（市、区）	马品种名称（含引进品种和新品系）	数量（匹）	主要用途
科尔沁区	地方品种	4 159	役用
	三河马	825	繁殖、比赛
	蒙古马	157	繁殖、比赛
	苏高血马	558	繁殖、比赛
	新西兰马	1	繁殖、比赛
	阿拉伯马	1	繁殖、比赛
	汗血马	3	繁殖、比赛
	弗里斯兰马	2	繁殖、比赛
	纯血马	16	繁殖、比赛
	美国混血马	1	繁殖、比赛
开鲁县	地方品种	5 269	役用
	英国纯血马	5	繁育赛马
	布琼尼马	20	比赛
	三河马	56	比赛
	半血马	20	比赛
	高血马	25	比赛
	蒙古马	60	比赛
	犁耕马	45	比赛
科尔沁左翼中旗	蒙古马	8 359	骑乘、使役
	纯血马	100	骑乘、比赛
	苏高血马	200	骑乘、比赛

旗县（市、区）	马品种名称（含引进品种和新品系）	数量（匹）	主要用途
科尔沁左翼后旗	纯血马	194	种马、赛马
	半血马	2 020	赛马
	地方品种	11 661	改良母本、肉用
奈曼旗	蒙古马	4 315	繁殖、役用
	英国纯血马	9	比赛、骑乘、改良、繁殖
	阿拉伯、日本纯血马	38	比赛、骑乘、改良、繁殖
	半血马	62	比赛、骑乘、改良、繁殖
	德保矮马	10	旅游，可供老人和孩子骑乘
库伦旗	汗血马	3	观赏、演艺
	英国纯血马	4	种公马、比赛
	澳大利亚纯血马	5	种公马、比赛
	繁育马	24	繁育母本
扎鲁特旗	地方品种	3 476	养殖
霍林郭勒市	地方品种	500	役用
	蒙古马	50	役用
开发区	纯血马	42	比赛
	蒙古马	658	使役、育种

数据来源：内蒙古统计数据。

3. 通辽市马产业基础设施建设　通辽市现有赛马场6个，马文化产业园2个，马文化主题公园1个。近几年，通辽市加快了马产业基础设施的建设步伐。科尔沁左翼后旗博王府赛马场是东北地区规模最大的赛马场，赛马场始建于2007年，占地面积50万 m^2，能够容纳10万名观众，是自治区东部第一座规范化赛马场，可承办国家级高规格的赛事活动。

通辽市科尔沁马城项目2013年开始动工，位于通辽市经济开发区，该项目初步预算投资24亿元，总占地面积16万 m^2，以蒙元文化为根基，以科尔沁马文化为主题，以科尔沁马文化博物馆、国际赛马场、育马基地、骑士俱乐部、马术学校、马文化会展中心为主要建设内容，着力打造国内最大、设施最优、功能最全、标准最高的国际级赛马、育马及蒙古族文化展示基地。该项目已完成投资约3.06亿元（不含征地投入），完成赛事楼主体（12万 m^2）、看台、马厩、赛道、绿化、临时停车场等工程，并成功承接举办了2016年主城区"8·18哲里木赛马节"。建成后，拉动近百个相关产业发展，年经济效益达5亿元，增加就业岗位近5 000个，成为繁荣科尔沁文化、提高城市层级、展示通辽市形象、聚集大量高端人群的重要文化窗口。

4. 通辽市重点马产业企业（基地）　通辽市2017年有养马合作社23个，养马企业2

家，马业、马术协会 4 个，马术俱乐部 1 个，马术培训基地 2 个。以下是通辽市重点马产业企业（基地）：

通辽市科尔沁区马王马业有限公司 该公司是以繁育纯血马、汗血马为主的马产业公司，公司截至 2017 年有马 40 余匹，其中：纯血马 16 匹，汗血马 4 匹，阿拉伯马 1 匹，温血马 2 匹，弗里斯兰马 2 匹；通过上述纯种马改良的半血马、温血马存栏达 10 余匹，其余为蒙古马。公司经营项目有引进品种马繁育、良种改良、马匹销售及乘坐欧式马车等。

科尔沁左翼后旗乌日进赛马养殖专业合作社 该合作社 2017 年有速度赛马 6 匹、走马 4 匹，拥有专业骑手 4 名。近几年通过改良本地马及纯种繁育，年均销售半血马 10 匹。合作社负责人青龙是科尔沁左翼后旗家喻户晓的养马人，也是科尔沁左翼后旗科尔沁马发展协会发起人。青龙从 2004 年开始养马，主要以赛带繁，通过引进国外纯种马参加比赛，赢得奖金，逐步壮大自己的马产业。2017 年该合作社有马匹 46 匹，其中纯血马 10 匹，半血马 31 匹。养马棚舍 300m²，其中赛马棚舍 20m²。2007 年以来，他养的赛马参加过中国马业协会、全国少数民族传统体育运动会及自治区级通辽市举办的各类赛事，均取得优异的成绩，多次获得冠军。

科尔沁左翼中旗后乜嘎查赛马驯马基地 该基地位于科尔沁左翼中旗宝龙山镇后乜嘎查，投资 2 000 余万元，基地占地面积 1.13 万 m²，截至 2017 年该基地存栏蒙古马 90 匹、英纯血马 70 余匹、半血马 90 匹，其中每匹价值 100 万～150 万元的纯血种公马 8 匹（包括走马 3 匹、速度马 5 匹），每匹价值 30 万～60 万元的纯血马 22 匹。基地配套建有人工授精室，B 超等检测设备齐全，并配备专业兽医及人工授精技术员。该基地能为周边地区养马户提供品种改良配种服务，每年约改良配种母马 300 余匹。

通辽市佳骥马业有限公司 该公司坐落在美丽的科尔沁草原。公司经营范围涵盖国产及进口马匹交易、马场俱乐部经营管理技术输出、展览展示、文化活动推广等。2017 年，公司直属经营的骑术俱乐部有国内外良种马 200 匹，供会员马术教学训练。作为马匹繁育改良的专业公司，拥有天然牧场，用于繁育英纯血马、奥尔洛夫马、阿拉伯马、阿哈尔捷金马等纯种马及其他混血良种马。公司主要购销国产马、进口马、竞技用马、俱乐部及游乐用马。

除此之外，通辽市马产业组织结构不断健全，2007 年科尔沁左翼后旗成立第一家市级"科尔沁马术协会"，2008 年又注册成立"通辽市科尔沁马术俱乐部"。协会内设有常务理事会、竞赛委员会和督察委员会等三个机构，该协会对全旗马术运动进行日常管理、组织指导、训练调教，为马术运动的训练常态化、组织制度化提供了强有力的保障。截至 2017 年年底入会会员（马术爱好者）达 200 多人，理事有 30 余人，其中马术教练员 3 名，骑手 50 名，兽医师 2 人。

5. 通辽市马文化产业发展状况 马文化是草原文化的组成部分。截至 2017 年全市有比赛用（运动型）马 5 200 匹，骑乘娱乐用马约 1 000 匹。

民俗赛马 通辽市地处科尔沁草原腹地，是全国蒙古族人口最为集中的地区，蒙古族人民祖祖辈辈养马、驯马、骑马、套马，马文化底蕴相当深厚。赛马、马上技巧、马术活动是科尔沁蒙古族民族精神和文化娱乐的重要组成。在民间，每逢节庆、婚礼、寿典等喜事，都要赛马助兴。

1992年在广州举办的"金马杯"中国马王邀请赛上，科尔沁左翼后旗骑手扎那力克群雄，获得了"金马杯"，荣登"中国马王"的宝座，成为中国的第一个马王。同年7月，在北京举办的"康熙杯"大赛中，扎那和他的马又一次折桂。1996年，科尔沁左翼后旗骑手那达木德继扎那之后，又夺得"中国马王"称号。"中国马王"的两连冠，让通辽市的马产业威震天下。自从开展各类赛马项目以来，在全国、自治区各类赛马比赛中，通辽马独占鳌头，连续摘金夺银，几乎包揽了中国赛马比赛的金牌。其中，在2015年8月份举行的第十届全国少数民族传统体育运动会上，科尔沁左翼后旗马队代表自治区参加马术竞赛项目，共获得4个一等奖、5个二等奖、6个三等奖的佳绩，不仅圆满完成自治区下达的任务，还为续写"马王之乡"的荣誉注入了新的活力。

通辽市的"8·18哲里木赛马节"在2002年被中华人民共和国国家旅游局列为全国重点旅游活动项目，现已成为自治区规模最大的赛马节，以及科尔沁草原著名的旅游项目之一，是通辽市旅游节庆的一块金字招牌。自1995年8月18日，首届"8·18哲里木赛马节"隆重开幕，通辽市每年都会在公历8月18日举行赛马活动，至今已成功举办了20多届，吸引着越来越多的海内外游客在草原上最美的季节相聚，共享盛会，让通辽市声名远播。如今的赛马节，已经成为集传统体育竞技、民族传统文化展示、休闲旅游等于一体的综合性盛会。在赛事活动安排上，"8·18哲里木赛马节"不拘泥于传统的体育赛事活动，各赛区在保留马术表演、马速、马技、走马等马术比赛和打布鲁、搏克、摔跤、射箭等传统民族体育项目的基础上，充分融入能够体现当地民族文化元素的系列民俗文化特色活动。

通辽市借助民族赛马活动发展旅游业，带动了养马业的发展。以科尔沁左翼后旗为例，2016年休闲骑乘业收入达200万元，为旅游景区周边养马、育马的农牧民脱贫致富拓宽了渠道。

马具制作　通辽市科尔沁左翼后旗马具制作技艺，属国家级非物质文化遗产项目，是集木工工艺、刺绣工艺、技术工艺、皮件编制等独特的手工艺于一身的蒙古族民间手工艺。2017年有马具制作非物质传承人5人，其中，国家级1人、自治区级2人、市级2人，注册成立的产品加工企业5家，注册品牌2个，产品主要有科尔沁马鞍、马笼头、马鞭、车马具等。马业产品已销往国外各地，独树一帜的马具制作技艺已成为科尔沁马文化的亮点。2010年通辽市科尔沁左翼后旗牧民陶格敦白乙制作的马具参展2010年上海世博会，是通辽市唯一一项进入世博会核心区进行展示的传统手工技艺。陶格敦白乙是国家级非物质文化遗产蒙古族马具制作技艺国家级代表性传承人，制作马具长达40余年，他制作的马鞍具有鲜明的科尔沁马鞍特色，深受蒙古族群众和马具收藏者的喜爱。2015年6月，在他的努力下，科尔沁左翼后旗马具制作传承协会成立。此外，科尔沁左翼后旗政府批准成立了非物质文化遗产保护中心，在大青沟旅游区筹建了300m^{2}的马具文化展示厅，截至2017年年底已制作整套马鞍 50 余个，并将国家级非物质文化遗产保护项目蒙古族马具制作技艺向游人展示，促进着马具文化的延续和传承。

6.通辽市马产业指标分析

（1）构建马产业集约度指标体系　文中分析的数据资料部分来源于 2016 年《通辽统计年鉴》，部分来源于通辽各旗县 2016 年统计年鉴，部分数据由实际调查获得。

研究从马产业生产体系、文化体系、经济体系和政策体系方面，以马匹状况、赛事情况、从业人员等 17 个指标为切入点，构建通辽市马产业集约化发展的评价指标体系，对 8 个旗县市区的马产业发展水平进行定量测度，以期揭示通辽市马产业发展程度空间特征，详见表 12-3。

表 12-3　马产业发展评价指标体系

目标	项目层	指标	计算或统计说明	功效性
通辽市马产业发展程度	马产业生产体系	马匹总数	研究区各旗县市区的总马匹数	+
		本土纯种马匹比率	本土纯种马匹数 / 总马匹数	+
		娱乐运动马	研究区各旗县市区的娱乐运动马匹数	+
		俱乐部、合作社等比赛马比率	俱乐部、合作社等比赛马匹数 / 总马匹数	+
		牧业总值	2015 年各旗县牧业总值	+
		马文化建设场馆及公园总数	研究区各旗县市区马文化场馆和公园数	+
		马产业相关赛事总数	研究区各旗县市区马产业相关赛事和那达慕大会总数	+
	马产业文化体系	教育文化娱乐比率	研究区各旗县市区马相关教育文化娱乐总数 / 研究区马相关产业教育文化娱乐总数	+
		马产业马主人才总数	研究区各旗县市区马主人数	+
		第三产业从业人员比重	第三产业从业人员 / 从业人员	+
	马产业经济体系	马产业马医师人才总数	研究区各旗县市区马医师人数	+
		万人中拥有初中以上在校生比重	初中以上在校人数 / 10 000	+
		马文化建设俱乐部总数	研究区各旗县市区马文化俱乐部	+
	马产业政策体系	盟市级称号率	盟市级以上称号 / 研究区盟市级称号总数	+
		马相关医疗卫生人员比率	研究区各旗县市区马相关医疗卫生人员人数 / 研究区马相关医疗卫生人员总人数	+
		政府扶持资金率	研究区各旗县市区马产业扶持资金额 / 研究区马产业总资金额	+
		第三产业总值指数	2015 年各旗县第三产业总值指数	+

（2）马产业发展评价方法　通辽市马产业发展集约化程度、水平空间特征，城镇化水平、马匹品种特性分布存在一致性，各地区马业发展集约化程度平分秋色。科尔沁左翼中旗和科尔沁左翼后旗具有诸多要素集成优势，其马产业的发展具有明显的优势和代表性；扎鲁特旗、开鲁县和库伦旗拥有特色马匹品种资源与数量优势，资源要素相对集中，其马产业发展集约化程度也比较高；霍林郭勒市马产业发展要素不足，与其他旗县

空间距离较远，没有独特优势，马产业发展集约化程度相对较低。

三、通辽市马产业发展存在的问题

1. 马品种保护与改良繁育力度不足　通辽市的马匹数量从 1975 年到 2014 年以来一直居于自治区首位，总数上较为稳定，2010 年之前一直保持在 25 万匹以上，但是之后开始出现逐年下降的趋势，据 2016 年统计，通辽市马存栏已降至 18.2 万匹。

通辽市重点的保护马品种为科尔沁马和蒙古马，但还未建立以上两个品种马的保护场和保护区。种源建设及良种繁育滞后，良种种马引进、培育、生产和供应能力严重不足。通辽市截至 2017 年年底没有一家种马场，良种种马资源严重短缺，良种马引进力度小，良种繁育推广亟待加强。

传统马业受到市场因素的制约，广大农牧民养马积极性锐减。一方面，传统马业赖以生存的优良廉价的天然草原资源日益减少，导致饲养成本高，普通农牧民无能力坚持发展养马业，马匹繁育面临严峻挑战。另一方面，现代机械设备、机动车已完全代替传统马业的功能，传统意义上的马业失去了生存和发展的价值。马与牛、羊繁殖比较，单位草原面积承受的头数少，经济效益和劳动生产率低，投资回报率比较低。现代马业虽然已经起步，但由于产业体系、市场体系不健全，运营模式落后，其经济效益不高、国民经济中的贡献小、发展步伐缓慢，同时，农牧民缺乏优良品种马饲养技术和种源建设，对养马致富的信心不足。

2. 科尔沁马文化的传承缺失　科尔沁草原是著名的蒙古马的故乡。科尔沁蒙古马身躯匀称，四肢修长，爆发力强，速度快且有耐力，被公认为是蒙古马中的上品。通辽市马产业除了在科尔沁马品种上受到制约之外，对于科尔沁马文化的传承也受到了多方面的影响。

马具制作技艺发展后劲不足　现如今，民族马具作为非必需品，只用于收藏或摆件，销路窄，创收难，同时人才培养经费不足，学习难度较高，再加上现代马具对传统马具的打击，以及广大消费者对于马产业认识程度不高，特别是对马产品的功能优势和马具制作等方面了解不足，导致从事传统马具制作技艺的学徒非常的少，传承发展趋势不容乐观，马具制作面临着后继无人的风险。

科尔沁马文化整体宣传力度不足　科尔沁文化是一个在长期变迁的历史中积淀而成的区域文化，其中科尔沁民歌、安代舞、马头琴、乌力格尔等丰富多彩的非物质文化遗产更是让科尔沁名扬四海。通辽市是全国蒙古族人口最为集中的地区，也是深受科尔沁文化影响的地区。而对于科尔沁马文化，哲里木赛马节是极具代表性的盛会。虽然哲里木赛马节不论在规模上还是在影响力上都在逐年提升，但是相对而言还是主要面向周边游客的地区性活动，未能上升到国内或国际上的层次，将具有民族区域特色的科尔沁马文化传播出去，走向国际市场。

3. 基础设施亟待提升　中国马王之乡通辽市一直在传统马产业上表现出绝对的优势，但是相对于其他省份基础设施仍需加强，驯马场地和赛马场较少，规格较低，竞技体育马业赛事活动少，参赛奖金低。科尔沁马城自 2013 年开始建设，2017 年年底还未完全投入使用，这些都在一定程度上制约着通辽市竞技赛马、骑乘休闲及马文化旅游产业的发展。

"8·18 哲里木赛马节"已成功举办了二十多届，是通辽市的金字招牌。但是，赛马节需要的配套设施建设上严重不足，只有少数地区能够举办规模较大的赛马活动。自 1995 年以来，赛马节除了 2011 年在通辽市科尔沁左翼后旗博王府赛马场举办外，其他年限都在通辽市科尔沁左翼中旗珠日河草原旅游区举行。珠日河草原有一个具有国际标准的赛马场，旅游区距交通发达的通辽市区 102km，在 304 国道西侧 7km 处，游客只能通过驾车或乘车抵达旅游区，给道路交通和景区停车都带来严重的负担，同时游客的游玩体验也会受到影响。2016 年的"8·18 哲里木赛马节"的场地有所调整，改为在 9 大赛区举办为期三天的赛事，包括科尔沁区、霍林郭勒市、开鲁县、科尔沁左翼中旗、科尔沁左翼后旗、库伦旗、奈曼旗、扎鲁特旗和通辽经济技术开发区，各赛区的赛事内容不同、形式不同。这样虽然有利于地方活动的开展，但过于分散，便利性较差，同时对各赛区的硬件设施提出了要求。

四、通辽市马产业发展思路

1. 优化通辽地区马品种　在马的品种改良方面，由适合生产的乘挽型转向比赛型、观赏型，引进英国纯血马、阿拉伯马等优良马种，聘请国内顶尖的兽医等相关人才，建立马繁育基地，对科尔沁马采取级进杂交和复杂杂交方式进行改良，通过 2～3 代的培育，大幅提升科尔沁马的品质和产品价值。同时，通辽市应建立科尔沁马和蒙古马的保护场和保护区，根据市场需求情况，采用先进的配种技术，优化通辽地区马品种，并且与当地的牧民进行合作，政府负责提供种马，牧民繁育出马驹后，政府定向收购。采用政府带动农户的模式，增加马匹产量，带动当地牧民收入。

2. 延伸通辽地区特色马产业链　马产业已经形成了一个庞大的链条，从马匹进口和繁育到马匹销售、赛事运营和马产品开发，细分环节非常完备。发展与马产业紧密相关的体育运动、休闲骑乘、文化旅游、专业化马产品开发等新业态，形成一二三产业融合发展格局，带动马产业经济效益和社会效益的大幅提升。

3. 精深加工马产品　发达国家的养马业在经济生活中占有相当重要的地位，国际上马肉的市场需求也非常大。随着近几年欧洲国家广泛流行疯牛病、口蹄疫，马肉在国际市场上大受欢迎。另外，除马奶和马肉制品外，马的皮、毛、血、骨、脏器等副产品的综合利用价值也非常高，可以用于生物制品。其他马产品（如孕马血清是生产孕马血清促性腺激素 PMSG 类生物药物的最好原材料）也有很好的市场前景。

但是，我国马肉制品开发时间不长，消费者对于马肉制品的认识度不高，正处于起步发展阶段。而通辽市作为良马的主产地之一具有绝对的资源优势。对此，通辽市应对马肉制品、马奶、马的相关副产品赋予地域特点、民族特色，创建自主品牌，建立"企业＋合作社＋农牧民"产业模式，通过招商引进马产品加工、马生物制药等企业，促进关联性生产，促进财政增效、农牧民增收。同时，加大宣传，开发市场，加大马产品研发力度，主要以马脂化妆品、生物制品等，提升马产品的附加价值。

时代的快速发展使传统的马具逐渐走进博物馆、居民住宅，成为一种装饰品。取而代之的是现代马具，轻巧、造价低。对此要做好蒙古族马具制作传统工艺的传承，促进协会的发展，发现更多热爱马具制作的人，同时要拓展马具销售渠道，借助电子商务、展销会、DIY、打造传统民族工艺品商业街等多种模式带动蒙古族马具文化的传承与发展。

4. 加快通辽市马产业转型升级　近年来，随着竞技体育中马术、赛马的引入，民族传统体育运动中，各种赛马运动的振兴，草原旅游业的兴起，诸多马上体育和休闲娱乐项目在全国方兴未艾。对此，通辽市应充分利用"8·18哲里木赛马节"的品牌影响力，依托以大青沟为核心的旅游产业、僧格林沁历史故事等旅游文化资源，把"马符号"纳入全旗旅游规划大局。推动旅游、传媒、服务业等其他相关产业的全面发展。收集、创编体现通辽特色的马文化产品和节目，以精彩的马文化活动带动通辽市文化旅游产业发展；鼓励企业和个人创作与马有关的书籍、影视作品以及艺术品、工艺美术品等；传承发展非物质文化遗产马具制作等技艺，生产高中低档马鞍等马具装备，满足不同消费群体需求。在旅游景区提供骑马、马术表演、赛马表演、马车观光等项目，组织文工团开展马术表演；着手筹办以草原骑手国际大会为重点的赛事活动，利用电视、报纸、微信、网站等进行广泛宣传，营造好"马文化"氛围。

对全市范围内的马场、赛马场等基础设施进行重新规划和修缮。规划在大青沟景区两侧建设马场，开展马术表演、赛马活动；在阿古拉湿地、草甘沙漠等旅游景区规划建设马场，开设骑马、牵马等项目，提高游客体验满意度；将已有的马场完善成集驯马、养马、赛马、马术学校、射箭、摔跤功能于一体的场地，并合理规划宾馆、餐厅、工艺品店等周围经济设施。同时，当地政府应加快建设科尔沁马城，推进基础设施建设，提升服务质量，营造消费环境，建成集名马展示、文化创意、赛事常态、马术学习、生态景观、休闲餐饮、特色产品展销等于一体的文化旅游主题园。

5. 利用政策支持保障马产业发展　政府应严格按照禁牧工作要求和草牧场承载能力水平规划发展马产业，大力主导"庄园式"养马模式，扩大紫花苜蓿等牧草的种植面积，让群众在养殖与盈利的同时保护好环境。其次是发挥典型示范合作社的示范引领作用，为园区建设、合作社手续审批等提供高效服务，透明马文化产业收支账，以马产业发展带动就业和旅游业基础设施建设，使马产业公司、合作社实现健康成长。再次是确保整个产业链良性运转。完善交易市场基础设施，保障马产业买卖渠道；协调当地饲料厂，保障饲料供应；协调金融机构，发放养马贷款；充分发挥市、旗农牧局、科技协会、科技局等各大部门作用，提供养殖技术支持；协调基层兽医站提供马的防疫、配种服务等。

6. 借助农牧交错地区优势发展饲草料基地　马超过 65% 的消化系统是用来消化草料的，这使得草料成为马最重要的饮食成分。因此，粗饲料，如干草和牧草对所有马的健康和福利至关重要。通辽市地处农牧区交错地带，是畜牧养殖业比较发达的地区，牛、羊的饲养数量逐年扩大，对牧草需求量越来越大。加之，在西部大开发战略的指导下，退耕还林还草、封育禁牧、舍饲圈养等政策都为建设优质、高效饲草基地提供了良好的发展环境。因此，通辽市可以通过扩大饲草料种植面积、加大基础设施建设、优化牧草品种、提高饲草料生产规模等手段发展饲草料基地建设，在提高防灾、抗灾能力的同时为舍饲半舍饲养殖提供饲草，缓解减畜压力。

第十三章

赤峰市马产业发展路径

一、赤峰市马产业发展条件

1. 地理位置优势　赤峰市地处内蒙古自治区东南部，位于内蒙古、河北、辽宁三省区接壤处。被自治区政府定位为省域副中心城市。东、东南与通辽市和朝阳市相连，西南与承德市接壤，西、北与锡林郭勒盟毗邻。地处首都经济圈和环渤海经济区的腹地，是内蒙古东部中心城市，也是内蒙古第四大城市。

2. 交通优势　赤峰地处东北、华北地区结合部，区位优越、交通便捷，距北京、沈阳等中心城市 400km 左右，距出海口锦州港最近处仅 130km，也是内蒙古距出海口岸最近的地区。境内已建成 4 条高速公路、4 条铁路和 11 条国省干线公路，12 个旗县区中有 11 个通高等级公路。赤峰公路通车总里程 2.3 万 km，铁路运营总里程 1 100km，实现了县县通铁路、乡乡通油路、村村通公路。开通了多条航班航线，初步形成了立体便捷的交通网络。

3. 草原资源　赤峰市草原面积广大，著名的草原有贡格尔、乌兰布统、巴林和海哈尔塔拉草原。贡格尔草原位于内蒙古自治区赤峰市克什克腾旗的西北、西南部，巴彦高勒苏木（乡）、克什克腾旗达来诺日苏木（乡）和达日罕乌拉苏木（乡）境内，距离旗政府所在地经棚镇 35km，草原面积 88 400hm^2，占全旗天然草牧场面积的 18.8%。是距离北京最近的内蒙古草原，303 国道横穿其间，交通十分方便。

4. 人文历史优势　赤峰境内被国家考古界命名的原始人类文化类型，有距今 8 150～7 350 年新石器早期的兴隆洼文化；距今 7 150～6 420 年的新石器中期的赵宝沟文化；距今 6 660～4 870 年的新石器中晚期的红山文化；距今 5 300 年的新石器晚期的富河文化；距今 5 000～4 870 年新石器晚期的小河沿文化；距今 4 500～4 200 年新石器晚期、北方青铜器早期的夏家店下层文化。从考古发掘出来的石器、骨器、陶器、青铜器等生产生活器物证明，早在 8 000 余年前境内的原始先民已经过着原始农耕、渔猎和畜牧的定居生活。20 世纪 70 年代在翁牛特旗三星他拉出土的距今 5 000 余年前的大型玉龙，更在全国引起轰动，被誉为"华夏第一龙"，证明赤峰地区的古文化和中原地区一样，是远古中华文明的重要源流之一。

二、赤峰市马产业发展概况

1. 赤峰市马产业基本情况

（1）马匹数量及分布情况　赤峰市 2017 年共有马匹 126 713 匹，马匹品种单一，均为蒙古马。阿鲁科尔沁旗、巴林左旗、巴林右旗、林西县、克什克腾旗和翁牛特旗的马匹数量较多，占全市马匹总数的 80 % 以上；喀喇沁旗、红山区和元宝山区的马匹较少。具体情况见图 13-1。

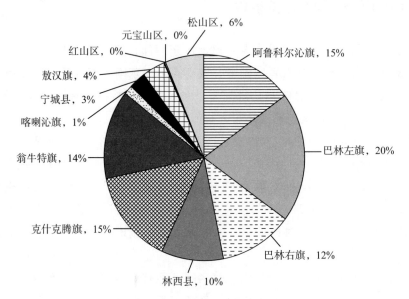

图 13-1　2017 年赤峰市马匹分布情况

（数据来源于调研统计）

（2）马产业企业　赤峰天牧隆马业有限公司　赤峰天牧隆马业有限公司位于内蒙古自治区赤峰市喀喇沁旗美林镇旺业甸村，成立于 2016 年。公司主要经营项目有马的饲养、繁育、品种改良及销售；饲料牧草种植及销售；马具用品销售；马术运动服务；会议会展服务；马业咨询服务；娱乐型赛马赛事；休闲骑乘；马产业技术开发；马文化展览、推广；马术技术咨询。

内蒙古赤峰双和马文化旅游有限公司　内蒙古赤峰双和马文化旅游有限公司是依托赤峰双和良种马繁育专业合作社成立的，该合作社位于赤峰市元宝山区，合作社是以马资源开发为主的高新技术企业。建成纯种马繁育基地一处，以英纯血种马、阿拉伯种马配种繁育。该公司在元宝山区小五回族乡开发了以辽文化、马文化为主题的旅游项目，该项目以赛马场为中心，集旅游、餐饮、娱乐休闲为一体，把民族风情、自然风光与现代技术相结合，对提升赤峰旅游大市新形象，培育该市新的经济增长点，具有重大的战略意义。

（3）国际赛事举办情况 **内蒙古（国际）马术节** 内蒙古（国际）马术节起于 2014 年，由内蒙古体育局、旅游局、体育总会、马术协会共同举办，截至 2017 年年底已成功举办 4 届，并享誉海内外。第四届内蒙古（国际）马术节于 2017 年 9 月 2—4 日在赤峰市松山区双马渠首隆重开赛。马术节从振兴发展草原马文化，满足群众参与热情，提高自治区马术运动影响力出发，秉承"草原马文化活动＋民族魅力马术运动"的宗旨，通过多种形式集中力量开展"内蒙古（国际）马术节"的各项活动。第四届马术节是内蒙古自治区成立 70 周年重点体育活动之一，唯一入选"国家体育旅游精品赛事"的马主题赛事，由全区 9 个盟市共同打造。

2017 中国·赤峰美林国际赛马会 "2017 中国·赤峰美林国际赛马会"由赤峰天牧隆马业有限公司主办，喀喇沁旗美林镇政府、喀喇沁旗文化广电体育局协办，竞赛项目有速度赛马、走马。参赛的骑手除了来自赤峰市外，还有一部分来自山东、北京、天津、沈阳、通辽等地，最小的骑手只有 11 岁。参赛的马种有纯血马、汗血马、阿拉伯马、蒙古马等。

比赛前，10 余名骑手展示了马上叠罗汉、单人双马、马上单腿直立、马上斜横站、马上捡哈达、马上射箭等多种马术表演项目，给观众带来一场视觉盛宴。

2. 赤峰市马产业指标分析

（1）构建马产业集约度指标体系 本研究以马产业生产体系、文化体系和政策体系三个方面作为项目层，以马匹状况、赛事情况、从业人员、生态环境、从业发展等 9 个指标为切入点，对赤峰市 10 个旗县区的马业发展水平进行定量测度，以期揭示赤峰市马产业发展程度空间特征，梳理赤峰市马产业发展概况和存在的问题，得出马产业发展的优化战略及具体实操措施。赤峰市马产业发展评价指标体系见表 13-1。

表 13-1 赤峰市马产业发展评价指标体系

目标层	项目层	指 标	计算或统计说明	功效性
赤峰市马产业发展程度	马产业生产体系	运动马总数	研究区各旗县区的运动马匹数	+
		本土纯种马匹比率	本土纯种马匹数 / 总马匹数	+
		草原覆盖率	各旗县区草原覆盖面积 / 研究区草原覆盖面积	+
	马产业文化体系	赛事收益率	赛事产值 / 研究区总产值	+
		马产业相关赛事总数	研究区各旗县区马产业相关赛事和那达慕大会总数	+
		教育文化娱乐比率	研究区各旗县区马相关教育文化娱乐总数 / 研究区马相关产业教育文化娱乐总数	+
		马文化建设俱乐部总数	研究区各旗县区马文化俱乐部	+

（续）

目标层	项目层	指　标	计算或统计说明	功效性
赤峰市马产业发展程度	马产业政策体系	盟市级马相关称号总数	研究区各旗县区盟市级及以上马相关称号数	+
		政府扶持资金率	研究区各旗县区马产业扶持资金额 / 研究区马产业总资金额	+

文中分析的数据资料部分来源于 2016 年《赤峰统计年鉴》，部分来源于赤峰各旗县 2016 年统计年鉴，部分数据实际调查获得。

（2）结果与分析　赤峰市马产业发展集约化程度、水平空间特征，与中心城市的距离、城镇化水平、马匹品种特性分布存在一致性，各地区马产业集约化程度较为均衡，克什克腾旗发展尤为突出。克什克腾旗属于旅游旗县，具有丰富的草场资源和旅游资源优势，又拥有铁蹄马资源与数量优势，其马产业的发展具有明显的优势和代表性；其他地区资源要素拥有量相差不大，因此马产业集约化程度差别较小。

三、赤峰市马产业发展存在的问题

1. 马匹品种少、数量少　赤峰市马产业较其他产业发展较慢，马匹数量呈逐年递减趋势，作为内蒙古民族家庭生活和社会生产的伴侣，蒙古马资源优势正在衰退。马匹品种单一，只有百岔铁蹄马主要集中在乌兰布统草原，退化严重，几乎接近灭绝。随着经济社会发展和农业生产的方式转变，养马业经济效益低，农牧民养马积极性不高。当前以马文化为主体的草原旅游业才刚刚兴起，牧民对现代马业的知识还不够深，总体养马经济效益有待提高。今后赤峰市的马产业发展首先应从源头抓起，引进并注重自主培育马匹，以解决马资源稀缺问题。

2. 马产业基础设施缺乏，投入少　赤峰市马产业发展投资渠道、手段、主体较为单一，持续的资金投入力度不足，缺乏相应的基础设施，仅有一个马术俱乐部，刚刚成立不久；相关的龙头企业较少，缺乏大型赛马活动场地及举办大型赛马活动的经验，因此要建设符合国际化标准的赛马场地和配套设施，以满足各类比赛的需要。

3. 缺少扶植马产业发展的相关措施和政策　截至 2017 年年底，赤峰市还没有完善的加强马业、马文化发展的政策措施，马业发展无章可循，缺乏发展经验；未制定科学的马产业发展的长远规划，产业链有待进一步完善；马产业龙头企业的辐射带动作用有待提高。

四、赤峰市马产业发展思路

马产业存在着市场发育程度低，综合开发和利用能力不高，没有形成消费热点等问题，与其曾经拥有的辉煌形成了极大反差。但是，马产业是内蒙古最具有特色的产业，也是一个商机无限、前景远大、亟待开发的"朝阳产业"。赤峰市具有发展马产业的深厚文化底蕴和优越的基础条件，有利于发展以马文化为依托，以龙头企业为带动集马资源保护、马品种引进改良选育、马产业开发为一体的综合型马产业，对深入挖掘蒙古族民族的马文化底蕴，树立民族品牌，打造赤峰旅游大市新形象，培育该市新的经济增长点，具有重大的战略意义。

1. 加强马品种保护和改良繁育

（1）加强蒙古马等地方品种资源保护　积极配合自治区开展蒙古马等地方品种保护和资源普查。鼓励蒙古马集中区建立核心种马场，开展提纯复壮工作。支持核心种马场申报国家和自治区有关项目。协助做好国家和自治区在赤峰市开展的资源库建设、资源动态监测和基因测序等科研和保护工作。

（2）加快推进本地优质马品种扩群繁育工作　保护好本地优质蒙古马品种资源，鼓励支持养马大户、专业合作社、马产业龙头企业等引进国外优良专用品种开展纯种繁育，推动高端马本土化。建立完善本地马良种繁育场，制订健全纯种繁育方案，扩大种马核心群规模，增加优质马供种能力。建立完善马匹改良技术服务推广体系，提高优质种公马的使用率，提高种群质量。

2. 促进现代马产业发展

（1）加快发展马产品工业　支持马产品生产加工龙头企业发展，鼓励开展高端养生系列马产品研发，充分挖掘马产品食用、药用及保健价值，开发马肉、马奶饮品等系列食用产品，推广马奶、马骨粉、马血清等产品在蒙医蒙药领域的应用，延伸产业链条、提高附加值。按照马产品生产技术标准，做好马产品生产、加工、销售等环节的技术指导和管理服务。鼓励支持各类行业协会、团体及经营主体申请注册马品种及相关产品地理标志，创建优秀地方品牌。

（2）积极发展马竞技体育产业　加大马竞技产业的宣传推广力度，支持马竞技产业和马文化演艺产业发展，提高商业化水平和人民群众参与度。顺应市场需求，创新发展民族传统体育赛事。有条件的地区可配套建设具备国际标准的大型赛马和马术表演活动场所，争取创办国内一流、国际知名的品牌赛事。鼓励支持马产业企业创建国家级体育产业示范单位。

（3）推进马产业与旅游休闲产业深度融合　结合旅游产业发展，开发以马为元素的多元文化旅游休闲项目。可以利用克什克腾旗丰富的旅游资源探索建立休闲观光马道，布局建设马文化旅游体验基地。在城市周边或沿热点旅游线路建设对外开放的马主题公园等休闲娱乐场所，为群众提供多元化休闲娱乐和健身方式。鼓励和引导企业、农牧民围绕旅游景点开展野外骑乘等经营性活动，培育新的消费热点。

3. 建立完善相关服务体系

（1）提高马产业科研水平及保护能力　依托赤峰学院、赤峰市农牧科学研究院等教学科研推广单位，加大马品种保护繁育、饲料营养、疫病防治及科学技术成果转化方面的工作力度。构建企业、科研推广机构及专业院校紧密结合的产学研平台。加强马属动物疫情预警预报，支持马匹专门医疗机构发展。整合地方兽医队伍，配齐专业医疗设备，培养和建立全科马兽医临床诊疗队伍，提高诊疗和赛事兽医水平，为养马提供有效技术指导服务。完善马匹检验检疫机制，为马匹跨区域流动开设绿色通道。

（2）搭建马产业交流合作和信息化服务平台　支持有条件地区和企业建立马产业合作交流基地，大力开展马产业经济、科技、文化、体育等方面的交流合作。有条件的地区可建立国际化、专业化的马匹拍卖交易和马产品交易中心，为赤峰市马及其产品交易搭建平台。积极与自治区信息平台和数据库对接，提高马产业服务质量和水平。

4. 提供政策支持

（1）提供财税政策支持　积极争取自治区马产业发展专项资金支持。市财政预算安排一定数额资金对市政府认定的重点核心种马场或马产业项目，给予一定的贴息补助。对专门从事马品种资源保护及改良繁育、马竞技体育、马健身休闲娱乐、马产品生产研发加工及马文化产业的企业，从取得第一笔生产经营收入所属纳税年度起，5 年内免征企业所得税地方分成部分。符合西部大开发税收优惠政策的马产业企业及自治区认定的高新技术马产业企业，按有关规定减免企业所得税。马产业企业开发新技术、新工艺、新产品发生的研发费用，允许按税法规定，在计算应纳税所得额时加计扣除。

（2）提供金融政策支持　建立多元化的马产业融资渠道，鼓励企业、民间资本等投入马产业发展。鼓励金融机构适当提高贷款或授信额度，支持马产业新型经营主体发展。鼓励融资性担保机构为马产业提供担保支持。

（3）提供用地政策支持　马产业项目建设用地按土地利用总体规划要求，优先纳入土地利用年度计划，并在下达年度计划时给予用地指标支持。使用存量建设用地需要受让的，可在不低于国家最低价格标准政策前提下，享受土地出让支持政策。马产业用地在符合规划、不改变原用途的前提下，可适当增加容积率且在 5 年过渡期内不征收土地出让价款。利用国有未利用土地进行马产业项目建设，享受国家有关用地支持政策。

各地要因地制宜，将促进现代马产业发展纳入当地经济社会发展规划，制定和落实支持现代马产业发展的配套政策和相关措施。各有关部门要各司其职、协同配合，完成好各自承担的职责任务，共同推动赤峰市现代马产业又好又快发展。

第十四章

兴安盟马产业发展路径

一、兴安盟马产业发展条件

1. 地理位置　兴安盟是内蒙古自治区所辖盟，位于内蒙古自治区的东北部，因地处大兴安岭山脉中段而得名，"兴安"满语意为丘陵。兴安盟东北与黑龙江省相连，东南与吉林省毗邻，南部、西部、北部分别与内蒙古的通辽市、锡林郭勒盟和呼伦贝尔市相连。西北部与蒙古国接壤，边境线长126km，兴安盟在国内处于东北经济区，在国际上处于东北经济圈，地理位置优越。

2. 草场资源　兴安盟草原资源丰富，截至2017年，全盟有天然草场30.34亿 m²（不包括林间草地），占全盟总面积的50.73%，其中可利用草原面积为26.12亿 m²，占草原总面积的86.09%，为农牧业发展提供了充足的饲草料资源。依植被、土壤、地貌与气候等综合指标划分，全盟有5个草场类型、14个草场亚类。

兴安盟天然草场资源具有明显的地域性，草群组成、草层高度、草群盖度和产草量都由东北向西南逐渐降低。草原面积占全盟总面积的1/2以上，年产鲜草160多亿kg。打草场面积37.14亿 m²，占草场总面积的12.2%。

3. 旅游资源　兴安盟旅游资源丰富，富有内蒙古独有的草原风情。兴安盟的西北部是大兴安岭林海的一部分，苍松白桦耸立，林壑优美，与草原交错分布。阿尔山天池、杜鹃湖、阿尔山矿泉群、石塘林、鹿鸣湖等都在这里。风光旖旎的阿尔山天池作为全国六大天池之一被列入联合国A级自然保护区，阿尔山冬季滑雪场作为全国冬季理想的滑雪训练基地和比赛场正日益引起国内外的关注。兴安盟东部是乌兰浩特资源区，是一个以人文景观为主体，蒙古风情为特色的旅游资源区。区域位置优越，交通便利，有较好的接待设施。兴安盟东南部是科尔沁自然保护区，以沼泽、苇塘、沙丘、黄榆树、草原、珍禽等为特色，形成一个独特的自然生态系统，山丘起伏，生物结构复杂，景观多样。

4. 浓厚的马文化产业氛围　兴安盟立足天然历史的资源禀赋，全力培育独特的蒙古族马文化，坚持以生态优先、绿色发展为导向的高质量马文化旅游为重点，从马种、马文化、马技艺、马产品、马形象等一系列环节塑造马旅游的高标准和创新模式。兴安盟科尔沁右翼中旗被誉名为"赛马之乡"，是"全国马术赛事优秀承办单位"，这里每年6—9月每周六、日举办常规马术赛事。科尔沁右翼中旗马文化、马产业、马赛事享誉国内外，具有较强的知名度和吸引力。

二、兴安盟马产业发展概况

1. 马匹情况   2017 年，兴安盟共有马匹 66 439 匹，主要分布在科尔沁右翼前旗、扎赉特旗和阿尔山市，占全盟马匹总数的 80 % 左右。兴安盟各旗县区重点养殖蒙古马、三河马与杂交马，其中 2016 年养殖的蒙古马匹数高达 23 396 匹，养殖的杂交马匹数高达 27 810 匹，养殖的三河马匹数高达 10 852 匹，马品种养殖数量波动大，该地区养殖杂交马的数量较多，其中蒙古马养殖数量多是因其具有易饲养、耐力强、适应力强等基本特点。见图 14-1、图 14-2、表 14-1。

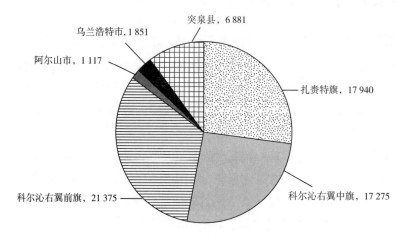

图 14-1　2017 年兴安盟马匹分布情况
（数据来源于调研统计）

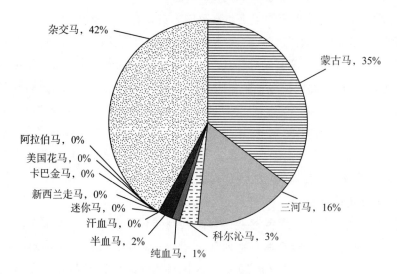

图 14-2　2017 年兴安盟马品种资源
（数据来源于调研统计）

表 14-1　2017 年兴安盟马品种资源具体情况统计

马品种名称（含引进品种和新品系）	数量（匹）	基本特点	主要用途
蒙古马	23 396	易饲养、耐力强、适应力强	肉用、繁育、销售、观赏
三河马	10 852	体质结实、挽力大、持久力强	肉用、繁育、销售、观赏
科尔沁马	1 985	体质干燥紧凑、结构匀称、耐高寒	肉用、繁育、销售、观赏
纯血马	835	速度快、持久力差、易兴奋	赛马、繁育
汗血马	6	力量大、速度快、耐力强	改良
半血马	1 529	听觉和嗅觉灵敏、视觉差、体格健硕、不畏寒暑	赛马、繁育
新西兰走马	5	体型巨大、勇武健硕	改良
迷你马	18	身材矮小、善于爬山、性情温驯	骑用、繁育、观赏
阿拉伯马	1	体型中等，结构匀称	改良
美国花马	1	体型高大、清秀、四肢健壮	杂交、娱乐
卡巴金马	1	体型高大、清秀、速度快	杂交、娱乐
杂交马	27 810		

数据来源：调研统计。

2. 龙头企业情况　内蒙古莱德马业有限责任公司成立于 2006 年，总部及主体设施设在素有"马王之乡"美称的内蒙古兴安盟科尔沁右翼中旗、美丽的科尔沁大草原上，是中国领先的民营马业企业、中国最大的非农耕马繁育公司和马饲料提供商。莱德马业现已形成马匹进口繁育、饲草料种植加工、牲畜交易、马术常规赛事、俱乐部连锁管理、骑师培训等全产业链业务。拥有国内领先的大型赛马场、国际标准马厩、进口马专用隔离场、马匹繁育公司、牲畜交易市场、饲草料种植加工基地、马医院、马术学校和连锁俱乐部等。截至 2017 年年底，公司存栏优质马匹 4 500 余匹，进口纯血马 1 700 匹。实现蒙古马保种繁育 2 000 余匹，每年自主改良半血马 800 余匹。公司员工总数 1 200 人，其中安置当地职工 800 余人。莱德马业是中国唯一获得风险投资的马业公司。截至 2017 年年底，莱德马业集团通过 A 轮融资、B 轮融资、C 轮融资、D 轮融资、E 轮融资，共募集资金 4.4 亿元，并已按照股份制公司规范运作，大举扩张。

2017 年，莱德马业与中信集团成立了合资公司，在昆明打造了中信莱德嘉丽泽马会，每年进行常规赛和青少年马术培训等。内蒙古新华发行集团和莱德马业集团联合成立了自治区混合制的文化产业公司——蒙新莱德赛事公司。公司下设八大板块：马文化、马体育、马旅游、马繁育、马产品、马金融、马科学和马数字。混合制公司的成立，为内蒙古现代马业开辟了一条新路，以赛事为龙头，拉动现代马业整体产业链的发展。

作为兴安盟和自治区级的"扶贫龙头企业"，莱德马业与科尔沁右翼中旗政府全面推行农牧民养马专业户"千百十工程"，发展农牧民养马专业户一千户，一百个嘎查选出十户人家。截至 2018 年 9 月，该模式已发展马匹联养户 400 户，每年每户增收 2 万元。

3. 赛事举办和参与情况

（1）2017 年内蒙古科尔沁右翼中旗国际赛马文化旅游活动　赛马活动在兴安盟拉开帷幕。本届赛事为期 4d，活动主要包括第四届内蒙古（国际）马术节暨科尔沁右翼中旗"一带一路"国际骑师邀请赛、第十届中国速度赛马大奖赛、中华民族大赛马——环翰嘎利湖传统耐力赛等四项赛事。期间，还举行了 2017 年科尔沁右翼中旗招商推介会、科尔沁右翼中旗国际马产业论坛、科尔沁草原休闲旅游节、科尔沁美食节系列活动等主题活动。

为庆祝内蒙古自治区成立 70 周年，让赛事更加国际化、多元化，主办方特邀请英国、澳大利亚、新西兰、蒙古国、俄罗斯、泰国等国家的嘉宾出席文化周。此前科尔沁右翼中旗已成功举办 9 届速度赛马大奖赛，本届比赛是赛事时间最长、规模最大、参赛代表队最多的一次。赛事总奖金达到 200 万元，中国速度赛马大奖赛总奖金额 60 万元，每个单项总奖金 75 000 元。

（2）2014 年第五届中国马术节　"2014 第五届中国马术节"在成都温江闭幕，在本届马术节的重头赛事——全国速度赛马巡回赛总决赛上，内蒙古莱德马业代表队共夺得 2 岁马组两个项目、3 岁马组一个项目共三枚金牌，马术节组委会还授予内蒙古莱德马业有限责任公司董事长郎林"最佳马主"奖杯。结束成都赛事后，莱德参赛队全体队员和马匹到武汉继续参加年底前在东方马城举行的武汉速度马公开赛等赛事。

2014 年秋季后，莱德马业旗下参赛队伍不仅征战国内速度马全部重要赛事，而且还参加了新西兰速度马、轻驾马车等重大赛事，截至 2017 年年底，共获金银铜牌近 20 枚，创下了中国马界的新亮点，赢得了业内及相关各界人士的广泛好评。

（3）马产业奔腾小康路　科尔沁右翼中旗是中国的"赛马之乡"，其马背上的文化更为浓厚。科尔沁右翼中旗多年来持续举办马文化节，开启"文化＋旅游＋体育"新模式，打造"枫情马镇"新名片，围绕马产业大做文章，用现代马产业改变当地经济发展落后的面貌。

科尔沁右翼中旗引进了世界著名的莱德马业集团带动马产业发展。以赛马为龙头，带动马匹繁育、饲料生产、马匹养殖、培育新品种、马匹销售、赛马与马术运动，发展马产业的商业运作模式，打造和构建马产业全产业链。

（4）"文化＋旅游＋体育"创新发展模式　内蒙古作为我国北疆独特自然资源和民族特色体育资源的省份，在马术运动和马文化发展上一直处于国内领先地位，作为内蒙古马产业发展的领跑者，科尔沁右翼中旗已经全面开启"文化＋旅游＋体育"创新发展模式。

"让绿草原跑出金饭碗"的科尔沁右翼中旗正依托马产业，打造中国首个"马主题小镇"，围绕马的形象及马文化改造小镇的整个视觉、产品和产业的设计，实现县域经济的快速发展。马主题特色小镇建设内容包含马主题酒店、马术学校、马主题博物馆、马主题商业街等。通过一张"枫情马镇"旅游名片，打造马竞技赛事观赏、体验为核心的"一站式"马文化旅游品牌。"马的科研、产业、体育、产品、品牌、文化、旅游"也使当地马产业成为当地发展新的增长极。

4.兴安盟马产业指标分析

（1）构建马产业集约度指标体系　本研究以马产业生产体系、经济体系、文化体系和政策体系4个方面作为项目层，以马匹状况、赛事情况、从业人员、生态环境、从业发展等22个指标为切入点，对兴安盟6个旗县市的马产业发展水平进行定量测度，以期揭示兴安盟马产业发展程度空间特征，理清兴安盟马产业发展概况和存在的问题，凝练马产业发展的优化战略及具体实操措施。兴安盟马产业发展评价指标体系见表14-2。

表14-2　兴安盟马产业发展评价指标体系

目标层	项目层	指　标	计算或统计说明	功效性
兴安盟马产业发展程度	马产业生产体系	马匹总数	研究区各旗县市的总马匹数	+
		俱乐部、合作社等比赛马比率	研究区各旗县市的比赛马比率	+
		马匹拥有量	研究区各旗县市的马匹拥有量	+
		娱乐运动马	研究区各旗县市的娱乐运动马匹数	+
	马产业文化体系	马饲草料基地面积率	各旗县市马饲草料基地面积率	+
		马文化建设场馆及公园总数	研究区各旗县市马文化场馆和公园数	+
		马产业相关赛事总数	研究区各旗县市马产业相关赛事和那达慕大会总数	+
		教育文化娱乐比率	研究区各旗县市马相关教育文化娱乐总数/研究区马相关产业教育文化娱乐总数	+
		赛事比率	研究区各旗县市赛事比率	+
		马产业训练师人才总数	研究区各旗县市训练师人数	+
	马产业政策体系	马文化建设场馆率	研究区各旗县市马文化建设场馆率	+
		马产业专业骑手人才总数	研究区各旗县市专业骑手人数	+
		马文化建设俱乐部总数	研究区各旗县市马文化俱乐部	+
		盟市级马相关称号总数	研究区各旗县市盟市级及以上马相关称号数	+
		马相关医疗卫生人员比率	研究区各旗县市马相关医疗卫生人员人数/研究区马相关医疗卫生人员总人数	+
		政府扶持资金率	研究区各旗县市马产业扶持资金额/研究区马产业总资金额	+
	马产业经济体系	马相关产业收益率	研究区各旗县市马相关产业收益/研究区马相关产业总收益	+
		第三产业增长率	研究区各旗县市第三产业增长率	+
		第三产业总值指数	研究区各旗县市第三产业生产总值指数	+
		牧业总值	研究区各旗县市牧业总数	+
		草原旅游产业收益率	研究区各旗县市草原旅游产业收益率	+
		地区人均GDP总值指数	研究区各旗县市人均GDP值/研究区总GDP值	+

文中分析的数据资料部分来源于 2016 年《兴安盟统计年鉴》，部分来源于兴安盟各旗县 2016 年统计年鉴，部分数据实际调查获得。

（2）马产业发展评价方法　兴安盟马产业发展集约化程度与城镇化水平、马匹品种特征性分布存在一致性。突泉县、乌兰浩特市、扎赉特旗等地马产业发展集约化程度高，科尔沁右翼前旗、中旗等地马业发展集约化程度低，阿尔山市集约化程度不高。

三、兴安盟马产业发展存在的问题

1. 马匹品种和数量空前下滑　以役用、军用、食用为主的单一功能传统马业正迅速转向包括体育、旅游、娱乐在内的多功能现代马业。随着我国改革开放不断深入、经济的快速发展、竞技体育中马术运动速度赛马引入民族传统体育活动中，各种赛马活动、草原旅游业、诸多马上体育项目和休闲娱乐项目在全国蓬勃兴起，也给兴安盟马产业转型和取得更大发展提供了广阔的空间，但兴安盟各旗县农牧区马的存栏无论从品种数量还是质量上都处于空前下滑的态势，因此，能否抓住时代发展机遇，大力发展马产业，是兴安盟各级政府需要考虑的问题。

2. 马配套设施的使用效能有待提高、"马背文化"的弘扬传播需要加强　内蒙古文化的根源和马紧密联系，马对于蒙古民族有着深厚的文化底蕴和悠久的历史积淀，而且在经济上的价值也将十分突出。没有了马，兴安盟的民族文化就断了挖掘和传播"马背文化"的载体。未来世界经济逐步呈现出尊重个性化发展的趋势，而"马背文化"必将以其独特的魅力和个性为人们所推崇。

受到多种因素制约，兴安盟弘扬"马背文化"的宣传力度存在不足，马场配套设施开发利用等步伐较缓慢，在做大、做强马产业过程中开放程度不够、外来资金不足、项目数量有限、龙头与品牌产品缺乏、产业链条尚未形成、经济与社会效益不明显，"马背文化"的深层综合价值没有真正释放出来。因此必须充分利用兴安盟丰富的草原旅游资源和民族文化的多样性，大力发展以"马背文化"为内核的符合经济发展趋势和具有巨大潜在市场的产业，如旅游观光业、酒店娱乐业、马术及马术相关产业等。

四、兴安盟马产业发展思路

1. 保护蒙古马种群、提升赛马运动水平　蒙古马以其体质健壮、速度快、耐力好等特点长期以来在长距离速度赛马中有着一定的优势。但是放眼国内来看，其劣势又显而易见，有些数据表明近几年国内各省对英纯血马的调教后很具优势。在全国第八届民运会 10 000m 比赛及第十届全运会 12 000m 的速度马比赛中都没能见到蒙古马获胜。在当今开放的时代，兴安盟需要加紧引进或改良马匹品种。

2. 坚持品质办赛与竞技提升相结合　一是创新思路，做好示范，大力支持兴安盟的社会团体兴办马术赛事，在办好高水准、系统化、民族性马术赛事的基础上，以赛事为平台挖掘优秀人才，以赛事为跳板提升竞技水平，实现品质赛事与运动成绩双丰收。二是坚持马术表演与弘扬马文化相结合。创新马术表演模式，为普及马术运动、提升群众参与度提供多彩平台，切实发出兴安盟马术好声音，传播兴安盟体育正能量，弘扬内蒙古马文化，从而实现马业大融合、发展大联动、成果大共享。三是坚持健身休闲与全民健康相结合。扎实贯彻"健康中国"战略，推动马术站在"主动健康""全民健康"的前沿，将"高端运动"平民化，让"小众运动"大众化，将观众的"看客"身份向"主角"身份转变，从"观赏者"转为"体验者"。同时，发展好马的竞赛、表演功能衍生的马术旅游、马术培训、马术文化、马术装备制造等产业，推动"马术＋"全景联通、良性互动、融合发展。

3. 遵循效益原则，按市场效率开发马产业 按照市场规律着力开发马术配套及相关产业，依托兴安盟各马术协会、马术俱乐部等机构，引进当代先进的设备与科学技术，培育娱乐马、观赏马、竞技马，形成一个集休闲、旅游、健康产业于一体的，具有马文化及民族特色、地区特色的现代马产业。建立相关旅游参观园区，打造具有浓郁蒙古族风情的草原旅游观光和休闲娱乐精品项目，具有极大商业推广价值。当前及今后一个时期，兴安盟应着重扶持马术俱乐部的发展，继续争取政策扶植，加大投入，提升草原文化的影响力。大力开拓客源市场，使马术事业在兴安盟经济社会发展中做出更大的贡献。

4. 抓好专业人才的培养 选拔和培养马术运动员、教练员、裁判员、练马师等竞技型人才，马医、健康指导师等医疗型人才，饲养师、钉蹄师等技术型人才，以及马房管理员等相关管理型人才，搭建马术人才金字塔。抓好"三个平台"建设。一是建好场馆平台。在项目资金与保障措施上向马术场馆工程倾斜，建设群众身边的马术场馆、马术公园、马术小镇、马术基地等，推动马术运动均衡普及和广泛发展。二是建好数据平台，打造人、马、技一体发展的数据载体。三是建好育人平台，利用兴安职业技术学院加大人才培养，围绕培育优秀人才目标协同发力，加强马术人才梯队建设，有计划地邀请国外高水平马术专家来指导教学，发挥引领和示范作用。

第十五章

呼伦贝尔市马产业发展路径

一、呼伦贝尔市马产业发展条件

1. 地理位置 "呼伦贝尔"得名于呼伦湖与贝尔湖，又称巴尔虎高原，位于内蒙古自治区东北部。全市地域辽阔，南北最大横距 700km，东西最大横距 630km，总面积 25.3 万 km²，相当于江苏和山东两省面积总和。2012 年 7 月 9 日入选国家森林城市，市境内的呼伦贝尔草原是世界四大草原之一，草甸草原和典型草原植被以羊草和针茅为主，是中国最好的天然草牧场，适合大力发展马匹养殖。

全市主要包括 2 个市辖区（海拉尔区、扎赉诺尔区）、3 个自治旗（莫力达瓦达斡尔族自治旗、鄂伦春自治旗、鄂温克族自治旗）、4 个旗（陈巴尔虎旗、新巴尔虎左旗、新巴尔虎右旗、阿荣旗）和代管的 5 个县级市（满洲里市、牙克石市、扎兰屯市、额尔古纳市、根河市）。呼伦贝尔有 8 个国家级一、二类通商口岸，其中满洲里口岸是中国最大的陆路口岸。2017 年 4 月，29 匹俄罗斯观赏演艺马经满洲里口岸进境，这是满洲里口岸单次进口量最多的一次。

2. 草原资源 呼伦贝尔草原位于大兴安岭以西，是牧业四旗——新巴尔虎右旗、新巴尔虎左旗、陈巴尔虎旗、鄂温克族自治旗和海拉尔区、满洲里市及额尔古纳市南部、牙克石市西部草原的总称。由东向西呈规律性分布，地跨森林草原、草甸草原和干旱草原三个地带。除呼伦贝尔草原东部（约占草原总面积的 10.5%）为森林草原过渡地带外，其余多为天然草场。多年生草本植物是组成呼伦贝尔草原植物群落的基本生态性特征，草原植物资源约 1 000 余种，隶属 100 个科、450 属。

3. 旅游资源 呼伦贝尔旅游资源丰富且独特，自然环境优美。贯穿其中的大兴安岭森林、广阔美丽的呼伦贝尔草原和星罗棋布的河流湖泊绘织成一幅绮丽的自然画卷，成为呼伦贝尔市独特的城市名片。呼伦贝尔草原是全国唯一的国家级草原旅游重点开发区；大兴安岭是中国最大的亚寒带原始森林；呼伦湖是全国第五大湖泊，景色宜人、风景秀美。呼伦贝尔市风景区尤以柴河森林风景区、呼和诺尔草原旅游区珍贵。呼伦贝尔市现有国家级自然保护区 5 处，即大兴安岭汗马、达赉湖、辉河湿地、额尔古纳湿地和红花尔基自然保护区。此外，还有扎兰屯国家级风景名胜区 1 处，海拉尔西山等 6 处国家级森林公园。

4. 文化资源 呼伦贝尔市历史文化浓厚，被著名历史学家翦伯赞誉为"游牧民族的历史摇篮"和"幽静的历史后院"，是古人类——扎赉诺尔人生活和栖息的故乡，是拓跋鲜卑人、蒙古族等众多北方游牧民族的发祥地。呼伦贝尔大力弘扬和发展少数民族文化，使少数民族文化得到更好的保护和有效的应用，更动听地讲好"呼伦贝尔故事"。民族歌舞诗剧《呼伦贝尔大雪原》唯美生动地展示了蒙古、达斡尔、鄂伦春、鄂温克等北方少数民族深厚的文化底蕴和独特的民族魅力。该剧荣获第四届全国少数民族文艺会演剧目金奖等 11 项殊荣。原生态民族舞蹈《敖鲁古雅伊堪》荣获第十六届群舞类"群星奖"，彰显了呼伦贝尔独具魅力的原生态民族文化。2016 年央视春晚内蒙古分会场设在呼伦贝尔市，向全世界展示了呼伦贝尔边疆稳定、经济发展、民族团结、社会和谐、守望相助的良好形象和呼伦贝尔多元民族文化。

二、呼伦贝尔市马产业发展概况

1. 呼伦贝尔市马产业基本情况

（1）马匹数量情况　2007 年，呼伦贝尔市马匹存栏 15.53 万匹，到 2016 年已经达到了 27.39 万匹。十年间，数量增加了 11.86 万匹，增长率为 76.4%。近十年数据显示，呼伦贝尔市马匹数量呈现逐年增长态势。养马区域主要集中在牧区四旗，即鄂温克族自治旗、陈巴尔虎旗、新巴尔虎左旗、新巴尔虎右旗。2008 年，鄂温克族自治旗马匹存栏数达到 19 435 匹；2014 年达到 38 532 匹；2016 年存栏马匹 4.1 万，其中国外引进品种 261 匹；截至 2018 年年底，鄂温克族自治旗共有养马户 1 203 户，马匹存栏 39 707 匹。另外，满洲里市、牙克石市、根河市、海拉尔区也有少量饲养，马匹存栏数量共 6 400 匹左右（图 15-1）。

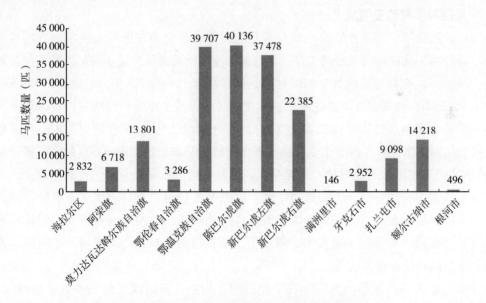

图 15-1　2018 年呼伦贝尔市各旗县马匹数量分布
（引自《呼伦贝尔市统计年鉴 2019》）

（2）地方优良马品种资源状况

三河马 有耐粗饲、耐严寒，体质优良，越野性强，而且对北方特有的环境条件适应性强的特点，三河马的经济类型为乘挽兼用型。体质坚实紧凑，骨骼结实，结构匀称，外貌俊美。毛色主要为骝毛、栗毛。三河马耐寒、耐粗放饲养管理。增膘快，掉膘慢，抗病力强，适应性良好。

大兴安岭马 体型外貌基本一致，毛色主要以骝毛、栗毛、黑毛为主。公马平均体高、体长、胸围和管围分别为 149.2cm、153.8cm、177.56cm 和 19.13cm；母马分别为 147.16cm、150.98cm、175.59cm 和 18.20cm。马匹特征明显，蹄比三河马大且坚实，具有耐粗饲、抗严寒、抓膘快、抗病力和耐寒性强、合群性好等特点。它是内蒙古大兴安岭林区在本地优秀蒙古马、鄂伦春马、后贝加尔马的基础上，与国外多个品种马进行复杂杂交，经过四十年人工选育而形成的一个新类群。

锡尼河马 产于内蒙古自治区呼伦贝尔市鄂温克族自治旗的锡尼河、伊敏河流域，属乘挽兼用型。体质结实，结构匀称。头清秀，眼大额宽，鼻孔大，嘴头齐。颈直。鬐甲明显，胸廓深广，背腰平直，肋拱腹圆，尻部略斜，肌肉丰满。四肢干燥，关节明显，肌腱发达。前肢肢势正直，后肢多呈外向，蹄质致密坚实。鬃、鬣、尾毛长中等，距毛短而稀，毛色以骝、栗、黑色为主，杂毛较少。锡尼河马是兼用型地方良种，在完全依靠自然的粗放条件下，表现出体大力强、力速兼备、乘挽皆宜、富持久力、耐粗饲、适应性强等良好性能。成年公马平均体高、体长、胸围和管围分别为 146.7cm、152.3cm、171.6cm、19.8cm；成年母马的分别为 138.9cm、144.8cm、167.9cm、18.5cm。但因选育的历史尚短，个体间仍有一定差异，少数马匹外形尚有缺点。

2. 马品种繁育改良情况

（1）发展趋势 鄂温克族自治旗科兴马业发展有限公司在鄂温克族自治旗及其周边地区全面开展了马匹的人工授精工作。参与人工授精的马养殖户逐年增加，马匹改良效果明显。2016 年，在育马基地共参加配种的成年母马有 154 匹，其中，妊娠母马有 133 匹，受胎率 86.36%。公司通过下设配种站投入优秀种质及技术服务，已搭建由科兴马业育马基地为中心，辐射周边牧业旗和鄂温克族自治旗巴彦托海镇、巴彦查岗苏木、巴彦塔拉乡、锡尼河西苏木、辉苏木 5 个乡、镇、苏木，辐射马群规模达到 6 000 余匹，累计完成 1 200 余匹母马的选种选配育种，获得 926 匹选育后代。在导血杂交一代的基础上，已收获 100 余匹回交一代马匹。公司通过中法、中俄合作项目引进马的精液低温保存及运输技术、马的低温配种技术、马的冷冻精液制作工艺技术、马的冷冻精液人工授精技术及马的胚胎移植技术等多项先进技术，建成了内蒙古自治区首家马冷冻精液实验室，积极提高种马场供种配种技术能力。

呼伦贝尔市马匹饲养仍然以蒙古马和三河马为主，经过改良的马匹数量相对较少。从发展趋势看，牧民对马匹改良认可度高，马匹饲养由原来的粗放经营逐渐向集约经营转变，牧民积极主动地要求进行马匹的品种改良，在马匹改良方面的资金投入有所增加。

特别是一些大的马匹养殖户和马匹经营企业，对马匹的饲养管理和改良更加精细化和专业化，专用马发展方向明显。大兴安岭马新类群也已通过专家认定。2016年9月18—19日，国家畜禽遗传资源委员会办公室和自治区农牧业厅派出专家对大兴安岭马新类群进行了现场认定，专家组一致同意认定大兴安岭马为新类群，为呼伦贝尔马产业发展提供了新的品种选择机会。大兴安岭马新类群截至2016年存栏1.2万匹，主要集中在牙克石市的绰河源和乌尔其汉等地。

（2）三河马的发展方向与选育措施　三河马具有良好的体型结构、优越的劳作性能，抗寒冷，耐粗饲，抗病性强，对当地环境具有高度的适应性，是国内优良地方品种。陈巴尔虎旗通过三河马本品种选种选配，结合改善饲养管理条件，来提高现有三河马的品质。

三河马发展方向　各地区连年向呼伦贝尔市购买三河马，以适应各种经济发展的需要，尤其是正在蓬勃发展的体育和旅游业有特殊意义。三河马在改良体型较小的马匹中可起一定作用。在呼伦贝尔市及其他地区已有应用三河马改进当地蒙古马，而且收到一定的改良效果。特别是在当前优良马种不足，部分地区缺少种马的情况下，用三河马做种马杂交改良，有很大的市场需求。

三河马选育方向及措施　根据国内竞技赛马主要依赖进口及国际上大量需求马肉的市场现状，三河马向偏轻型（速力型和马术型）和肉用型方向选育。所谓速力型即快马，以速度见长、部分体型较轻、性情灵敏的个体适宜该型品系的培育；所谓马术型即马术用马，包括跳跃障碍、人工舞步等；大部分性情温和的兼用型马都适宜该型品系的培育。育种路线以三河马育种（繁育）基地为核心群（户）的生产区，建立核心群，通过导入纯血马，以提高三河马体高和整齐度，导入俄罗斯重挽马等提高挽力和肉用率。除适当引进优良种公马外，还可引进胚胎加速选育进程，提高三河马生产性能。

3. 马匹新品种培育公司与园区　截至2017年4月，呼伦贝尔市注册登记的马企业或专业合作社56家，其中马企业8家，专业合作社48家，年产值近1 300万元。注册成立马业协会4家，马文化博物馆1家，比较规范的赛马场3个。牙克石市有养马专业合作社2个，马术俱乐部1个。鄂温克族自治旗是呼伦贝尔市马存栏数较多的旗，拥有一大批从事马业工作的老专家、技术员，在选种、选配、人工授精、小群配种、幼驹培育、公母马的饲养标准、分群、打草贮草、疫病防治等方面，积累了一整套成功经验。同时，专门指定大学生科技特派员2人，专家型科技特派员4人，负责种马的育种、配种、改良、疫病防治及科学化饲养管理等工作，保证了育马基地各项工作的有序进行。

4. 马产业公司

（1）科兴马业育马基地　为带动呼伦贝尔的马产业发展，2009年，在科技部国际合作司、内蒙古自治区科技厅、呼伦贝尔市科技局的项目支持下，由鄂温克族自治旗政府投资成立了培育乘用运动型三河马新品种的种马基地——"科兴马业育马基地"，取得了三河马种公马畜经营许可证，成为呼伦贝尔首家拥有马匹繁育资质的企业，同时被国家科技部授予"国际科技合作基地"称号。公司主要利用英纯血马、俄罗斯布琼尼马速度快、遗传性稳定，三河马耐力好、适应性强等特点进行杂交改良，培育和调教竞技赛马、旅游骑乘马、娱乐用马、休闲骑乘马。截至2016年年底，科兴马业育马基地共计321匹马，其中成年母马141匹，种公马27匹，育成马147匹，骟马6匹。基础设施有：工作室303m²，马匹配种室256m²，马医院120m²，种公马厩428m²，普通马厩2 250m²，露天马匹活动场所1 000m²，储草库1 000m²，遛马圈360m²，拥有草场面积71.64万 m²。马业专业技术人员23名，现代化马厩、马匹治疗室、人工授精室、遛马场等基础设施一应俱全。基地推出面向牧民的优惠配种项目，在马蹄坑嘎查建立人工配种站，技术人员采用异地采精、低温冷藏、人工授精技术为该嘎查50匹三河马配种，受胎率68%。2017年建3个苏木、嘎查配种站。基地与法国IMV公司开展进一步合作，马人工授精、精液冷冻和胚胎移植技术在鄂温克族自治旗得到有效推广，马品种改良效果明显。

（2）**大兴安岭森林马良种繁育区**　在牙克石市凤凰山庄卡伦堡马场建立的"大兴安岭森林马良种繁育区"内，截至2017年年底，有大兴安岭马600匹，其中，种公马15匹，基础母马400匹，育成马200匹。在进行大兴安岭森林马纯种繁育的同时，尝试用纯血马、阿尔哈捷金马（汗血宝马）和阿拉伯马对大兴安岭森林马进行杂交试验，推动大兴安岭森林马向轻型化品种转化，不断适应休闲、娱乐、骑乘等功能。现有高级畜牧、兽医师15人，畜牧、兽医师11人。由市畜牧工作站专业人员进行技术指导，市动物疫病预防控制中心定期对马匹进行疫病防控。

5. 马产业研究院　鄂温克族自治旗科兴现代马产业发展有限公司，整合国内外高校、科研院所和试验基地的人才资源，充分发挥呼伦贝尔地区马产业的资源优势，是集科研、教学、生产、经营于一体的新型研发机构。科兴现代马产业研究院的成立为提高三河马品质，建设三河马繁育基地，打造优质特色和现代马产业提供强有力的科技支撑。科兴现代马产业研究院成立后，召集国内外马业专家，建设繁殖育种、竞技赛马、马术教育、旅游休闲、兽医保健、马匹福利、马文化等现代马产业多个方面的研发团队，增强企业的科技创新能力，开拓呼伦贝尔市特色马产业新道路。

6. 马术教育情况　鄂温克族自治旗职业中学开设了当前全区唯一的马术专业，与内蒙古农业大学实现了联合办学，每年可为全国输送近百名马业马术方面的专业技术人才。从牧区四旗（鄂温克族自治旗、新巴尔虎左旗、新巴尔虎右旗、陈巴尔虎旗）牧民家庭中招录热爱马产业、肯吃苦的子女进行马术专业知识培养，先后为区内外输送了70多名专业毕业生。这些学生被北京等一线城市马术俱乐部或从事马产业的公司录用，工作能力得到公司领导认可。一些学生在参加国内赛事时，取得了非常好的成绩。

7. 马文化产业发展情况　鄂温克族自治旗借助旗政府支持、企业赞助等多渠道筹措资金，举办了不同规模多种形式的民族传统赛马节、牧民那达慕、冬季冰雪节、西部绕桶、驯马手比赛、越野耐力赛等特色活动。截至2017年年底共举办六届马文化知识竞赛，马匹展览、评比、拍卖交易会等马文化节系列活动；为了发展壮大鄂温克族自治旗马术队伍，协会也组建旗业余马球队。吸纳一批热爱马术、愿为马术业健康发展做贡献的热血青年。这对于调动青年骑手的积极性，对弘扬民族马文化、提升全民素质、加快推进鄂温克族自治旗马业发展具有重要意义。每年9月19日为"中国爱马日"，旗马业协会组织各马业合作社及爱马者举办"爱马日，我爱马"野骑活动，以此传承并弘扬马文化，使其发扬光大。通过举办每年一度的"瑟宾节暨马文化那达慕盛会"，以赛马、搏克、射箭等传统体育项目庆丰收，广招八方来客，积极发挥鄂温克族自治旗"中国旅游强县"的优势。

8. 马产业精准扶贫 马产业是富民的有效产业，鄂温克族自治旗农牧业局每年举办农技推广与补助项目马业培训班，为全旗马业技术指导员及养马科技示范户进行马业疫病防治及育种知识培训，加强对马产业的认识，促进马产业的发展，推动鄂温克族自治旗特色经济的发展。另外，牙克石市精准扶贫工作主要结合贫困户的实际情况进行农业扶贫、马产业扶贫，精准扶贫效果显著。

9. 人才培育情况 截至2017年年底，牙克石市有各级畜牧业专业技术人员近200名，其中，中高级专业职称人员近百名。在从事马产业的人才中，马匹训练师近200名，马医师31名，专业骑手近70名。根据社会喜爱马的人士逐年增多，马匹饲养数量稳步增长的实际，各地农牧业部门，特别是牧区四旗农牧业局，将马匹饲养管理及技术服务纳入业务范围，有针对性地向马匹养殖大户传授科学饲养知识，提高科学技术水平。鄂温克族自治旗职业中学开设了全区唯一的马术专业，内蒙古农业大学实现了联合办学，每年可为全国输送近百名马术方面的专业技术人才。

10. 马业协会 牙克石市成立了内蒙古大兴安岭林区养马协会和保种协会，明确协会的职责，人员由聘请的国内马业专家、畜牧部门有关技术人员、养殖户及马场技术员等组成，并逐步扩大林区马匹规模养殖户发展成会员。同时政府在财税、金融、土地等方面给予支持。鄂温克族自治旗马业协会作为中国马业协会、中国马术协会和内蒙古马业协会团体会员，积极组织开展丰富多彩的各类马文化活动，承办国内外大型赛事，并与俄罗斯、日本、法国、蒙古国等国建立了科技合作伙伴关系，形成了以科技特派员、三河种马场老专家培养出来的一批专业大学生为主体的人才队伍，并制定各种优惠政策，通过召开国内外养马经验交流会等形式，推动传统马业与市场接轨，形成科学合理的可持续发展战略。

11. 呼伦贝尔市马产业发展评价方法

(1) 构建马产业集约度指标体系 本研究以马产业生产体系、文化体系和政策体系三个方面作为项目层，以马匹状况、赛事情况、从业人员、生态环境、从业发展耦合协调效应为切入点，对呼伦贝尔市13个旗县（市、区）的马产业发展水平进行定量测度，以期揭示呼伦贝尔市马产业发展程度空间特征，厘清呼伦贝尔市马产业发展概况和存在的问题，凝练马产业发展的优化战略及具体实操措施。呼伦贝尔市马产业集约化发展评价指标体系见表15-1。

表 15-1　呼伦贝尔市马产业发展评价指标体系

目标层	项目层	指　　标	计算或统计说明	功效性
呼伦贝尔市马产业发展程度	马产业生产体系	马匹总数	研究区各旗县（市区）的总马匹数	+
		运动马总数	研究区各旗县（市区）的运动马匹数	+
		本土纯种马匹比率	本土纯种马匹数／总马匹数	+
		草原覆盖率	各旗县（市区）草原覆盖面积／研究区草原覆盖面积	+
		牧业总值	2015 年各旗县牧业总值	+
	马产业文化体系	马文化建设场馆及公园总数	研究区各旗县（市区）马文化场馆和公园数	+
		马产业相关赛事总数	研究区各旗县（市区）民族马产业相关赛事和那达慕大会总数	+
		赛事收益率	赛事产值／研究区总产值	+
		马产业马主人才总数	研究区各旗县（市区）马主人数	+
		马产业训练师人才总数	研究区各旗县（市区）训练师人数	+
		马匹销售收益率	马匹销售产值／研究区总产值	+
	马产业政策体系	马产业专业骑手人才总数	研究区各旗县（市区）专业骑手人数	+
		马文化建设俱乐部总数	研究区各旗县（市区）马文化俱乐部	+
		盟市级马相关称号总数	研究区各旗县（市区）盟市级及以上马相关称号数	+
		马相关医疗卫生人员比率	研究区各旗县（市区）马相关医疗卫生人员人数／研究区马相关医疗卫生人员总人数	+
		马相关产业收益率	马相关上下游产业产值／研究区总产值	+
		第三产业总值指数	2015 年各旗县第三产业总值指数	+

（2）马产业发展评价方法　呼伦贝尔市马产业发展集约化程度与城镇化水平、马匹品种特性分布存在一致性。陈巴尔虎旗、阿荣旗、新巴尔虎左旗和新巴尔虎右旗等地马产业发展集约化程度高，根河市、海拉尔区和额尔古纳市等地马业发展集约化程度低。

三、呼伦贝尔市马产业发展存在的问题

1. 呼伦贝尔市发展马产业制约因素

（1）没有形成健康有活力、组织严密的产业生态系统　呼伦贝尔市的马业协会实力还比较弱小，机构、人员、技术、资金方面明显不适应发展形势要求，筹资渠道较窄，举办活动比较吃力，行业管理工作也刚刚起步，经验缺乏。

（2）产业发展的环境条件比较差　马业市场处于培育的初始阶段，由于呼伦贝尔市位置偏远、人口少、经济不发达，因此，自身消费对马业带动能力非常弱，完全寄希望于外来采购和旅游消费，使起步中的马业产业化更加艰难。此外，文化产业化基础薄弱，马业人才、文化人才特别是复合型人才非常匮乏，难以满足产业做大的需求。

（3）马业参与主体基础薄弱　鄂温克族自治旗内仅有政府独资的一家马企业，规模超百匹的养马户也仅有 30～40 户，多数牧民缺乏经济实力，参与活动的积极性不高，饲养条件差，经营管理粗放，大多数牧户的马匹没有专门草场，四季散放、很少补饲。由于林区全面停止天然林商业采伐，马的用途严重受限，农牧民只能以肉用马价格出售，农牧民养马的积极性下降，市场价格低。寄养马匹数量较多，饲喂成本较高，一些优良品种的种马在饲喂和管理方面投入的成本更高。马业公司和个人养马者在饲养马匹方面压力较大。国家推行双权承包改革以来，牧民被推向市场，始终是市场经济的弱势参与方，没有壮大起来。长期以来，"等、靠、要"成了牧民经营思想的主流。

（4）产业结构单一，不能取得很好的经济价值　没有相关文化企业，旅游企业和旅游牧户仅开展骑马体验一项服务。马业产品开发水平不高、没有实现商业化运作。再加上牧民饲养的马匹在品种提纯和改良方面技术落后，引进优良品种与当地品种杂交改良工作待提高，马匹的品种不好，不能取得很好的经济价值。呼伦贝尔地区马产业当前面临的是产业选择和如何发展的问题，把握好产业选择和发展的次序，单一结构才能在产业转型中步入合理路径。

（5）草场不足，影响养马规模　马业公司和个人养马者都存在草场不足的问题，专供马业专用的草场较少，如鄂温克族自治旗仅有 46.67 万 m^2，不能满足马业发展的需要。部分牧民使用了林业局控制或有林草争议、没有分配的林间空地，特别是冬季，很多马匹往林间一放，基本没有饲养成本，这是临时之计，且空间有限，无法扩大饲养规模。

2. 呼伦贝尔市马产业发展的主要问题

（1）发展资金严重不足　任何产业的发展都需要投入大量资金，马业也不例外。当下马产业发展资金欠缺，马产业发展仍是少数人和少数企业的事情，社会对马产业的认识有待提高，还没有专项资金支持马产业发展。牧民对马匹的饲养，绝大多数是出于个人的喜好，没有真正形成产业规模。

（2）专业技术人员缺乏　马产业专业人才，尤其是马文化类人才培养缺乏统一标准，此外，畜牧业技术人员多数以为牛、羊和生猪等提供饲养管理及技术服务为主，针对马匹的专业人员较少，业务不精。

（3）马产业市场体系不完善，没有形成完整的产业链　呼伦贝尔市的马产业仅仅局限在养殖和马匹交易环节，各地举办的马相关的赛事多数以娱乐为主，马产业增收渠道单一。马科技产品深加工等高新技术产业化比重低、产值小、资源优势和产业潜力未得到充分发挥，马的一二三产业融合不够，全产业链产值增速较慢。各地马业协会组织比较松散，没有形成多元化发展格局。

四、呼伦贝尔市马产业发展思路

1. 加大政府的支持力度，强化示范引领　自治区财政注资引导，吸收优质社会资本参与，推动资源重组和结构调整，带动社会资本投资马产业。对各类投资基金投向马产业，按照自治区政府有关政策规定给予奖励。对赛马场建设，赛马赛事给予补贴和政策。加强呼伦贝尔市各种马行业社会组织的资源整合，形成合力，规范产业管理，认真学习外地成功经验，在马产业和马文化融合发展下，在国内外马文化交流中发挥积极作用。

2. 加大马产业科技投入，多渠道筹集资金，建立基层新品种培育科技创新基地　重点支持马匹育种核心技术的科学研究、基层马匹配种站建设，鼓励基层培育马匹改良配种人员，开展当地马种的导血改良。扶持牧民专业合作社和龙头企业发展马产业。

3. 马文化产业发展将推动畜牧业转型、牧民转产　传统粗放型畜牧业从生态平衡角度难以为继，畜牧业中的马业还没有引起各界足够的认识，马产业较牛羊产业有较大的增值空间。开发马附属产品，发展马文化产业，走特色、提质、增效、减量、发放相应的马品种补贴、奖励等有科学经营之路，牧民才能实现增收。牧区的马文化产业是顺应时代发展的最好方向。马产业也要与旅游业深度结合。

4. 加强技术能力和人才队伍建设　当前，马业技术人才缺乏是全国马业方面的共性问题。人才培养要以本地自主培养为主，采取走出去、请进来的方式，借助科技合作基地等平台，高效联合，加快培养配种技术、兽医、教练、管理方面等人才。要建立中长期人才培养计划，培养一支优秀的马业人才队伍。加快发展牧民专业合作社，开展示范社建设行动。加强合作社人员培训，各级财政给予经费支持。

5. 打造地方培育品种　三河马是我国仅有的培育品种之一，它有独特的品种特点，但目前纯种的三河马数量日益减少。相关建议如下：

（1）国家和自治区政府出台对种马的补贴政策，鼓励牧民发展马业。落实三河马等地方优良马种良种补贴政策，落实地方优良马种育种基地奖励政策，进一步扶持地方优良马种育种企业、合作组织发展。

（2）发展马业坚持良种先行的原则。建立2～3处三河马保种基地，严格的育种计划制度和饲养管理制度，建立健全马匹档案，便于繁育工作中记载，建立地方品种、培育品种（三河马）鉴定工作，统计血统系谱，以确保品种不流失，提高品质，提供优良品种给牧民，提高牧民的养马积极性，带动马产业的发展。

（3）加强马业科技投入和提高产业升级，促进现代马产业的发展。传统养马业向规模化、专业化、标准化发展，引导养殖大户、生态家庭牧场和专业合作社等养殖主体，采用先进适用技术和现代生产要素，加快转变畜牧业生产经营方式。

6. 打造呼伦贝尔品牌赛事　政府应当对赛马适当进行政策倾斜，繁育保种，利用赛事，比如有地方特色的项目赛事，把赛马活动常态化、固态化，变为社会积极参与的大众性娱乐活动，以赛马活动的常态化提高旅游吸引力，推动赛事品牌产业化。在全区选择部分地区进行马赛事试点，在严格管理的前提下，可以参照体育彩票的办法，发行或开展对试点地区的马赛事专项彩票，以提高马赛事的影响力和参与度，进一步推动马产业的发展与壮大。

7. 马文化与旅游业深度融合，推动产业升级　文化是旅游的灵魂，是旅游业能够获得持续发展的动力源泉。只有将旅游与文化紧密结合起来，旅游产业才有旺盛的生命力。以三河马场为例，三河马场以马为切入点深入挖掘马历史和马文化，形成了自己的独特魅力。事实上，三河马场的历史就与马有不解之缘。如今的三河马场，旅游业正逐步成为农场战略性支柱产业。据不完全统计，截至 2017 年年底，三河马场从事旅游餐饮、住宿和家庭游接待的达 60 余户，旅游总收入达 1 600 余万元。未来，呼伦贝尔市可效仿三河马场的成功范例，将马文化与旅游业结合发展，逐步形成旅游产业框架，借助马文化、民俗文化的品牌影响力，探索发展原生态商务、休闲产业集群。

参 考 文 献

陈绍艳，杨成，2011．传统文化对中国赛马运动发展影响的研究[J]．吉林体育学院学报（3）：144-146．

丛密林，王伟平，2011．内蒙古马产业发展现状及其现代化进程的研究[J]．体育科技文献通报（9）：16-19．

甫拉提江·艾力皮别克，努里木江·叶尔哈力，2017．伊犁州马特色产品产业化发展机遇和思考[J]．畜禽业，28(10)：66-68．

高晓黎，杨国安，李捷，2013．新疆特色马产业发展的空间格局及其优化[J]．草食家畜（3）：19-22．

黄登迎，李海，2017．昭苏县马产业发展情况及其在"一带一路"倡议下促进中哈贸易增长的可能性分析[J]．黑龙江畜牧兽医（6）：35-37．

李春阳，段生荣，叶凯，等，2013．新疆特色马产业发展研究[J]．草食家畜（2）：1-6．

李海，马辉，2009．我国试点发行竞猜型赛马彩票的必要性与可行性[J]．上海体育学院学报（2）：1-5．

李要南，吴平，2011．赛马产业管理专业方向校企深度合作的研究[J]．武汉商业服务学院学报，25(04)：71-73．

李志平，2020．国际马产业发展经验及启示[J]．世界农业（2）：98-104．

刘克俊，王自豪，2014．广西马产业发展现状研究[J]．中国畜牧杂志，50(22)：35-38．

路冠军，王怀栋，芒来，2019．强化特色　整合资源——应用型马业人才培养模式的研究与实践[J]．黑龙江畜牧兽医（1）：163-166．

芒来，2002．抓住机遇　锐意创新　尽快使马产业成为我区新的经济增长点[J]．内蒙古科技与经济（6）：9-11．

芒来，2015．马产业、马文化与城市生活[J]．实践（思想理论版）（2）：50-52．

芒来，白东义，2019．内蒙古自治区马产业现状分析[J]．北方经济（11）：20-25．

聂明达，2012．我国竞技马产业发展的探讨[J]．黑龙江畜牧兽医（12）：19-20．

秦尊文，2008．美国赛马业发展经验及对中国的启示[J]．江汉论坛（12）：51-53．

沈向华，杜晨光，2018．现代学徒制教学模式在运动马驯养与管理专业中的探索——以内蒙古农业大学职业技术学院为例[J]．畜牧与饲料科学，39(02)：88-91．

孙德朝，许军，2013．中国马术运动发展面临的问题及路径选择[J]．山东体育科技，35(04)：10-14．

孙国学，2019．基于马文化视角的内蒙古休闲马产业开发[J]．实践（思想理论版）（10）：52．

汤灵姿，邵丽，2009．中外马产业之探析[J]．新疆畜牧业（3）：15-16．

夏云建，杨成，夏博，2014. 我国经济转型背景下现代赛马产业构建 [J]. 武汉商学院学报（3）：51–54.

夏云建，余刚，李要南，等，2010. 赛马产业管理专业产学合作人才培养机制的研究 [J]. 武汉商业服务学院学报，24(01)：22–24.

张双，丁鹏，2018. 高校马术运动与管理专业方向课程体系优化研究——以武汉商学院为例 [J]. 武汉商学院学报，32(02)：20–23.

张杨洋，2014. 文化创意产业人才培养模式研究 [D]. 北京：北京舞蹈学院.

张元树，夏云建，余刚，等，2011. 武汉市赛马产业崛起与地方循环经济发展 [J]. 湖北社会科学（1）：57–62.

赵敏，刘忠良，2015. 内蒙古马文化休闲产业发展研究 [J]. 内蒙古大学艺术学院学报（4）：117–119.

周东华，向杨周，2016. 国外赛马（马术）职业技能标准发展及其经验借鉴 [J]. 武汉商学院学报，30(03)：19–22.

周军，2017. 影响哈萨克马繁殖率因素的研究及解决措施 [J]. 饲料博览（1）：37–39.

Anderson KP, Ferrell A, Pottoff K.2009. A satellite horse conference impacts the horse industry and university recruiting[J]. Journal of Equine Veterinary Science, 29(5)：469–470.

Auwerda PM, Skelly C, Shelle G, et al., 2015. 169 evaluating knowledge gained through quizzes in an online employer training program for horse industry professionals[J]. Journal of Equine Veterinary Science, 35(5)：455.

Buchmann A., 2017. Insights into domestic horse tourism: the case study of Lake Macquarie, NSW, Australia[J]. Current Issues in Tourism (20)：261–277.

Deloitte, 2004. The economic impact of Maryland horse industry[M]. American Horse Council Foundation.

Elgaker H, Wilton BL., 2011. Horse farms as a factor for development and innovation with examples from Europe and Northern America[C]. Innovation Systems and Rural Development (2)：43–49.

Fahey A, 2012. Economic contribution of the sport horse industry to the Irish economy[M]. UCD School of Agriculture and Food Science.

Garkovich L, Brown K, Zimmerman JN., 2008. "We're not horsing around" conceptualizing the kentucky horse industry as an economic cluster[J]. Community Development, 39(3)：93–113.

Montijano RC, Rodriguez-Fernfinde L., 2011. EconomicIm pact of the horse industry: A special reference to Spain[J]. Journal of Agricultural Science and Technolog (7)：326–334.

Rieder S,2014. New to the state of the Swiss horse industry[J]. Agrar for schumg schweiz,

参考文献

5(4): 131.

Suggett RH., 2001. Horses and the rural economy in the United Kingdom [J].Equine veterinary journal Supplement (28) : 31—37.

Terance JR., 2011. Virginia's horse industry: Characteristics and economic contributions[J]. The Virginia News Letter, 87(4): 1—13.

The Henley Centre., 2004. A report of research on the horse industry in Great Britain[M]. Department for Environment, Food and Rural Affairs Nobel House.